量子计算

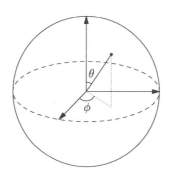

［美］斯科特·阿伦森
Scott Aaronson◎著

张林峰　李雨晗◎译

QUANTUM COMPUTING SINCE DEMOCRITUS

从德谟克利特、计算复杂性到自由意志

公开课

人民邮电出版社

北　京

图书在版编目（CIP）数据

量子计算公开课：从德谟克利特、计算复杂性到自
由意志 / (美) 斯科特·阿伦森 (Scott Aaronson) 著；
张林峰，李雨晗译. -- 北京：人民邮电出版社，2021.7（2023.11重印）
（图灵新知）
ISBN 978-7-115-56423-8

Ⅰ.①量… Ⅱ.①斯… ②张… ③李… Ⅲ.①量子计
算机－普及读物 Ⅳ.①TP385-49

中国版本图书馆CIP数据核字(2021)第074417号

内 容 提 要

　　本书由美国麻省理工学院的理论计算机科学家、量子计算理论学家斯科特·阿伦森的课堂讲义整理而成。作者将量子计算置于数学、计算科学、哲学等广阔的领域当中，谈及计算理论、集合论、图灵机、NP问题、随机性、数学逻辑、量子计算、隐变量理论、人择原理、自由意志、时间旅行和复杂性等多个话题。作者探讨了量子计算对解决相关领域难题的重大意义，思考深刻、发人深省，并试图回答两个问题：宇宙和物理世界是如何运作的？它们为什么这样运作？

　　本书适合爱好科普的大众读者，尤其是对物理学、计算机科学、数学、哲学等内容感兴趣的读者阅读，计算理论、计算机科学、物理学和量子计算领域的从业者或专业人士也可将本书作为参考读物。

◆ 著　　　　[美] 斯科特·阿伦森
　　译　　　　张林峰　李雨晗
　　责任编辑　戴　童
　　责任印制　周昇亮
◆ 人民邮电出版社出版发行　　　北京市丰台区成寿寺路11号
　　邮编　100164　　电子邮件　315@ptpress.com.cn
　　网址　https://www.ptpress.com.cn
　　涿州市般润文化传播有限公司印刷
◆ 开本：720×960　1/16
　　印张：21.75　　　　　　　2021年7月第1版
　　字数：329千字　　　　　　2023年11月河北第4次印刷
　　著作权合同登记号　图字：01-2014-8405号

定价：119.80元
读者服务热线：(010)84084456-6009　印装质量热线：(010)81055316
反盗版热线：(010)81055315
广告经营许可证：京东市监广登字20170147号

版 权 声 明

献给我的父母

中文版序言

本书内容源于我在 2006 年在加拿大滑铁卢大学教授的一门课程。7 年后，我写成了你手上的这本书。当年，序言的结尾是这样的："我希望到 2020 年，这本 2013 年的书将非常需要修订，就像 2006 年的讲义之于 2013 年一样。"

当我写下这篇序言的时候，已经是 2020 年 6 月，这时发生了许多我在 2013 年未能预料到的事情：一场流行病正在全世界肆虐，造成数十万人死亡，经济面临崩溃，学校（包括我所在的大学）停课关闭。在过去的几周里，美国爆发了反种族主义和警察暴行的抗议活动，人们不顾疫情的危险上街抗议。

撇开外界的纷扰不谈，我自己的生活也与 7 年前大不相同。我从美国麻省理工学院搬到了得克萨斯州大学奥斯汀分校，并和家人住在一起。我女儿的出生日期几乎与本书（英文版）的出版时间相同，现在她已经是一年级的小学生了。我还有一个 3 岁的儿子。当我女儿所在的学校也开始停课时，我就在家里教她数学、计算机科学和物理——她在学习与本书中完全相同的一些主题。我这也是在做实验，看看书中哪些内容可以给一个 7 岁的孩子讲明白。

但是，这本书本身呢？7 年来，它是怎么"生存"下来的？我这里既有坏消息，也有（对读者来说的）好消息：它没有过时。量子计算及其周边学科的知识基础基本维持原状。不过，我还是想讨论一下这些年发生了哪些变化。

从 2013 年到 2020 年，量子计算领域发生了一些惊人的转变，从追求学术进步转向重大的技术竞赛。中国、美国和欧盟都决定为量子计算研究投入数十亿美元。谷歌、微软、IBM、亚马逊、阿里巴巴、英特尔和霍尼韦尔等资金雄厚的公司，都开始研制量子计算机，要么提供与量子计算相关的软件和服务，要么仅仅做"量子衍生"的经典计算。除了这些行业巨头，几十家投身量子计算的初创公司也加入了这场竞赛。

新的研究范畴更加多样化。有些研究专注于量子计算机在未来能提供什么服务，以及在多长时间内能实现相关功能。我觉得，这种想法过于乐观了，甚至有点儿不负责任。但是，当一项新技术从知识上的渴望转为具有商业前景时，也许总有人会这样过于乐观。我在 1999 年左右加入这个领域时，那时量子计算还没有商业化，当年我就发现，这种变化会让人迷失方向。

一些新的兴奋点不过是纯粹的营销炒作，人们在"区块链"和"深度学习"等"词汇沙拉"中加入了一些"量子"，却对其中的任何"作料"都没有特别的了解。尽管如此，自 2013 年以来，量子计算领域确实取得了一些科学进展，犹如硝烟之下的一团真火。

毫无疑问，在这一时期，量子计算的最高成就是所谓的"量子霸权"（quantum supremacy），这是谷歌的一个团队在 2019 年秋天提出的概念。第一次，人们利用可编程量子计算机来运行任何当前已知的算法，试图超越地球上任何一台经典计算机。谷歌的处理器名为"Sycamore"，拥有 53 个超导量子比特的处理器在绝对零度以上 0.01 华氏度的冷却环境下运转，在大约 3 分钟内解决了一个定义明确但可能毫无用处的采样问题。相比之下，经典计算机即使有几十万个处理器并行运作，其进行的最快模拟也需要几天。啊，有没有可能实现一个更好的经典模拟？这是量子复杂性中一个悬而未决的问题。针对这个问题的讨论一直围绕着我与其他同行在过去十年里所做的理论工作。而这些理论工作借鉴了我在 2004 年提出的 PostBQP=PP 定理。本书会对此做出解释。

在过去的 7 年里，量子计算理论取得了一点儿突破，其中一些成果解决了本书中提到的开放性问题。

2018 年，兰·拉茨（Ran Raz）和阿维什·塔尔（Avishay Tal）预言，PH（多项式层级）中不包含 BQP（有限错误量子多项式时间类，见第 10 章）。这解决了自 1993 年以来一个重要的开放性问题：BQP 在何处与经典复杂性类相关（至少在"黑盒子"中）？这是什么意思？读一读这本书吧。拉茨和塔尔的证明就使用了我在 2009 年定义的一个备选问题，名为"Forrelation"问题。

　　同样在 2018 年，乌尔米拉·马哈德夫（Urmila Mahadev）给出了一个基于密码学的协议，根据该协议，多项式时间量子计算机（即一台 BQP 机器）可以纯粹通过与经典多项式时间怀疑论者交换经典消息，始终向后者证明自己的计算结果。在乌尔米拉取得这一成果之后，我很高兴地授予她 25 美元的奖金，奖励她解决了我在 2007 年于博客上提出的问题。

　　也许，最引人注目的成就是在 2020 年，季铮锋、阿南德·纳塔拉詹（Anand Natarajan）、托马斯·维迪奇（Thomas Vidick）、约翰·赖特（John Wright）和亨利·袁（Henry Yuen）证明了 MIP*=RE。这里 MIP* 是指使用具备了量子纠缠证明器（和经典多项式时间验证器）的多验证程序交互证明系统可以解决的一类问题。而 RE 表示递归可枚举：这不仅包括所有可计算问题，甚至包括"臭名昭著"的停机问题！更简单地说，纠缠证明器可以确证任意一台图灵机都能使之停机的多项式时间验证器。除了其内在价值，这一突破还有一个"副产品"：它回答了一个几十年前提出的纯数学问题，即科恩嵌入猜想（它其实反驳了这个猜想）。据我所知，这个新结果代表量子计算"一路攀爬艰难的阶梯"，第一次触及了不可计算问题。这也是非相对化技术，如交互证明研究的核心，第一次被用于可计算性理论。

　　在另一个方向上，过去 7 年见证了量子信息和量子引力之间惊人的融合——这一现象在 2013 年本书（英文版）问世时才刚刚开始，而我在书中将其称为一个令人兴奋的新方向。从那时起，"量子比特信息技术"方面的合作将量子计算理论家、弦论学家和前弦论专家聚集在一起，他们共同开发出一种共享语言。由此产生了一个重要提议，即在所谓的 AdS/CFT 对偶关系中，量子电路复杂性（quantum circuit complexity，即 all-0 态下一个给定的 n 量子比特态所需的 1 量子比特和 2 量子比特的最小数量门限）的一个基本作用。AdS/CFT 是在涉及不同空间维度的物理理论之间的二元性，20 多年来，它一直是量子引力思想的核心实验台。但是，二元性是极其非局部的：AdS 理论中的一个"简单"量，如虫洞的体积，可以对应于对偶 CFT 中一个"复杂"得难以置信的量。新的提议是，CFT 的量可能不只是复杂的，而且就是线路复杂性本身。尽管这听起来有些异想天开，但事实上，没有人提出过能通过同样健全的检查的任何其他提议。一个相关的新见解是，AdS 和 CFT 理论之间的非局部映射不仅类似于量子纠错码，而实际上就是量子纠错码的一个例子。而量子纠错码就是想构建可扩展的量子计算机时，所需的相同的数学对象。

自本书出版以来，有人认为它过分抬高了计算机科学，特别是计算复杂性，这对于理解物理世界的基础来说，偏离得实在太远了。然而，即使我当初没有足够的胆量去假设类似上述的那些联系，它们如今也早已或多或少成了量子引力研究的主流。

我很自豪在多年前撰写了本书（英文版）。随着时间的推移，我自己并没有修改这本书的特殊意愿，甚至我好久都没有重读它了。如果这本书能记录下我在某个特定时刻所知道、相信和关心的事情，那不是更好吗？

决定我人生的智力探索——将计算、物理、数学和哲学整合成一种连贯的世界图景的探索——可能永远不会结束。但它确实需要从某个地方开始。我很荣幸，你选择这本书作为开始或继续自己探索的新起点。祝你阅读愉快。

斯科特·阿伦森

2020 年 6 月于美国得克萨斯州奥斯汀

致中国读者

我不好意思承认这一点：虽然我写了你手上的这本书，但我看不懂中文。我更不好意思承认的是，在人生的某个阶段，我其实是可以读懂一点儿中文的。在我 13 岁时，因为父亲的工作，我在中国香港生活了一年。那时我在一个国际学校上学，课程都是中文的。我是个很平庸的学生——没有任何语言天赋，所以我已经忘记了所有学过的中文。但有一个词一直在我脑中挥之不去，估计一辈子都忘不掉：电脑——"电子大脑"。多么美妙的字词！在英语中，我们表示"电脑"的词（computer）跟"大脑"一点儿关联都没有，它原本与那些做计算的人有关。不过，这个意思早就改变了。今天说英语的人在看到这个词时，他们只能想起那些桌子上的机器。

电脑可以像大脑一样思考吗？真的会有"电子大脑"吗？说到底，究竟什么是思考？什么又是计算？这些仅是本书中持续困扰我的众多问题的一部分。中文是多么奇妙！它用最恰当的字词给出了答案！事实上，"电脑"这个词在中文和英语中有着如此不同的含义，这在某种层面上也揭示了翻译本书是一件多么不容易的事情。这不仅仅是因为本书涉及的许多物理学、数学、计算机科学和哲学词汇在不久之前还是不存在的，还因为本书源自课堂讲义整理，包含很多奇怪的习语、双关语和文化背景，这些都很难翻译——尤其是，有些用法即便在英语中也显得很没道理。

本书译者张林峰暑期期间访问了美国麻省理工学院，我很高兴与他见了面。他是北京大学的学生，主攻物理学和数学。当然，鉴于我几乎把我仅会的中文都忘光了，我无法评判他的翻译水平。我所能做的是与他交谈，而从他的幽默以及对各类知识的好奇中，我立刻意识到他拥有我试图在书中传递的那种精神。所以，当他问我怎样才能翻译那些奇怪的用语时，我告诉他不必纠结于这些细节——他完全可以用自己的语言进行诠释，从而传达最本质的内容。也许有一天，像这样的一本书可以借助"电脑"由英文翻译成中文，但就目前情况来看，我们仍然需要充满创造力的人"脑"。

我希望你能够享受这个成果。

引言

以下其实是一个书评

《量子计算公开课：从德谟克利特、计算复杂性到自由意志》算得上是剑桥大学出版社至今出版的最古怪的图书。首先书名就很奇怪，因为它根本就没有指出这本书讲的是什么。这是关于量子计算的又一本教科书吗？如今，量子计算是一个热门的交叉学科，涉及物理学、数学和计算机科学，在过去 20 多年里，它一直向世界承诺带来一种新型计算机，但迄今为止却没能造出一台不是只能将 21（以很高概率）质因数分解为 3×7 的实际设备。如果这是一本教科书的话，那么这本书与那些已经出版的、讨论量子计算理论基础的众多图书相比，有何新意？抑或，这本书异想天开地打算将量子计算纳入古代史？但德谟克利特，那位古希腊原子论哲学家，到底与这本书的内容有什么联系？这本书的绝大部分内容对于 20 世纪 70 年代的科学家来说都是崭新的，对公元前 300 年的德谟克利特来说更是如此。

但在读过这本书之后，我不得不承认我的想法、我的世界观已被作者睿智、原创的洞见彻底重塑了，而他的真知灼见涵盖广泛，从量子计算（正如书名所允诺的）、哥德尔和图灵的理论，到 P 与 NP 问题、量子力学的诠释，再到人工智能、纽科姆悖论和黑洞信息丢失问题，不一而足。所以，如果有人正在书店翻这本书，或者正在看亚马逊的在线试读，我肯定会推荐那人马上买一本。同时我还要补充一点：这本书的作者是位大帅哥。

然而，我还是产生了这样一个印象，即这本书基本上是"想到哪儿说到哪儿"：它是作者于 2006 年秋在加拿大滑铁卢大学讲授系列课程时，脑子中关于理论计算机科学、物理学、数学和哲学的种种想法的结集。各种材料因为作者书呆子式的幽默、苏格拉底反诘法，以及他对计算理论及其与物理世界的关系的痴迷而串联在了一起。但是，即便这本书中真的存在某个我读完后应该了解的中心"论题"，我也根本无法清楚地表述出来。

更明显地，人们会好奇这本书的目标受众究竟是哪类人群。一方面，作为一本科普读物，它有点儿深奥。就像罗杰·彭罗斯（Roger Penrose）的《通向实在之路：宇宙法则的完全指南》（他在该书的前言中承诺，那些连小学分数都没学明白的人也能读懂，但在开头几章，作者就提到了全纯函数和拓扑的纤维束），这本书不是写给那些畏惧数学的人看的。一位好奇的门外汉确实可以从这本书中学到很多，但他将不得不跳过一些难懂的部分（或许留待晚些时候，他可以翻回头重读）。因此，如果你只能消化那些已经把科学仔细剔除干净的"科普读物"，那么你最好找别的书看。

另一方面，这本书也不适合作为教科书或参考书，因为它的内容太过广泛、风格太过随意和充满个人趣味。确实，它包含定理、证明和练习，并且涵盖了多得惊人的领域的基础知识：逻辑、集合论、可计算性、复杂性、密码系统、量子信息、计算学习理论，等等。或许，上述领域的学生（本科生及以上）可以从这本书中获得宝贵的洞见，或者可以把它当作一门有趣的自学或温习课程。除了这些基础知识，这本书还包含相当多的涉及量子复杂性理论的内容（比如，关于量子证明和量子建议），然而据我所知，这些内容是首次在这里以图书的形式给出。但不得不说，这本书在不同话题之间切换得太快了，以至于它无法成为对任何一个话题的权威讨论。

所以，这本书是要卖给那些实际上连第 1 章都看不完，却想在咖啡馆的桌上摆一本书来装门面的人吗？唯一我能想到的其他可能性是，其实，存在一类需求未被满足的受众，他们想读的既不是"科普"读物，也不是"学术"著作，而是从研究者带有严重倾向性的视角出发、使用他们在楼道里与其他领域的同事交谈时所用的语言来描述某个科研领域的书。也许，除了这些同事，这类假想的"需求未被满足的受众"还包括早慧的高中生，或者曾很享受大学时代的理论课程，而现在想了解最新研究进展的计算机程序员和工程师。也许，这些受众正是我听说的那些经常浏览"科学博客"的人，世界各地的人们可以在博客上看到真的科学家（那些处在人类知识最前沿的人）。这些人像青少年一样吵架拌嘴，争得不可开交，他们甚至还朝科学家"扔鸡蛋"，让他们更为窘迫。（需要指出，这本书的作者也开了这样一个相当"粗鲁""臭名昭著"的博客。）如果说，这样的受众真的存在，那么，或许本书作者确切地知道自己针对这些受众做了什么。不过，我感觉他太过于乐在其中，不会乖乖听从任何此类有意识的计划的引导。

这才是正题

尽管我很感激这位书评人在上述内容中对我写的书（甚至我的长相！）所说的过誉之词，但是，我仍然需要以最强烈的字眼驳斥他提出的无知论调，即这本书没有中心论题。本书是有中心论题的——尽管把它找出来的人并不是我，这一点很奇怪。我要感谢澳大利亚悉尼的一家名为爱意传播（Love Communications）的广告公司找出并通过推销打印机的时装模特之口，说出了本书的中心思想。

待我细细道来——相信我，这个故事值得一听。

2006 年秋季学期，我在加拿大滑铁卢大学开设了一门课程，名为"量子计算，从德谟克利特说起"。在接下来的一年时间里，我把课程笔记陆续放在了我的博客上——这些笔记最终结集成了本书。博客读者的热情回应让我很受鼓舞。事实上，这些回应也是一开始我被说服出版本书的理由。但有一条留言，我和其他所有人怎么都没料想到。

2007 年 10 月 1 日，我收到一封电子邮件，来自一位名叫沃伦·史密斯的澳大利亚人。他说，自己在电视上看到一则理光打印机的广告，其中两位时装模特在化妆间中进行了如下一番对话。

模特 1：但是，如果量子力学不是通常意义上的物理学（如果它不是关于物质、能量、波或粒子的），那它到底**是**关于什么的呢？

模特 2：好吧，在我看来，它是关于信息、概率、可观测量，以及它们之间的关系的。

　　模特 1：这真有趣！

然后广告打出了标题——"一个更智能的型号①"，紧接着是一幅理光打印机的图片。

史密斯很好奇这段非同寻常的话出自哪里，所以在网上搜索了一下。他找到了我的"量子计算，从德谟克利特说起"笔记的第 9 章，并发现了下面这段话：

> 但是，如果量子力学不是通常意义上的物理学（如果它不是关于物质、能量、波或粒子的），那它到底是关于什么的呢？在我看来，它是关于信息、概率、可观测量，以及它们之间的关系的。

因此，看上去这则广告的对话中只有一句——"这真有趣！"不是我写的。史密斯还找到了一个视频链接发给我。我看了一下，果真如他所言。

我更多是觉得有趣，而不是恼怒，于是我在博客上发表了一篇文章，题为《澳大利亚女演员剽窃我的量子力学课程来推销打印机》。在描述过整件事情并附上视频链接后，文章这样结尾：

> 我这辈子几乎是头一回感到哑口无言。我不知道该怎样回应。我不知道该怎样从 500 000 个可能的玩笑中选出一个。读者们，帮帮我。我应该感到荣幸吗？还是我应该给律师打电话？

这将成为我写过的最"臭名昭著"的一篇博文。到了第二天早晨，我的故事登上了《悉尼先驱晨报》，文章标题为《一位教授声称：广告公司剽窃了我的课程笔记》（"Ad agency cribbed my lecture notes: professor"）；Slashdot 网站也发表了文章《斯科特·阿伦森，打印机的托儿》（"Scott Aaronson: Printer Shill"），其他多个新闻网站也有类似报道。当时，我恰巧在拉脱维亚拜访我的同事安德里斯·安贝尼斯（Andris Ambainis），但记者想方设法找到了我在该国首都里加入住的酒店的

————————————————

① 在英语中，"模特"和"型号"都是 model。——译者注

房间，在早上五点打电话，想对我进行采访。

与此同时，在我的博客及其他在线论坛上出现的声音两极分化。有些读者说，如果我不起诉广告公司，那我真是个傻子。想想看，要是他们未经许可播放了滚石乐队一首歌的几个小节，结果会怎样？他们告诉我，这类案件有时会被判赔付几百万美元。另有些读者则说，甚至"问出这个问题"就让我成了人们刻板印象中那种爱起诉的美国人，以为全世界都亏欠自己。他们说，广告公司的文案人员觉得，这样免费给我的量子力学见解做宣传没有问题，对此我应该感到荣幸。有数十个留言反复说着同一个乏味的笑话，我应该要求以与广告里的模特约会作为补偿。（我回复说，要真到了这个地步，我宁愿要一台免费的打印机。）还有一个留言只是简单地说了一句："这简直是有史以来最搞笑的事情！"

爱意传播公司承认，广告确实使用了我的课程内容，但同时表示，他们之前咨询过律师，认为这完全没有超出合理使用的范畴。与此同时，我也确实联系了一位澳大利亚知识产权律师。他告诉我，官司有可能赢，但会花费很多时间和精力。我非常纠结：一方面，剽窃是学术界不能容忍的罪行之一，并且广告公司在被抓现行后如此毫无悔意的回应让我感到愤怒；但另一方面，要是他们提前征求我的许可，我很有可能会很高兴地允许他们使用我的话，我会象征性地收点钱，甚至分文不要。

最后，我们找到了一个皆大欢喜的解决方式。爱意传播公司道歉（却不承认做错事），并给我指定的两家澳大利亚科学推广组织（参见我的博客）捐助 5000 美元。作为交换，我不作进一步追究——事实上，我几乎忘了这件事情，然而我的同事仍不时会用澳大利亚的模特打趣我。

但这个故事还有最后一个不无讽刺之处，而这正是我要在这里讲述它的原因——好吧，也是因为这是一个与本书相关的好笑的真实故事。如果我必须从整本书中选一段话在电视上播放，我想我也会选文案人员所选的那段话——尽管他们当初应该只是搜寻了一些听上去高深莫测的宏论，并且，我当时也没有把那段话高光标注，因为我还没有意识到它的重要性。

认为量子力学是"关于"信息、概率和可观测量的，而不是关于波或粒子的，这毫无疑问并不是我的原创。早在 20 世纪 70 年代，物理学家约翰·阿奇博尔德·惠勒就说过类似的话；现如今，一个关于量子计算和量子信息的研究领域便整个建基于这个观点。事实上，在我的博客上有关澳大利亚模特事件的讨论中，最常见（以及在我看来，最有趣）的一种观点是，我没有权利抱怨，因为广告所用的那段话没有什么特别之处：这是一个在任何物理学著作中都能找到的显而易见的想法！

我多么希望事实如此。但即便在 2013 年，认为量子力学是关于信息和概率的观点依然还是少数派。拿起几乎任意一本物理学著作，不论它是科普读物，还是专业著作，你都将了解到：(1) 现代物理学讲了各式各样看上去像悖论的东西，比如波是粒子，粒子是波；(2) 而在更深层次，没有人真正理解这些东西；(3) 甚至将它们转化成数学就需要多年的深入学习；(4) 但它们正确解释了原子光谱，所以这才是要紧的。

对这种"常规观点"的一个很好描述可见于卡尔·萨根（Carl Sagan）的《魔鬼出没的世界》：

> 设想你真的希望理解量子力学是关于什么的。你首先要有一定的数学基础，通过层层推进，逐步掌握一个个数学分支。你必须依次学习算术、欧氏几何、高中代数、微积分、常微分方程和偏微分方程、向量微积分、数理物理学的一些特定方程、矩阵代数，以及群论……因此，试图将量子力学的某些观点介绍给没有经过这些入门训练的公众，这样的科普工作令人望而生畏。事实上，在我看来，一直没有出现成功的量子力学普及工作的部分原因正在于此。除了这些数学复杂性，量子理论的反直觉性也让这雪上加霜。在试图理解它的过程中，常识几乎毫无用处。理查德·费曼曾说过，问为什么它是这样的并没有什么用。没有人知道为什么它是这样的。反正它就是这样的。

物理学家这样说是可以理解的：因为物理学是一门实验科学。在物理学中，你可以这样说："这些是相关的物理规律，不是因为它们讲得通，而是因为我们通过实验得到了如此这般的一个结果。"你甚至可以自豪地、满怀喜悦地说：尽管让质疑者用自己的先入之见挑战大自然的裁决好了。

就个人而言，当实验主义者说世界其实是以完全不同于我之前认知的方式运行时，我会倾向于相信他们。这不牵涉需不需要说服我的问题，我也不会妄加推测实验主义者接下来会发现什么。我只会想知道：我的直觉错在哪儿了？我该如何修正，才能使它更符合实验的发现？我本该如何想，才能使得世界的实际行为不会如此出乎我的意料？

对于先前的多次科学革命（牛顿物理学、达尔文进化论、狭义相对论），我自觉多少知道点儿上述问题的答案。如果我的直觉还无法与这些理论完全一致，那么至少我知道它需要如何修正。比如，要是我在创造一个新的宇宙，我可能会，也可能不会将它造成洛伦兹不变的，但我显然会考虑这个选项，并且我会理解为什么洛伦兹不变性是其他一些我可能想要的性质的必然结果。

但量子力学是另一回事。在这里，物理学家告诉我们，没有人知道我们该如何调整自己的直觉，才能使亚原子粒子的行为不再看上去那么疯狂。确实，有可能根本不存在这样的方法；有可能亚原子粒子的行为任意、粗暴始终是一个事实，除了"如此这般的公式可以给出正确答案"之外，我们别无可说。对此，我的回应是激进的：如果真是如此，那么我也就不怎么关心亚原子粒子会如何表现了。毫无疑问，有些人需要知道亚原子粒子的行为，比如设计激光器、晶体管的人，所以让他们去研究好了。至于我，我会去研究其他在我看来更说得通的学科，比如理论计算机科学。一方面告诉我，我的物理直觉是错误的，另一方面却不提供任何可以修正我的直觉的途径，这就好比，让我考试不及格却不告诉我怎样才能做得更好。这时，只要在我的自由选择范围之内，我自然会转向其他我可以得到"优等"的课程、其他我的直觉确实有效的课程。

幸运的是，我认为，得益于人们数十年来在量子计算和量子力学基础方面所做的工作，我们现在可以做得更多，而不只是简单地称量子力学是神秘未知且粗暴的事实。剧透一下，下面便是本书所采取的视角：

量子力学是对概率法则的精彩推广：基于 2-范数而不是 1-范数，基于复数而不是非负实数。它可以完全独立于物理学应用而被研究（并且事实上，这样做会为之后学习物理学应用提供一个很好的起点）。这种推广的概率理论自然地指向了一个新的计算模型——量子计算模型。它挑战了人们一直以来关于计算的先验性的想法，哪怕和物理学没有联系，它也足以使理论计算机科学家们为各自的目标埋头苦干。总之，一个世纪前，人们为了解决物理的技术性问题而发明了量子力学，但是今天的量子力学可以从一个完全不同的角度卓有成效地被解释：作为思想史的一部分，在数学、逻辑、计算和哲学中探求可知的极限。

在本书中，我将努力实践上述观点，并选择一段不慌不忙、弯弯绕绕的路径做到这一点。在第 1 章，我尽可能地以我所能靠近的"开端"——古希腊哲学家德谟克利特——开始。德谟克利特幸存下来的一些理论片段——其中包括，推测所有的自然现象都源于几种微小"原子"之间的复杂相互作用，它们在几乎空着的空间中尽情呼啸——比其他任何古代思想都更接近现代科学的世界观（当然比柏拉图或亚里士多德的任何思想都更接近）。然而，还没等到德谟克利特确切地阐述原子论的假设，他就不安地发现，这个假设想要将他可能原本想首先解释的感官经验"整个吞下"。那些东西怎么可能被简化成原子的运动呢？德谟克利特将这个困境以理性和感觉之间的对话的形式表现了出来。

理性："感觉上存在的是浓郁的芬芳、深深的痛苦、缤纷的色彩，但实际上存在的是原子和虚空。"

感觉："愚蠢的理性，你是想要推翻我吗？不要忘了，你只有从我这里才能得到确证！"

这两行对话将成为整本书的某种试金石。我的一个主题将是，在理性与感觉 2300 年之久的辩论中，量子力学看上去如何给了它们双方意想不到的新武器，同时（我认为）仍然没有产生明显的胜者。

在第 2 章和第 3 章中，我继续讨论了我们所拥有的不明显依赖于物理世界"残酷事实"的最深层次的知识——数学。即使在那两章中，我内心里（并且我怀疑，还有许多其他计算机科学家内心里）还是对那些明显有物理学印记的数学持有怀疑，比如偏微分方程、微分几何、李群，或其他任何"太连续"的东西。因此，我转而开始用一些到目前为止发现的最为"免物理"的数学：集合论、逻辑和可计算性。我讨论了康托尔、弗雷格、哥德尔、图灵、邱奇和科恩的伟大发现，这有助于了解数学推理本身的轮廓。并且，在说明为什么所有的数学都不能被约化为一个固定的"机械过程"的课程里，这还展示了它们中有多少可能被约化，并从根本上阐明了我们说"机械过程"的意思。在第 4 章中，既然无法抗拒，我也就开始涉足人脑是否也被"固定的机械过程"所掌控这一古老的辩论。我尽量公正地给出了不同的立场（但无疑也暴露了我自己的偏见）。

第 5 章介绍了可计算性理论现代版的"表亲"——计算复杂性理论，它在这本书的剩余部分中起着核心的作用。尤其是我试图说明，计算复杂性如何可以让我们系统地考虑关于知识范围的"深刻的哲学之谜"，并将其转换为"仅仅是"极度困难的、尚未解决的数学问题，而且抓住大部分我们想知道的东西！关于这种转换，没有比 P 与 NP 问题更好的例子了，于是，我在第 6 章讨论了它们。然后，作为量子计算的热身，第 7 章探讨了"经典"随机性在计算复杂性和生活其他部分中的多种用途。然后，第 8 章介绍了从 20 世纪 70 年代起，计算复杂性的想法如何被应用于对密码学理论和实践的革命。

这一切只是为了给本书最"臭名昭著"的部分——第 9 章——搭建舞台。它介绍了我对于量子力学是"推广了的概率论"的观点。然后，第 10 章介绍了我自己领域的基础知识——量子计算理论，它可以被简单地定义为量子力学与计算复杂性理论的合并。作为坚持读完这么多技术材料的"回报"，在第 11 章里，我仔细检查了罗杰·彭罗斯爵士著名的想法，即大脑不仅是量子计算机，还是量子引力计算机，能够解决图灵不可计算问题。而这，或类似的东西，可以利用哥德尔不完备性定理来证明。指出这些想法的问题是小菜一碟，并且我也这样做了，但我发现更有趣的是去问，彭罗斯的猜测中是否可能有真理的金子？第 12 章面对的是我所认为的量子力学的核心概念问题：不是说未来是不确定的（谁在乎呢？），而是说，过去也是不确定的！我考察了两种对于这个问题截然不同的反应：第一种是在物理学家中受欢迎的，即诉诸"退相干"，以及由热力学第二定律提供的"有效时间箭头"；第二种是"隐变量理论"，如玻姆机制。虽然隐变量理论被拒绝了，但我发现它们会指向一些非常有趣的数学问题。

该书的剩余部分是对早期的观点的应用，针对的是数学、计算机科学、哲学和物理学中各种大的、令人振奋或有争议的问题。后面的各章与前面的相比，更多地讨论了更新的研究——主要在量子信息和计算复杂性方面，但也有一点儿量子引力和宇宙学——这都是令我震惊的研究，且在我看来为那些"大问题"的解决提供了一点儿希望。因此，我希望后面各章的内容能比前面各章先过时！虽然有一点儿轻微的相关性，但后面各章基本可以按照任何顺序去读。

第 13 章讨论了数学证明的新概念（包括概率证明和零知识证明），然后利用这些概念来理解隐变量理论的计算复杂性。

第 14 章讨论的是量子态"大小"的问题——它们能否编码指数多的经典信息？然后，我把这个问题一方面与关于量子力学诠释的辩论联系了起来，另一方面与最近对于量子证明和建议的复杂性理论研究联系了起来。

第 15 章探讨了量子计算"怀疑论者"的论点：他们不仅认为建造一个实用的量子计算机是困难的（每个人都同意这点），而且认为由于某种根本的原因，这永远都是不可能实现的。

第 16 章探讨了休谟的归纳问题，并将其作为起点讨论了计算学习理论，以及最近关于量子态可学习性的工作。

第 17 章讨论了我们对经典和量子交互证明系统（即 IP=PSPACE 和 QIP=PSPACE 定理）理解的一些突破，但最大的兴趣点在于那些已经导致了非相对化电路下界的突破——因此，这可能会给 P 与 NP 问题带来一些曙光。

第 18 章考察了著名的人择原理和"末日论"。讨论以高度的哲学性开始（当然得这样），但最终迂回到对后续选择量子计算以及 PostBQP=PP 定理的讨论。

第 19 章由对纽科姆悖论和自由意志的讨论，通向康威－科亨的"自由意志定理"，以及贝尔不等式在生成"爱因斯坦认证的随机数"时所起的作用。

第 20 章讨论了时间旅行：用一种现在已经熟悉的模式，从一个广泛的哲学讨论开始，以一个证明结束，该证明是说，拥有封闭类时曲线的经典或量子计算机产生的正是 PSPACE 的计算能力（它所依托的假设对那些有趣的反对意见是开放的，我会对此详细讨论）。

第 21 章讨论了宇宙学、暗能量、贝肯斯坦界以及全息原理。但是，并不奇怪的是，这些讨论都着眼于这一切对于"计算的极限"意味着什么。比如，一个人可以储存或者搜索多少比特，以及一个人可以对这些比特执行多少操作，而无须使用创造一个黑洞那么大的能量？

第 22 章是"甜点"：它是基于这门课的最后一节而写的，其中学生可以随便问我任何问题，看我如何挣扎着回应。讨论的主题包括：量子力学垮台的可能性、黑洞与"模糊球"、计算复杂性理论中谕示结果的相关性、NP 完全问题和创造性、"超量子"的关联、随机算法的去随机化、科学、宗教以及理性的本质，以及为什么计算机科学不是物理学系的一个分支。

最后说几句。有一件事情，你不会在这本书中找到——对于量子计算"实用性"的广泛讨论：无论是物理实现，还是纠错，或者肖尔算法、格罗弗算法以及其他基本量子算法的细节。造成这一疏忽的原因之一是以下情况附带的：这本书是基于我在滑铁卢大学量子计算研究所的讲座而写的，那些学生已经在其他课上学习了所有关于那些方面的知识。第二个原因是，这些知识在许多其他的书和网上课堂笔记（包括我自己的一些）中都有①，我认为没有必要推倒重来。但第三个原因是，坦率地说，建立一种新型计算机的技术前景尽管非常令人振奋，但那不是我进入量子计算领域的根本原因。（嘘，请不要把我说的话告诉任何资助机构的董事。）

需要明确的是，我认为我在有生之年看到实用量子计算机是完全有可能的（当然，也有可能不会看到）。如果我们确实有了可扩展的、通用的量子计算机，那么它们几乎肯定会找到真正的用武之地（破译密码甚至都不算）：我认为主要是

---

① 这一领域的"标准参考书"应该算是《量子计算和量子信息》（Michael NIELSEN and Isaac CHUANG., *Quantum Computation and Quantum Information*, Cambridge University Press, 2000 – 09 ）。

对于像量子模拟这样的专业研究，不过退一步，也包括解决组合优化问题。一方面，如果那真的发生了，那么我希望我会跟世上所有的人一样兴奋——当然，如果我做过的工作可以在新的世界里找到应用的话，我会乐疯了的。另一方面，如果有人明天给我一个实用的量子计算机，那么就我个人而言，我承认我想不出自己会拿它来做什么：我只能想到其他人可以用它来做的事情！

部分出于这个原因，如果可扩展的量子计算被证明是不可能的，那么这将让我比听到它被证明为可能时的感觉兴奋一千倍以上。因为这样的失败将意味着我们对量子力学本身理解的错误和不完备：一场物理学革命！不过作为一个先天的悲观主义者，我的猜测是，大自然不会对我们如此好心，可扩展的量子计算终将成为可能。

总之，你可以说，比起我们可以对量子计算机做的事情，我待在这个领域更多的原因在于量子计算机出现的可能性为我们对世界的理解已经做的事情。要么，实用的量子计算机可以被造出来，可知的极限不是我们所认为的那样；要么，它们不能被造出来，量子力学原理本身需要被修订；要么，就是有一个迄今还难以想象的方法来利用现有计算机有效地模拟量子力学。所有这三种可能性听起来都像是狂人猜想，但其中至少有一个是对的！所以不管结果是什么，有哪句话比这句"这真有趣"更贴切（逆向抄袭某电视广告）？

新的东西

在准备这本书的出版底稿时，最令我惊讶的是，从我最开始上这门课（2006年）到"现在"（2013年），这个领域发生了多少事情。我原先设想这本书是关于一些深刻问题的，它们与科学和哲学一样古老，或者至少，像几乎一个世纪以前的量子力学和计算机科学那么老。或者至少在按天来计算的层面上，对这些问题的讨论感觉应该不会有什么变化。然而，在区区 7 年过去后，我不得不大规模地更新我的讲座，这对我来说真是一种难以言表的、愉快的负担。

为了向你展示这些事情是如何发展的，我将列出这本书所涉及进展的一部分，但它们在我原来 2006 年的讲座中未被提及，原因很简单，当时它们还没有发生。IBM 的沃森计算机打败了《危险边缘！》中的世界冠军肯·詹宁斯，迫使我用这个新的例子更新了我对人工智能的讨论（见第 4 章），它跟之前像 ELIZA 和深蓝这样的例子非常不同。弗吉尼亚·瓦西列夫斯卡·威廉斯（Virginia Vassilevska Williams）在安德鲁·斯托瑟斯（Andrew Stothers）工作的基础之上，发现了如何用 $O(n^{2.373})$ 步将两个 $n \times n$ 的矩阵相乘，稍微打破了科珀史密斯和威诺格拉德以前的纪录 $O(n^{2.376})$，要知道这个记录已经保持了很久，以至于"2.376"看上去已经像是大自然的常数了（见第 5 章）。

"基于格的加密"这一领域有着很重要的进展，它为甚至在量子计算机下都安全的公钥密码系统提供了最有希望的候选者（见第 8 章）。最值得注意的是，克雷格·金特里利用格提出了第一个"全同态密码系统"，解决了一个已经有 30 年历史的问题。这些系统可以让顾客将任意计算委托给不可信的服务器——将加密的输入提供给服务器，然后取回加密的输出，而且是以这么一种方式：只有顾客可以解密（及验证）输出，服务器自始至终都不会有任何线索来供其推测出顾客在让它算些什么。

在量子力学基础这方面，对于"为什么"量子力学应该包括它所具有的那些规则，克贝拉（Chiribella）等人给出了一个新颖的论点（见第 9 章）。也就是说，他们证明，量子力学的这些规则是唯一能与概率论的一般性公理加上一个略显神秘的公理——"所有的混合态都可以纯化"——相协调的。这个神秘的公理说的是，任何时候对于一个物理系统 A，如果你没能了解你需要了解的一切，那么你全部的无知一定可以这样解决：将系统 A 与某个很远的系统 B 相关联，使得你将能了解关于系统 AB 你需要了解的一切。

在量子计算理论这方面，伊森·伯恩斯坦（Ethan Bernstein）和乌梅什·瓦奇拉尼（Umesh Vazirani）的"递归傅里叶抽样"（recursive Fourier sampling，RFS）的问题（对此我在 2006 年的讲座里可花了不少时间来讲解），已被我的"傅里叶检测"问题所取代（见第 10 章）。RFS 作为曾经被提出的第一个能被证明超多项式地快于经典概率计算机的黑箱问题，正因如此，它是西蒙和肖尔所做突破的重要先驱。它保持了其在历史上的地位。但是，今天如果我们想要一个 BQP\PH 中的候选问题（换言之，一个量子计算机可以很容易做到，它甚至都不属于经典的"多项式时间层次"中的问题），那么傅里叶检测问题似乎从各方面来看都好于 RFS。

令人高兴的是，在 2006 年的讲座中被当作"开放性问题"讨论的几件事情现在已经失去这一地位。比如，安德鲁·德鲁克（Andrew Drucker）和我证明了 BQP/qpoly 包含于 QMA/qpoly（而且证明是相对化的），这否定了我的猜想，即这些类之间应该有谕示分割（见第 14 章）。另外，在一个量子计算理论中确实值得庆贺的突破中，贾殷（Jain）等人证明了 QIP＝PSPACE（见第 17 章），这意味着量子交互证明系统并不比那些经典的系统更为强大。在这种情况下，至少我猜到了正确答案！〔事实上在对量子交互证明系统的研究中还有一个突破，我在书中没有讨论。我的博士后托马斯·维迪奇和伊藤毅（Tsuyoshi Ito）最近证明了 NEXP ⊆ MIP*，它的意思是，任何多证明者的交互证明系统都可以"免疫"于证明者用量子纠缠来协调回答的可能性。〕

这本书的第 20 章讨论了在封闭类时曲线存在的情况下，戴维·多伊奇（David Deutsch）对于量子力学的模型，以及我（在当时）与约翰·沃特勒斯（John Watrous）的新成果，即多伊奇的模型提供了与 PSPACE 完全相同的计算能力。（特别是，这样的话，量子时间旅行计算机的功能将不会比经典时间旅行计算机的功能更强大。以防你想问的话。）然而，自 2006 年以来，也出现了质疑多伊奇模型背后假设的重要论文，它们还提出了替代模型。这通常会导致小于 PSPACE 的计算能力。比如，塞思·劳埃德（Seth Lloyd）等人提出的一个模型将能够让时间旅行者解决 PP 中所有问题。我在第 20 章中讨论了这些进展。

电路下界方面有什么情况呢？它可是理论计算机科学家"试图证明 P≠NP"的暗语，就像"封闭类时曲线"是物理学家对于"时间旅行"的暗语一样。我可以很愉快地告诉你，2006 年以来已出现了肯定比我当年的预期还要多的有趣进展。举个例子，拉胡尔·桑塔南（Rahul Santhanam）使用交互证明技术证明了一个非相对化的结果，即 PromiseMA 类不具有任何固定多项式大小的电路（见第 17 章）。桑塔南的结果在一定程度上促使阿维·威格德森（Avi Wigderson）和我在

2007 年将代数化障碍形式化，这是对贝克（Baker）、吉尔（Gill）和罗伯特·索罗维（Robert M. Solovay）在 20 世纪 70 年代的相对化工作的推广（见第 17 章）。代数化解释了为什么交互证明技术在寻求 P≠NP 证明的路上只能把我们带到这么远，不能更远：举个例子，为什么这些技术导致了对于 PromiseMA 超线性的电路下界，但对于仅仅"比它低一点点"的 NP 却不行。我们提出的挑战是要找到能够令人信服地避开代数化障碍的新的电路下界技术。瑞安·威廉姆斯（Ryan Williams）在 2010 年对 NEXP $\not\subset$ ACC^0 的突破性证明中（见第 17 章中的讨论）也接受了这一挑战。

当然，威廉姆斯的结果甚至也跟 P≠NP 相去甚远，即便它很令人兴奋。但是，过去 6 年也见证了人们对于科坦·穆尔穆雷（Ketan Mulmuley）的几何复杂性理论（geometric complexity theory，GCT）纲领越来越浓厚的兴趣及其发展（见第 17 章）。它对于证明 P≠NP 来说，几乎就跟弦论对于物理学统一理论的目标来说是一样的。也就是说，在具体成果方面，GCT 纲领跟其最初的希望还相去甚远，甚至该纲领最热烈的支持者也预测说得有几十年的跋涉，而且其在数学上的复杂性也吓唬到了其他每个人。不过 GCT 已经做到两件事情：第一，其伪造的数学关系"过于深刻及引人注目，以至于不可能只是偶然的巧合"；第二，它被认为是"镇上唯一的游戏"（绝非普遍），是目前林子里唯一的猎人，甚至还背着尖尖的木棍。

我再提 2006 年后与本书相关的其他的 3 个进展。在 2011 年，亚历克斯·阿尔希波夫（Alex Arkhipov）和我提出了"玻色抽样"（见第 18 章）：一个初步的、几乎肯定非通用的包括非相互作用光子的量子计算模型，它在小尺度下被演示。有趣的是，玻色抽样很难被经典计算机模拟的证据上似乎要比（比如）肖尔算法很难被模拟的证据更强。在 2012 年，乌梅什·瓦奇拉尼和托马斯·维迪奇在皮罗尼奥（Pironio）等人先前的工作基础之上，证明了如何通过违反贝尔不等式来实现"指数随机扩张"（见第 19 章），也就是说，将 n 个随机比特变成 2^n 个比特，并保证这是几乎完全随机的，除非大自然使用快于光速的通信来使其变得非随机。同时，对于"黑洞信息悖论"的争论（当比特或量子比特落入黑洞时，量子力学的原理和时空局域性之间的明显冲突）自 2006 年以来已经有了新的方向。可能有两个最重要的进展，其一是萨米尔·马瑟（Samir Mathur）关于黑洞的"模糊球"图景与日俱增的普及度和难度，其二是阿尔姆海里（Almheiri）等人的有争议的论点，说的是：落入黑洞的观察者甚至从来都不会接近奇点，而是会遇到一个"防火墙"，然后在事件视界燃烧起来。我在第 22 章尽我所能介绍了这些进展。

还有一些更新不是任何新发现或新论证带来的，而仅仅是因为我对某个东西改变了想法（让我倒吸一口气）。一个例子是我对约翰·塞尔（John Searle）和罗杰·彭罗斯反对"强人工智能"的论证的态度。正如你将在第 4 章和第 11 章看到的那样，我仍然认为，塞尔和彭罗斯在关键的地方是错误的，塞尔比彭罗斯还错得厉害。但是，当我重读我 2006 年所写的他们为什么错误的论证时，我发现，自己当年带着油腔滑调的语气对这些知名学者的嘲笑——嘲笑他们捍卫人类特殊性的堂吉诃德式的、却注定难逃一劫的尝试——把我自己也绕进了"逻辑麻花"里。实际上，我当时懒洋洋地默认了一个事实：屋子里的每个人都已经同意我的意见，对这些（大部分是）物理和计算机专业的研究生来说，人的大脑无非是一个"又热又湿的图灵机"——这一点是不言而喻的。我甚至觉得，我谈这个已经被解决的问题是在浪费大家的时间。自那以后，我觉得自己对于这些问题巨大的难度（尤其是给哲学出发点不同的人们，而非只是跟我一样的那些人提供吸引他们的论证的必要性）有了更好的认识。

在这里，我希望到 2020 年，这本 2013 年出版的书将会非常需要重新修订，就像 2006 年的讲义之于 2013 年一样。

斯科特·阿伦森

美国马萨诸塞州，剑桥

2013 年 1 月

目录

与其成为波斯国王，我更愿意发现一个原因。

——德谟克利特

第1章
原子和虚空

为什么是德谟克利特？首先，谁是德谟克利特？他是一位古希腊人。在公元前450年左右，他生于古希腊一个名叫阿布德拉的偏僻小镇——在雅典人的说法里，那里的空气会导致愚蠢。据说，德谟克利特是留基伯（Leucippus）的学生。尽管他实际上与苏格拉底同时代，但他被归为"前苏格拉底"哲学家。这个说法会让你对他的重要性有点儿概念："哦，'前'苏格拉底哲学家——看来应该把他们放进课程第一周的某个地方。"顺便一提，据说德谟克利特曾前往雅典去拜访苏格拉底，但到了那里，他却太过害羞，无法跟对方搭话。

德谟克利特几乎没有一篇著作存世。有些或许流传到了中世纪，但它们现在也遗失了。我们对他的了解基本上全部来自其他哲学家，比如亚里士多德，而他们提起德谟克利特，都是为了批判他。

那么这些哲学家批判他什么呢？一方面，德谟克利特认为，整个宇宙由处在虚空中并依据确定的、可理解的法则不停运动的原子构成。这些原子可以相互碰撞并弹开，或者它们也可以结合在一起，形成更大的东西。它们可以有着不同的尺寸、重量和形状——可能有些是球形的，有些是圆柱形的，诸如此类。另一方面，德谟克利特认为，像颜色、味道等性质并不是原子固有的，而是在许多原子的相互作用下产生的。因为如果组成海洋的原子本身是蓝色的，那么它们如何能形成白色的浪花呢？

要记住，这是在公元前 400 年。所以到目前为止，他的话没什么问题。

为什么德谟克利特认为万物由原子构成呢？他给出了几个论证，其中一个可以重新表述如下：假设我们有一个苹果，并且这个苹果不是由原子构成的，而是由连续的、坚硬的东西构成的。同时，假设我们用一把刀把这个苹果切成两半。很明显，原先位于苹果一侧的那些点进入了一半苹果，位于另一侧的那些点进入了另一半。那么正好位于边界上的那些点去了哪里？它们消失了吗？它们复制成两份了吗？对称性破缺了吗？这些解释看上去都不是特别优雅。

顺便一提，甚至直到今天，原子论者与反原子论者仍在争论。争论的一个焦点是，空间和时间本身是否由不可分的、大小在 10^{-33} 厘米或 10^{-43} 秒的普朗克尺度的原子构成。再一次，物理学家受困于几乎没有实验证据可用，他们陷于与 2400 多年前的德谟克利特基本上相同的处境。如果你想问我这个什么都不懂的外行人的意见，我会把钱押在原子论者一边，而我所用的论证与德谟克利特所用的并不是完全不同的——也主要是利用连续统内在的数学困难性。

德谟克利特的一个残篇讲的是理性与感觉之间的一段对话。理性首先发声："感觉上存在的是浓郁的芬芳、深深的痛苦、缤纷的色彩，但实际上存在的是原子和虚空。"在我看来，单单这一句话就足以让德谟克利特与柏拉图、亚里士多德或其他任何你能想到的古代思想家相并肩：很难找到一句话能比这更精确地概括出人们将在 2000 多年后发展出的整个科学世界观！但对话并没有就此结束。感觉回应道："愚蠢的理性，你是想要推翻我吗？不要忘了，你只有从我这里才能得到确证！"

我在薛定谔的一本书中第一次见到这段对话。① 啊哈，薛定谔！你看，我们向着书名所述的"量子计算"又接近了一点点。我们最终会到那里的，别担心。

但薛定谔为什么会对这段对话感兴趣？好吧，薛定谔对很多事情都感兴趣。他在探索知识上并不专一（在其他方面也是如此）。但他对这段对话感兴趣，可能正是因为他发展了量子力学——在我看来，量子力学是 20 世纪最惊人的发现（相对论以很小的差距紧跟其后），它为理性与感觉的古老争论加入了一个全新的视

---

① 参见薛定谔的作品《生命是什么？》。

角，尽管它也未能解决这一争论。

事情是这样的：对于宇宙中任意你想要考虑的孤立区域，量子力学描述了该区域中状态随时间的演化，我们将它表示为该区域中基本粒子的所有可能构形的一个线性组合（即一个叠加）。所以，这是一个描述现实的古怪图景，在其中，一个给定的粒子既不在这里，也不在那里，而是在所有可能出现的位置的某种加权和。但它奏效了。我们都知道，它确实很好地描述了德谟克利特所说的"原子和虚空"。

量子力学可能做得不那么好的是"通过我们你才得到了你的证据"这部分。问题出在哪里？如果你把量子力学当真，那么你自己也应处于一个同时身处不同位置的叠加态。毕竟，你是由基本粒子构成的，不是吗？尤其是，假设你正在测量一个处于 A 和 B 两个位置叠加态的粒子，那么对量子力学最直白朴素的解读会给出预测，宇宙本身应该分裂出两个"分支"：在一个"分支"中，粒子处于 A 处，并且你也看到它处于 A 处；而在另一个"分支"中，粒子处于 B 处，并且你也看到它处于 B 处。所以你怎么看？你有没有在每次看别的东西时分裂出多个你自己的副本？我觉得我没有！

你可能会好奇，这样一个疯狂理论如何能对物理学家有哪怕一丝用途。如果它实质上认为一切皆有可能发生，那么它如何能做出预测？好吧，有一件事情我还没有告诉你，那就是在你进行测量时，还存在另一条独立的规则：一条外在于方程本身的"附加"规则。这条规则实质上说的是，看向一个粒子的举动会迫使该粒子决定自己处于什么位置，并且该粒子根据概率做出自己的选择。而且这条规则还告诉你该如何计算概率。当然，它也已经相当好地得到了确认。

但这里有个问题：宇宙不断运转，做着它的事情，我们如何知道什么时候该应用这条测量规则，什么时候又不用呢？并且，什么算是"测量"？物理法则不应该说，"直到某人看了，如此这般的事情会发生，而在那之后，截然不同的事情会发生"。物理法则应当是普适的。它们应该以同样的方式来描述人类、超新星和类星体：所有这些只不过都是依据某些简单规则相互作用的粒子组成的巨大而复杂的集合体。

因此，从物理学的角度看，要是我们能够完全移除"测量"这件事，事情将会简明很多！那时我们就可以说（将德谟克利特的观点加以升级）：世上别无他物，唯有以量子叠加方式演化的原子和虚空。

但稍等一下：要是我们不在这里进行满足好奇心的测量，破坏了量子力学的原样之美，"我们"（不管这指代什么）又如何能在一开始获得可证明量子力学成立的证据呢？我们何以能够最终相信这个看上去违背了我们对于自身存在的许多直觉的理论？

这就是德谟克利特难题的现代版本。物理学家和哲学家对此已经争论了将近一百年，而本书也不会给出答案。

另一件我不会在本书中做的事情是，试着向你兜售我喜欢的量子力学的一些"诠释"。你大可去相信任何你自己认可的诠释。（至于我自己的观点？好吧，我认可每一个诠释，只要它说这里存在这样一个问题；同时我也不认同每一个诠释，只要它声称自己已经解决了这个问题！）

你看，正如我们可以把宗教分成一神论和多神论，我们也可以通过其对"将你自己放入相干叠加中"议题的站队来对量子力学的诠释加以分类。在一边，我们有一些诠释——哥本哈根诠释、量子贝叶斯以及认识论，它们积极地把这个议题扫入地毯底下。在这些诠释中，这边是你的量子系统，那边是你的测量设备，两者之间有明确的界线。确实，这条界线在不同实验中会有变化，但对于任何给定的实验，它必须存在于某处。在原则上，你甚至可以想象，将其他人放在量子力学的一侧，而将你自己始终放在经典力学的一侧。为什么？因为量子状态只是你的知识的一种表象，而你自己，根据定义，是一个经典的存在。

但如果你希望将量子力学运用于整个宇宙，包括你自己，又会发生什么？根据认识论的诠释，答案就是你别问这种问题！顺便一提，这是尼尔斯·玻尔（Niels Bohr）最喜爱的哲学回应，他的撒手锏是："你不能问这样一个问题！"

在另一边，我们也有一些诠释——多世界诠释、玻姆力学等，它们确实以不同方法试着让"将你自己放入相干叠加中"说得通。

现在，在我们这些实用的问题解决者看来，这可能看上去只是不过文字之争——何苦纠结于此？我同意，如果真的只是文字之争，那我们就不应该操心！

但正如戴维·多伊奇在 20 世纪 70 年代末指出的，我们可以构想出实验，将第一类诠释与第二类区分开来。最简单的实验会是将你自己放入相干叠加中，然后看看会发生什么。或者，如果那样太危险的话，那就将别人放入相干叠加中。这里的要点是，如果人类可被经常性地放入相干叠加中，那么在"经典观察者"与剩余的宇宙之间画出一条界线这件事情就会站不住脚。

但人类大脑湿湿滑滑、黏黏糊糊，我们或许不能做到使其在相干叠加中待上五亿年。那么次优的方法是什么？好吧，我们可以试着将计算机放入叠加中。计算机越复杂（越像人脑，越像我们），我们便越能将量子与经典之间的那条"界线"推开。你看，从这里到量子计算，就只剩下一小步了。

最后，我想给出一条更普适的经验教训。为什么要谈论哲学问题？因为我们接下来还要谈到相当多这样的东西——我是说，哲学式的胡说八道。好吧，标准回答是：因为哲学是思想清洁工——在科学家弄得一团糟之后，它就会出来收拾局面。因此，这样看来，哲学家稳坐扶手椅中，等着科学中出现惊人发现，比如量子力学、贝尔不等式、哥德尔定理，然后他们（换个比喻）就像兀鹫一样冲进来，并说道，啊哈，这个才是他们以前真正想说的。

好吧，这看上去有点儿无聊。但随着你越来越熟悉这类工作，我想你会发现……这仍旧很无聊！

个人而言，我对结果——寻找非平凡的、良定义的、未解问题的解——感兴趣。那么哲学在这其中又扮演了什么角色？我想换用一个比思想清洁工更高级点的角色来形容哲学家：哲学家是侦察员。他可以是一名探路者，绘制出思想地图以便科学后来跟进，在上面建造公寓或其他东西。并不是科学的每一个分支都提前被哲学侦察过，但有一些确实如此。在晚近的历史中，我想量子计算可算一个典型代表。告诉人们"别废话，快去做计算"并没有错，但问题是，人们应该计算什么？至少在量子计算领域，也就是我的研究领域，要不是哲学的指引，人们永远都不会想到要去计算诸如量子信道容量、量子算法的差错概率之类的东西。

第2章
集合

在这里，我们将讨论一些集合。这些集合包含什么呢？其他集合。就好像你打开一堆硬纸板箱，却发现其中包含更多硬纸板箱，如此继续，直至无穷。

你可能会问："这与一本讲量子计算的书有什么关系？"

好吧，我们稍后将会找到更多答案。至于现在，我暂时可以回答：数学是一切人类思想的基础，而集合论（可数集、不可数集，等等）是数学的基础。因此，不管一本书是关于什么的，似乎从集合论讲起都会是个不错的选择。

我很可能还应该明确告诉你，我把整门数学课程压缩到了这一章中。一方面，这意味着，我其实并不指望你能理解全部内容。另一方面，要是你真的全部理解了——嘿！你在一章中就把整门数学课程都学完了！不用谢。

让我们先从空集开始，看看我们能走多远。

事实上，在谈论集合之前，我们需要一种讨论集合的语言。这种由弗雷格、罗素和其他人发展的语言，叫作一阶逻辑。它包括布尔连接词（与、或、非）、等于号、括号、谓词、量词（"存在"以及"任意"），这就是一阶逻辑的全部。我曾听说物理学家搞不清这些东西——好吧，我只是开玩笑。要是你以前没见过这种思维方式，那就是没见过了。但或许，为了帮助一下物理学家，让我们还是来重温一下一阶逻辑的基本规则。

一阶逻辑规则

这些规则关注的都是如何构造出有效的语句——"有效"，不正式地说，意指"恒真"（对于变量的所有可能设定均为真）；不过，我们暂且可以只把它视为特定符号串的一种组合性质。为了方便区分，我将换一种字体书写逻辑语句。

- **命题恒真式**（propositional tautology）：A 或非 A，非（A 与非 A）等均有效。
- **假言推理**（modus ponen）：如果 A 有效，并且 A 蕴涵 B 有效，则 B 有效。
- **等词规则**（equality rule）：$x=x$ 且 $x=y$ 蕴涵 $y=x$，$x=y$ 且 $y=z$ 蕴涵 $x=z$，以及 $x=y$ 蕴涵 $f(x)=f(y)$ 均有效。
- **变量改变**（change of variable）：改变变量名不影响陈述的有效性。
- **量词消去**（quantifier elimination）：如果对于任意 x，$A(x)$ 有效，则对于任意 y，$A(y)$ 有效。
- **量词引入**（quantifier addition）：如果 y 是无约束变量时 $A(y)$ 有效，则对于任意 x，$A(x)$ 有效。
- **量词规则**（quantifier rule）：如果非（对于任意 x，$A(x)$）有效，则存在 x 使得非（$A(x)$）有效。

比如，下面是用一阶逻辑语言写出的关于非负整数的皮亚诺公理。在其中，$S(x)$ 为后继函数，也就是说，$S(x)=x+1$，并且我假设函数已被定义。

关于非负整数的皮亚诺公理

- **零的存在性**：存在一个 z，使得对于任意 x，$S(x)$ 不等于 z（这个 z 便被当作 0）。
- **每个整数至多有一个前驱数**：对于任意的 x 和 y，若 $S(x)=S(y)$，则 $x=y$。

非负整数本身被称作该公理体系的一个模型：在逻辑上，"模型"是指满足这些公理的对象和函数的任意集合。不过有趣的是，正如群论的公理可以被很多不同的群满足，非负整数也并非皮亚诺公理的唯一模型。比如，你可以验证一下，你能通过添加一些额外的、不能从零到达的整数（可以说，"超越无穷"的整数）来得到另一个有效的模型。不过，一旦你添加了一个这样的整数，你就得添加无穷多个，因为每个整数都有一个后继数。

写出这些公理，看上去是在拘泥于细节，毫无意义——确实，这里存在一个明显的"先有鸡还是先有蛋"的问题。我们能写出为整数奠定更坚实的基础的公理，同时，写出这些公理所借助的符号等却预设了我们已然知道什么是整数，这怎么可能呢？

恰恰因为这一点，我不认为我们可以通过公理和形式逻辑为算术奠定更坚实的基础。如果你还不同意 1+1=2，那么，即使你耗尽毕生研究数理逻辑也不会把这弄得更清楚。但这些东西依然非常有意思，原因至少有三。

1. 一旦我们讨论的不是整数，而是不同大小的"无穷大"，情况就会发生变化。届时，写出公理并做出它们的推论，几乎是我们能做的全部。

2. 一旦将一切形式化，我们便可以利用计算机进行推理。
   - **前提 1**：*对于任意 x，若 $A(x)$ 为真，则 $B(x)$ 为真。*
   - **前提 2**：*存在 x，使得 $A(x)$ 为真。*
   - **结论**：*存在 x，使得 $B(x)$ 为真。*

   你一定看出来了。这里的要点是，从前提推出结论的过程完全是一个句法运算——它不要求对命题的含义有任何理解。

3. 除了让计算机为我们寻找证明，我们还可以把这些证明本身视为数学对象，从而开始涉足元数学。

言归正传，让我们来看集合论的一些公理。我将用文字陈述这些公理，而将其中大部分转化为一阶逻辑语言的工作，就留给读者作为练习。

集合论的公理

这些公理均涉及被称为"集合"的对象，以及集合之间的关系——称为"成员关系"或"包含关系"，用符号 ∈ 表示。对集合的任一操作最终都将通过包含关系定义。

- **空集公理**：存在一个空集。也就是说，存在一个集合 x，对于 x，不存在 y 使得 $y \in x$。

- **外延公理**：如果两个集合包含同样的元素，则两者相等。也就是说，对于任意的 x 和 y，如果（$z \in x$，当且仅当对于任意的 z，$z \in y$）为真，则 $x = y$。

- **无序对公理**：对于任意的集合 x 和 y，存在集合 $z = \{x, y\}$。也就是说，当且仅当 $w = x$ 或 $w = y$，存在 z 使得对于任意的 w，$w \in z$。

- **并集公理**：对于任意集合 x，存在一个集合等于 x 中所有集合的并集。

- **无穷公理**：存在一个集合 x 包含空集，且对于任意的 $y \in x$，x 包含 $\{y\}$。（为什么这个 x 一定有无穷多元素？）

- **幂集公理**：对于任意集合 x，存在一个由 x 的所有子集构成的集合。

- **替代公理（它事实上是无穷多个公理，对于每个将集合映射为集合的函数 A 都有一个相应的公理）**：对于任意集合 x，存在集合 $z = \{A(y)|y \in x\}$，即 z 是将 A 作用在 x 上所有元素的结果。（从技术上讲，我们还需要定义"从集合到集合的映射"是什么意思，这可以做到，但我不打算在这里展开。）

- **基础公理**：所有非空集合 x 均有这样一个元素 y，使得对于任意的 z，$z \notin x$ 或 $z \notin y$。（这是一个技术性公理，旨在排除像 $\{\{\{\{\cdots\}\}\}\}$ 这样的集合。）

这些公理称为策梅洛 – 弗兰克尔公理，是几乎所有数学的基础。所以我觉得你一辈子怎么也应该见它们一次。

对于集合，我们可以问的最为基础的一个问题是：它有多大？它的"大小"，即它的基数是多少？也就是说，它有多少个元素？你也许会说，数一数元素的数目就可以了。但要是它有无穷多个元素该怎么办？整数比奇整数更多吗？这引出了格奥尔格·康托尔（1845—1918）对于人类知识的重大贡献之一。他说，当且仅当两个集合的元素有一一对应关系时，它们具有相同的基数。就是这样。如果不管你怎样尝试将这些元素配对，其中一个集合总有元素剩下，则这个集合更大。

集合有哪些可能的基数呢？当然，有些是有限的集合，它们的基数是一个自然数。然后是第一个无穷基数，整数的基数，康托尔称之为 $\aleph_0$（读作"阿列夫零"）。有理数具有同样的基数 $\aleph_0$，这个事实也可以被表述为有理数是可数的，即它们可以与整数一一对应。换言之，我们可以制作出一个无限列表，使得每个有理数最终都会出现在这个列表中。

我们该如何证明有理数可数呢？你以前没有见过？噢，好吧。首先，列出 0，然后列出所有分子和分母的绝对值之和为 2 的有理数。接着，列出分子和分母的绝对值之和为 3 的有理数，以此类推。显然，每个有理数最终都会出现在该列表中。因此，它们仅仅是可数无穷多的。证毕。

但康托尔的最大贡献是表明并非每个无穷均是可数的——比如，实数的无穷要比整数的无穷大。更一般地，正如存在无穷多个数，同样存在无穷多种"无穷"。

你也没见过对它的证明？没关系。假设有一个无穷集 A。我们将展示如何构造另一个无穷集 B，使得 B 比 A 更大。这里的 B 只需是 A 所有子集的集合，而根据幂集公理，它必定存在。我们如何知道 B 比 A 大？假设我们可以将 A 中的每个元素 $a \in A$ 与 B 中的每个元素 $f(a) \in B$ 一一配对，使得 B 中没有剩余元素。然后，我们可以定义一个新的子集 $S \subseteq A$，它由所有不包含在 $f(a)$ 之中的 a 组成。注意，S 不可能已经与 A 中的任意元素 a 一一配对，否则便会有当且仅当 a 不属于 $f(a)$ 时 a 属于 $f(a)$，出现矛盾。因此，B 要比 A 大，并且我们从一个较小的无穷出发，得到了一个较大的无穷。

这无疑是数学中最伟大的四五个证明之一——再一次地，你一辈子怎么也应该见它们一次。

除了基数，讨论序数也很有用。相较于给出定义，举例说明可能更简单一些。

我们从自然数开始：

$$0, 1, 2, 3, \cdots$$

然后，让我们定义某种比所有自然数都大的东西：

$$\omega$$

ω 之后是什么呢？

$$\omega+1, \omega+2, \cdots$$

所有这些之后又是什么呢？

$$2\omega$$

好，我们知道思路了：

$$3\omega, 4\omega, \cdots$$

好，我们知道思路了：

$$\omega^2, \omega^3, \cdots$$

好，我们知道思路了：

$$\omega^\omega, \omega^{\omega^\omega}, \cdots$$

我们还能这样继续下去！简单来说，我们所做的是，对于任意（有限或无穷）序数的集合，我们规定，存在紧随在这个集合的所有元素之后的第一个序数。

序数的集合有一个重要性质，它是良序的。这意味着每个子集都有一个最小元素。这不像整数或正实数，它们的每个元素之前总有别的元素。

现在，出现了一些有意思的事情。我列出的所有这些序数都有一个特殊性质，它们至多有可数多个前驱数（也就是说，至多有 $\aleph_0$ 个前驱数）。如果我们考虑所有至多有可数多个前驱数的序数的集合，会发生什么？好吧，这个集合也有一个后继数，我们不妨称之为 α。但 α 本身有 $\aleph_0$ 个前驱数吗？显然没有，不然的话，α 就不会是这个集合的后继数，而应该在这个集合中！α 的前驱数的集合具有下一个可能的基数，我们称之为 $\aleph_1$。

这类论证证明的是，基数的集合本身是良序的。在整数的无穷后，存在"大一点儿的无穷"，然后是"比那更大一点儿的无穷"，以此类推。不像实数，你永远不会看到由无穷多个互不相等的无穷构成的递降序列。

从 $\aleph_0$（整数的基数）开始，我们已经看到两种构造"比无穷更大的无穷"的不同方式。由其中之一得出了整数集合的基数（或者等价地说，实数的基数），我们记为 $2^{\aleph_0}$。我们由另外一种方式得出了 $\aleph_1$。那么 $2^{\aleph_0}$ 与 $\aleph_1$ 相等吗？换一种问法：是否存在这样的无穷，它介于整数的无穷与实数的无穷之间？

这是戴维·希尔伯特在他著名的 1900 年演讲中提出的第一个问题。它在超过半个世纪的时间里一直是数学最大的难题之一，直到它被最终"解决"（以某种有点儿令人失望的方式，接下来你就可以看到）。

康托尔本人相信不存在介于两者之间的无穷，并把这个猜想称为连续统假设。康托尔自己却不能证明它，所以他感到尤为沮丧。

除了连续统假设，还有一个关于这些无穷集的论断，对此人们不能从策梅洛 – 弗兰克尔公理加以证明或否定。它就是臭名昭著的选择公理。它说的是，如果有一个由集合构成的（可能无限的）集合，那么我们可以从每个集合中选择一个元素来构成新的集合。听起来有道理吧？好吧，如果你接受它，那你也必须接受，存在一种方式，可以把实心球切割成有限块，然后把这些小块重新排列成另一个实心球，其大小要比原来的大上千倍。（这就是巴拿赫 – 塔斯基悖论。诚然，用刀切这些"小块"可能有点儿困难……）

为什么选择公理会有如此戏剧化的推论？简单来说，这是因为它声称一些集合存在，却没有给出构造这些集合的任何规则。正如伯特兰·罗素所说："从无限多双袜子中每双选出一只袜子需要用到选择公理，但对于鞋子来说，并不需要用到这个公理。"（这其中有什么区别？）

事实证明，选择公理等价于说每个集合都可以是良序的。换句话说，任何集合的元素可以与序数 0, 1, 2, ⋯, ω, $\omega+1$, $\omega+2$, ⋯, 2ω, 3ω, ⋯（直到某个序数）一一对应。当你考虑比如实数集时，这一点看上去并不那么显而易见。

容易看出，良序蕴涵选择公理：把全部无穷多双袜子排好序，然后从排在最前面的每双袜子中选出一只。

你想看另一个方向上的证明吗？为什么选择公理蕴涵每个集合都可以成为良

序集？想看吗？

好！我们有一个集合 A，并想要将其良序化。对于任意真子集 $B \subset A$，我们将运用选择公理选出一个元素 $f(B) \in A-B$（其中 $A-B$ 指的是，A 中除 B 所含元素外的其他元素组成的集合）。现在我们可以以如下方式将 A 良序化：先令 $s_0 = f(\{\})$，然后令 $s_1 = f(\{s_0\})$，$s_2 = f(\{s_0, s_1\})$，以此类推。

这个过程可以一直持续下去吗？不，不可以。一方面，如果可以的话，那么通过"超限归纳法"，我们可以把任意无穷大的基数强加于 A。另一方面，尽管 A 是无穷的，它也至多有一个确定的"无穷大大小"！所以这个过程会在某处终止。但是在哪里呢？在 A 的某个真子集 B 处？不，这样也不可以。因为，如果可以的话，那么我们只需通过增加 $f(B)$ 就可以继续这个过程，所以这个过程唯一能终止的地方是 A 本身。因此，A 可以被良序化。

先前我提到过连续统内在的数学困难性，下面便是一个与其相关的思考题。

你们都知道实数线，对吗？假设我们想要一族开区间（可能是无穷多个），它们覆盖了每个有理数点。问：这些区间的长度和必须是无穷大吗？我们显然容易这样想。毕竟，有理数在实数中是处处稠密的。

答：这些开区间的长度和不仅可以是有限的，还可以任意趋近于零！我们只需列出有理数 r_0，r_1 等，然后对于每个 i，将 r_i 所在区间长度取为 $\varepsilon/2^i$。

这里还有一个更难一点儿的思考题：我们想要由单位正方形区域 $[0, 1]^2$ 中的点 (x, y) 组成的一个子集 S，使得对于任意实数 $x \in [0, 1]$，仅有可数个 y 在 $[0, 1]$ 中，使得 (x, y) 属于 S。问：我们能否选择 S，使得对于每个 $x \in [0, 1]^2$，必然有 $(x, y) \in S$ 或 $(y, x) \in S$？

我会给你两个答案：这不可能，以及这又是可能的。

我们先研究为什么这不可能。为此，我将假设连续统假设不成立。那么就有一个真子集 $A \subset [0, 1]$，其基数为 $\aleph_1$。令 B 为取遍所有 $x \in A$ 时，出现在点 $(x, y) \in S$ 中的 y 所组成的集合。既然对于每个 x 都有可数多个这样的 y，那么 B 的基数同样为 $\aleph_1$。由于我们假设 $\aleph_1$ 比 $2^{\aleph_0}$ 小，因此必然存在某个 $y_0 \in [0, 1]$ 不属于 B。我们注意到有 $\aleph_1$ 个实数 $x \in A$，但其中没有一个实数满足 $(x, y_0) \in S$，并且只有 $\aleph_0 < \aleph_1$ 个 x

使得 $(y_0, x) \in S$，所以存在 x_0 使得 (x_0, y_0) 和 (y_0, x_0) 均不在 S 中。

现在让我们来看这为什么又是可能的。为此，我需要假设选择公理和连续统假设均成立。根据连续统假设，$[0, 1]$ 中只有 $\aleph_1$ 个实数。所以根据选择公理，我们可以将这些实数良序化，并使得每个数至多有 $\aleph_0$ 个前驱数。当且仅当 $y \leq x$ 时，将 (x, y) 放入 S 中，这里的 $\leq$ 是针对良序化进行的比较（而不是按照实数一般的顺序）。那么对于每个 (x, y)，显然有要么 $(x, y) \in S$，要么 $(y, x) \in S$。

本章的最后一个思考题是关于相信自己和积极思考的力量的：是否存在这样一个定理，你只有将"它可以被证明"设为一个公理，才能证明它？

第3章
哥德尔、图灵和他们的小伙伴

在第 2 章中，我们讨论了一阶逻辑的规则。这里有一个神奇的结果，叫作哥德尔完备性定理，它说这些规则就是你所需的全部。换句话说，如果从一些公理集开始，你不能使用这些规则推导出矛盾，则这些公理必定有一个模型（即它们必定是自洽的）。相反，如果这些公理是不自洽的，则这种不自洽性可以单靠使用这些规则来证明。

想想这意味着什么。这意味着费马大定理、庞加莱猜想或其他任何你能想到的数学成就都可以通过从集合论公理出发，并反复运用这些微不足道的小规则加以证明——很可能是三亿次，但毕竟……

哥德尔是如何证明完备性定理的呢？这个证明可被描述为"从语法中提取语义"。我们只需按公理要求对数学对象加以处理。一旦我们遇到不自洽性，那必定是因为原始公理中存在不自洽的地方。

完备性定理的一个直接推论是勒文海姆 – 斯科伦定理：每个自洽的公理集都有一个大小至多为可数基数的模型。（注意，看一个人在数理逻辑中是否会有所建树的最好指标之一是，看他名字中是否有元音变音符，就像"Gödel"。）为什么？因为按公理要求对数学对象加以处理的过程只可能持续可数无穷步！

很遗憾，在证明完他的完备性定理后，哥德尔再没做出什么真正值得称道的事情。（故作停顿。）好吧，他在一年后证明了不完备性定理。

不完备性定理说的是，给定任意自洽的、可计算的公理集，存在关于整数的真命题，它不可能通过这些公理被证明。在这里，"自洽"意味着你不可能推出矛盾，而"可计算"意味着要么有有限个公理，要么如果有无穷个公理，那么至少存在一个算法可以生成所有这些公理。

（如果没有可计算的要求，那么我们可以简单地让我们的"公理集"由所有关于整数的真命题组成。在实践中，这可不是一个太有用的公理集。）

但稍等一下！完备性定理说，任何由这些公理推出的命题都能为这些公理所证明，这难道不是与不完备性定理相矛盾吗？先记着这个问题，我们会在之后把它搞清楚。

不过首先，让我们看看不完备性定理是如何证明的。人们总是说，不完备性定理的证明是一项技术杰作，它要用到 30 页纸，它要用到一个涉及质数的巧妙构造，如此等等。真是令人难以置信，在哥德尔给出证明后 80 多年，它在数学课上仍旧是以如此形式呈现的。

好，要不要我来告诉你一个秘密？不完备性定理的证明大约需要两行——几近平凡。但我要提醒一下，为了给出两行的证明，你首先需要计算机的概念。

当我还在初中的时候，我有一位非常擅长数学但不太擅长编程的朋友。他想用数组写一个程序，但他并不知道什么是数组。那么他是怎么做的呢？他把数组的每个元素与一个独特的质数一一对应，然后他把这些质数都乘了起来；这样，每当他想要从这个数组中读出一些东西时，他就对这个乘积进行质因数分解。（要是他在一台量子计算机上编程，这种做法可能也就没有那么糟糕！）无论如何，我朋友所做的，基本上也就是哥德尔所做的。他打造了一位高明的黑客，以便不通过编程来写程序。

图灵机

好，现在轮到图灵先生出场了。

在 1936 年，"computer"一词还指的是用纸笔进行计算的人（通常是女性承担这类工作）。而图灵想要表明，在原理上，这样的"computer"可以用一个机器来模拟。这个机器应该是什么样子的？它应该能够在某处写下它的计算。由于我们不怎么关心手写字体、字的大小等，因此最容易想象的是，计算被写在一张分成若干方格的纸上，每个方格上写有一个符号，而可能的符号有有限多个。传统上，纸是二维的，不过不失一般性，我们可以想象一根很长的纸带。有多长呢？我们暂时假设要多长有多长。

这个机器能做什么？显然，它必须能够从纸带上读取符号并根据指令修改它们。为简单起见，假设这个机器每次只读一个符号。在这种情况下，它最好能前后移动。要是这个机器在得到结果后便能停机，那自然也是极好的。那么在任意时候，这个机器如何决定要做些什么呢？在图灵看来，这应该只取决于两部分信息：(1) 目前正在读取的符号，以及 (2) 机器目前的"内部构形"或"状态"。根据它的内部状态以及目前读取的符号，这个机器应该 (1) 在目前的方格中写下一个新的符号，覆盖那里原先的符号，(2) 向前或向后移动一格，并 (3) 转变到一个新的状态或者停机。

最后，由于我们想让这个机器在物理上是可实现的，因此可能的内部状态数目应该是有限的。以上就是它仅有的要求。

图灵的第一个结论是，存在一种"通用"图灵机——它能够模拟任何其他通过纸带上的符号描述出来的机器。也就是说，存在通用的可编程计算机。你不必为发邮件构建一台机器，再为播放 DVD 构建第二台，为玩《古墓丽影》游戏构建第三台，如此等等——你可以构建一台机器，它通过运行存储在内存中的程序来模拟其他机器。但这个结论还不是图灵的论文 [①] 的主要结论。

那么主要结论是什么呢？它指出，存在一个基本问题，称为停机问题，没有任何程序可以解决。停机问题说的是：我们有一个程序，我们想知道它是否会停机；当然，我们可以让程序运行一会儿，但如果这个程序运行了一百万年都不停机呢？我们到什么时候才应该放弃？

这个问题可能很难的一个证据是，如果我们能够解决它，我们就能够解决很

---

① 参见《图灵的秘密：他的生平、思想及论文解读》（人民邮电出版社，2012 年）。——编者注

多著名的数学问题。比如，哥德巴赫猜想（任何大于 2 的偶数均可以写成两个质数的和）。现在，我们可以简单地写一个程序，验证 4, 6, 8 等，并且它只有在发现这样一个数不能写成两个质数之和时才停机。这样，判断这个程序是否停机与判断哥德巴赫猜想是否成立便是等价的。

但我们能够证明这种解决停机问题的程序不存在吗？这正是图灵所做的。他的关键思路不是去尝试分析这样一个程序的内部动态过程（假设它存在的话）。相反，他利用反证法假设这样的程序 P 存在。然后，我们可以修改 P，得到一个新的程序 P′，使得用另一个程序 Q 作为输入，P′

(1) 要么会一直运行下去，如果用 Q 的自身代码作为输入，Q 会停机；
(2) 要么会停机，如果用 Q 的自身代码作为输入，Q 会一直运行下去。

现在，我们用 P′ 的自身代码作为输入。根据上述条件，如果 P′ 会停机，那么它会一直运行下去；而如果它会一直运行下去，那么它会停机。因此，P′（及由此可得 P）一开始就不可能存在。

正如我之前所说，一旦你有了图灵的结论，哥德尔的结论便作为额外奖励自然蹦了出来。为什么？假设不完备性定理是错的（也就是说，存在一个自洽的、可计算的证明体系 F，据此任何关于整数的命题均可以被证明对或错），那么给定一个计算机程序，我们就可以简单地在 F 中搜索每一个可能的证明，直到我们找到一个表明这个程序会停机的证明，或者找到一个表明它不会停机的证明。这是可能的，因为表明一个特定计算机程序会停机的命题，终究只是一个关于整数的命题。但这将给出一个解决停机问题的算法，而我们已经知道，这是不可能的。因此，F 不可能存在。

考虑得更细致些，我们实际上还可以得出更强的结论。令 P 是一个程序，它用程序 Q 作为输入，并试图通过前面提到的策略判断 Q 是否会停机（也就是说，在某个形式体系 F 中搜索每一个可能的证明，找到一个表明 Q 会停机或不会停机的证明）。然后，正如在图灵的证明中那样，假设我们修改 P，得到一个新的程序 P′，使得 P′

(1) 要么会一直运行下去，如果用 Q 的自身代码作为输入，Q 会停机；

(2) 要么会停机，如果用 Q 的自身代码作为输入，Q 会一直运行下去。

现在假设我们用 P′ 的自身代码作为输入。这时，我们可知 P′ 会一直运行下去，永远找不到表明它会停机或不会停机的证明。因为如果 P′ 找到一个表明它会停机的证明，则它会一直运行下去；而如果它找到一个表明它会一直运行下去的证明，则它会停机，出现矛盾。

但这里有个明显的悖论：为什么上述的论证自身不是一个表明用 P′ 的自身代码作为输入，它会一直运行下去的证明？并且，为什么 P′ 不能发现这个表明它会一直运行下去的证明，然后停机，然后一直运行下去，然后停机，如此等等？

答案在于，在"证明" P′ 会一直运行下去时，我们做出了一个隐含的假设，即形式体系 F 是自洽的。要是 F 是不自洽的，那其中完全可能存在一个证明，表明 P′ 会停机，即便事实上 P′ 会一直运行下去。

但这意味着，如果 F 能够证明 F 是自洽的，则 F 也能够证明 P′ 会一直运行下去，因而引出前面提到的矛盾。唯一可能的结论是，如果 F 是自洽的，则 F 不能够证明自身的自洽性。这个结论有时候被称为哥德尔第二不完备性定理。

第二不完备性定理确认了我们可能早该预料到的结论：任何自以为能够证明自身自洽性的数学理论根本没有丝毫自洽性可言！如果我们想要证明一个理论 F 是自洽的，那么我们只能在一个更强大的理论中去证明——一个平凡的例子是 F+Con(F)，即理论 F 加上声明 F 是自洽的公理。但我们又如何知道 F+Con(F) 本身是自洽的呢？好吧，我们只能用一个更强大的理论 F+Con(F)+Con(F+Con(F)) 去证明……无穷无尽。（事实上，它甚至超越了无穷，成为可数序数。）

再举一个具体的例子。第二不完备性定理告诉我们，与整数有关的流传最广的公理体系——皮亚诺算术，不能证明自身的自洽性。或者用符号表述：PA 不能证明 Con(PA)。如果我们试图去证明 Con(PA)，就需要一个更强大的公理体系，比如 ZF（集合论的策梅洛 – 弗兰克尔公理）。在 ZF 中，运用无穷公理构造一个无穷集，作为 PA 的一个模型，我们可以很容易证明 Con(PA)。

另外，再一次根据第二不完备性定理，ZF 也不能证明自身的自洽性。如果我们想要证明 Con(ZF)，那么最简单的方式是假定存在这样的无穷，它比可被 ZF 定义的任何无穷都大。这样的无穷被称为 "大基数"（large cardinals）。（当集合论研究者说 "大" 时，那可是真的大。）同样地，在 ZF+LC 中（其中 LC 是声明大基数存在的公理），我们可以证明 ZF 的自洽性。但是，如果我们想要证明 ZF+LC 本身是自洽的，那就还需要一个更为强大的理论，比如包含更大无穷的理论。

有个思考题可以快速检验一下你是否理解了这一点：尽管我们不能在 PA 中证明 Con(PA)，那我们能够至少在 PA 中证明 Con(PA) 蕴涵 Con(ZF) 吗？

不，我们不能。否则，我们就可以在 ZF 中证明 Con(PA) 蕴涵 Con(ZF)。但由于 ZF 可以证明 Con(PA)，因此这也意味着 ZF 可以证明 Con(ZF)，而这与第二不完备性定理相矛盾。

我之前承诺过要解释为什么不完备性定理与完备性定理不矛盾。对此，最简单的方法可能还是举例。考虑一个 "自暴自弃的理论"，PA + 非 (Con(PA))，也就是皮亚诺算术加上一个声明自身不自洽的断言。我们知道，如果 PA 是自洽的，那么这个奇怪的理论必定也是自洽的。不然的话，PA 就可以证明自身的不自洽性，而这是不完备性定理所不允许的。而根据完备性定理，PA + 非 (Con(PA)) 必定有一个模型。但这个模型可能长什么样子？特别是，在这个模型中，如果你只想找到表明 PA 是不自洽的证明，结果会发生什么？

让我来告诉你会发生什么：公理会告诉你，表明 PA 是不自洽的证明可被编码为一个正整数。然后你就会问："但 X 又是什么呢？" 公理会回答："X 就是 X。" 然后你会问："作为一个一般的正整数，X 究竟是什么？"

"你所说的 '一般的正整数' 是什么意思？"

"我的意思是，它不是某种被一个像 X 的符号表示的抽象实体，而是 1，或 2，或 3，或其他某个我们从 0 开始，通过有限次加 1 所得到的具体的整数。"

　　"你所说的'有限次'是什么意思?"

　　"我的意思是,就像一次,或两次,或三次……"

　　"但那样的话,你的定义就是个循环定义!"

　　"你看,你应该懂得我说的'有限次'是什么意思!"

　　"不不不,我不懂。你是在跟公理说话。"

　　"好,X 比 $10^{500\,000}$ 大还是小?"

　　"大。"(公理并不愚蠢:它们知道要是自己说"小",你就能很简单地试遍所有比它小的数,然后证明其中没有一个编码表明 PA 是不自洽的证明。)

　　"好,那么 $X+1$ 是什么?"

　　"Y。"

　　如此这般下去。公理会一直编造一些假想数来满足你的要求,而通过假设 PA 本身是自洽的,你将永远无法从它们那里推出不自洽。完备性定理的要点在于,公理编造的这些假想数的整个无穷集将会构成 PA 的一个模型——并且不是一般的模型(如一般的正整数)!如果我们坚持要讨论一般的模型,那我们就从完备性定理的论域切换到了不完备性定理的论域。

　　你还记得第 2 章的最后那个思考题吗?问题是:是否存在这样一个定理,你只有将"它可以被证明"设为一个公理,才能证明它?换句话说,"相信自己"在数学上有用吗?现在我们可以回答这个问题了。

　　为具体起见,假设我们想要证明的定理是黎曼猜想(RH),并且我们想要在其中证明的形式系统是策梅洛–弗兰克尔(ZF)集合论。假设我们可以在 ZF 中证明,要是 ZF 可以证明 RH,则 RH 为真。反过来,我们同样可以在 ZF 中证明,要是 RH 为假,则 ZF 不能证明 RH。换句话说,我们可以在 ZF+ 非 (RH) 中证明,非 (RH) 与 ZF 是完美互洽的。但这意味着,理论 ZF+ 非 (RH) 证明了自身的自洽性,而根据哥德尔的理论,这意味着 ZF+ 非 (RH) 是不自洽的。但说 ZF+ 非 (RH) 不自洽等价于说 RH 是 ZF 的一个定理。因此,我们证明了 RH。一般而言,我们发现，如果一个命题可以通过将"它可以被证明"设为一个公理而得到证明，那么它也可以通过不假设这样的公理而得到证明。这个结论被称为勒布定理（Löb's theorem，又是一个包含元音变音符的名字），尽管我个人认为其更好的名字应该是"有护身符保佑"定理。

还记得之前我们讨论过的选择公理和连续统假设吗？它们是关于连续统的很自然的命题，而由于连续统是一个如此良定义的数学实体，因此它们必定显然要么为真，要么为假。那么如何确定它们的真假呢？哥德尔在 1939 年证明了，假设选择公理（AC）或连续统假设（CH）的真假，不会导致任何不自洽性。换言之，如果理论 ZF+AC 或 ZF+CH 不自洽，那只能是因为 ZF 本身是不自洽的。

这里引发了一个显而易见的问题：我们能否做到假设 AC 和 CH 都为假，并保持自洽性？哥德尔对此想了很久，但终究没能回答。最后，保罗·科恩在 1963 年给出了肯定的回答，他借助了一种被称为"力迫法"的新技术。（为此，他成为唯一一位因集合论和数学基础而获得菲尔兹奖的数学家。）

因此，我们现在知道了，一般的数学公理决定不了选择公理或连续统假设的真假。你可以自由选择相信两者都成立，或两者都不成立，或一个成立而另一个不成立，而不用担心会出现矛盾。事实上，直到今天，数学家对此依然各执一词，并给出了许多有趣的支持或反对的论证（很遗憾，我们在这里没有足够的时间去探讨其中的细节）。

让我最后用一个可能有点儿出人意料的观察作结：AC 和 CH 相对于 ZF 的独立性本身是皮亚诺算术的一个定理。因为哥德尔和科恩的自洽的理论归根结底是一系列摆弄一阶逻辑语句的命题——它们在原则上可以被直接证明，而无须考虑这些语句旨在描述的超限集。（在实践中，将这些语句组合起来是极其复杂的，而科恩也说过，仅是尝试从有限组合的角度去考虑这些问题是没有出路的。但我们知道在理论上是可以这样做的。）在我看来，这很好地说明了整件事背后的一个核心哲学问题：我们真的是在谈论连续统，还是只是在谈论那些谈论连续统的符号的有限序列？

额外补充

那么，这些东西跟量子力学有什么关系？现在，我将试着建立起两者之间的联系。我之前指出过，如果我们希望假设世界是连续的，这会引发诸多困难。比如，取一支钢笔：把它平放在桌面上可以有多少个不同位置？$\aleph_1$？多于$\aleph_1$？少于$\aleph_1$？我们可不希望对"物理"问题的回答有赖于集合论的公理！

但你可能会说，我的问题在物理上是没有意义的，因为钢笔的位置实际上不可能被测量得无限准确。确实，但这里的要点是，你需要一个物理学理论来告诉你这些！

当然，量子力学得名自一个事实：在这个理论中，很多可观测量，比如能级，是离散的，即"量子化"的。而考虑到计算机科学家反对量子计算的原因之一是，在他们看来，这是一个连续的计算模型，这看上去不无悖论。

我对此的观点是，就像经典概率论，量子力学应该被视为某种"介于"连续和离散之间的理论。（在这里，我假设希尔伯特空间[①]或概率空间是有限维的。）我的意思是，尽管存在连续的参数（分别是概率或概率幅），但这些参数不是直接可观察的，而这起到了"屏蔽"作用，将我们挡在了选择公理和连续统假设的奇异世界之外。我们不需要一个细致的物理学理论告诉我们，诸如概率幅是有理的还是无理的、概率幅比$\aleph_1$多还是少之类的问题在物理上是没有意义的。这可从以下事实直接推得：如果我们想要确切知道一个概率幅，那么（即便假设测量没有错误）我们将需要测量合适的量子态无穷多次！

思考题

令$BB(n)$，即"第n个忙海狸数"，为一个n态图灵机在停机前在一张初始状态为空白的纸带上所走的最大步数。（在这里，"最大"是针对所有最终停机的n

---

[①] 请不要被"希尔伯特空间"的说法吓到，我将会在本书中经常用到它。它指的是"某个系统中所有可能量子态组成的空间"。对于无穷维体系，希尔伯特空间的定义有一点儿微妙。但在这本书中，我们只关心有限维体系。并且正如我们将在第 9 章看到的，有限维体系的希尔伯特空间正是$\mathbb{C}^N$：一个N维复向量空间。

态图灵机而言的。）

1. 证明 $BB(n)$ 比任何可计算函数增长得都快。

2. 令 $S = 1/BB(1) + 1/BB(2) + 1/BB(3) + \cdots$

S 是一个可计算实数吗？换句话说，是否存在一个算法，给定正整数 k 作为输入，它输出一个有理数 S'，使得 $|S - S'| < 1/k$？

第4章
心智和机器

现在我们要开始讲一些我知道你期待已久的东西：一顿关于心智、机器和智能的哲学大餐！

不过，首先让我们讨论完可计算性。在本章中，我们将反复用到一个称为谕示（oracle）的概念。这个概念很容易理解：假设我们拥有一个"黑箱"，或所谓"谕示"，它能够立马解决一些困难的计算问题，给出其结果。（当我还是大学新生时，有一次我跟导师谈起了一个假想的"NP–完全性精灵"可能带来的后果：它将立马告诉你，给定一个布尔表达式是不是可满足的。导师不得不纠正我：它们不叫"精灵"，它们叫"谕示"。这听上去就专业多了！）

谕示似乎首先由图灵在他 1938 年的博士论文中开始研究。显然，任何会用一整篇论文来研究这些假想事物的人必定是位极端纯粹的理论家，绝不会务实。图灵的情况便是如此——事实上，在博士毕业后的 1939 至 1943 年，他都在研究 26 个字母的某种深奥的对称变换。

不管怎样，如果给定问题 B 的一个谕示，问题 A 即可由一个图灵机解决，那么我们称问题 A 图灵可归约（Turing reducible）到问题 B。换句话说，"A 不比 B 难"：如果我们有一个假想的设备能够解决 B，那我们也能够解决 A。如果两个问题互相图灵可归约，我们就称两者是图灵等价的（Turing equivalent）。因此，比如，一个命题能否从集合论公理中得到证明的问题与停机问题就是图灵等价的：

如果你能够解决其中一个问题，那么你就能够解决另一个。

现在，图灵度（Turing degree）是指对于某个给定问题，所有与之图灵等价的问题的集合。图灵度有什么例子？其实我们已经见过两个例子了：(1) 可计算问题的集合，以及 (2) 与停机问题图灵等价的问题的集合。说这两者的图灵度不相等，也就是以另一种方式说停机问题不可解。

有比这两者更高的图灵度吗？换句话说，有什么问题比停机问题更难，它即便借助停机问题的谕示也解决不了？好吧，考虑下述"超级停机问题"：给定一个拥有停机问题谕示的图灵机，然后问它是否会停机。我们能够证明即便拥有一般停机问题的谕示，这个超级停机问题仍然解决不了吗？是的，我们可以！我们只需拿出图灵对于停机问题不可解的原始证明，然后"进行升级"，给所有机器都配上一个停机问题的谕示。证明的每一步都与原来的一模一样，这时我们称这个证明"相对化"（relativize）了。

这里有一个更微妙的问题：有没有什么问题的难度介于可计算问题和停机问题之间？这个问题最早在 1944 年由埃米尔·波斯特（Emil Post）提出，并最终在 1956 年由美国人理查德·弗里德伯格（Richard Friedberg）和苏联人 A. A. 穆奇尼克（A. A. Muchnik）分别独立解答。答案是肯定的。事实上，弗里德伯格和穆奇尼克证明了一个更强的结论：存在两个问题 A 和 B，给定一个停机问题的谕示，两者均可解；但给定一个对方的谕示，两者都不可解。这些问题可通过一个旨在消除所有可能使 A 归约到 B，或者使 B 归约到 A 的图灵机的无穷过程加以构造。不幸的是，这样得到的问题是极其不自然的；它们不像任何在实践中可能遇到的问题。甚至直至今日，我们还没有找到一个"自然"的、具有中间图灵度的例子。

自从弗里德伯格和穆奇尼克取得突破以后，有关图灵度结构的诸多细节已被深入研究。这里提一个最简单的问题：如果两个问题 A 和 B 均可归约到停机问题，那么是否一定存在一个可归约到 A 和 B 的问题 C，使得任何可同时归约到 A 和 B 的问题都可归约到 C？想想吧！但现在是时候转入下一个话题了……（顺便一提，这个问题的答案是否定的。）

可计算性的哲学基础是邱奇－图灵论题。它得名自艾伦·图灵及其导师阿隆佐·邱奇，尽管他们对于"自己"的这个论题持何种态度还存在争议。简单来说，邱奇－图灵论题说的是，任何"自然地被视为可计算"的函数都可被一个图灵机计算。或者换句话说，任何关于计算的"合理的"模型都将给出与图灵机模型相同的可计算函数的集合，或者是其真子集。

这里存在一个显而易见的问题：这个命题是什么类型的？这是一个表明何种函数在物理现实中可计算的经验命题，还是一个关于"可计算"一词含义的定义性命题，又或是跟两者都沾点边？

好吧，无论答案如何，邱奇－图灵论题可谓极其成功。正如你可能知道的（并且我们之后也会讨论到），量子计算严肃挑战了所谓的拓展邱奇－图灵论题：任何自然地被视为可有效计算的函数都可被一个图灵机有效计算。但在我看来，到目前为止，尚没有什么能够严肃挑战原始的邱奇－图灵论题——不论是作为一个关于物理现实的命题，还是作为一个关于"可计算"的定义。

对于邱奇－图灵论题的"不打紧"的挑战则已经有很多。事实上，一些会议和期刊便专注于这些挑战——你可以在网上搜索"超计算"（hypercomputation）。我读过其中一些材料，它们大多是这个思路：假设你能够在一秒内完成一个计算的第一步，在二分之一秒内完成下一步，在四分之一秒内完成再下一步，在八分之一秒内完成再下一步，如此等等，那么你便会在两秒内完成无限次的计算！好吧，这听上去有点儿傻，也许加入一个黑洞或其他什么东西能让它更特别一些。对于这样的东西，那些守旧的图灵反对派又能作何回应呢？（这让我想起了一个关于超级计算机的笑话：它的运行速度如此之快，以至于它能在 2.5 秒内完成一个无限循环。）

我们应该立即质疑，要是大自然真希望赋予我们如此巨大的计算能力，它也不应该以如此乏味、无趣的方式实现。其中奥秘应当毫不费力就能被我们发现。不过，要想真正看清楚为什么超计算的思路是错误的，你需要用到雅各布·贝肯施泰因（Jacob Bekenstein）和拉斐尔·布索（Raphael Bousso）等人提出的熵界（entropy bound）——这是物理学家自认为的对于量子引力为数不多的了解之一，我们之后还会提起它。因此，邱奇－图灵论题（甚至是其原始的、非拓展的版本）其实与物理学中一些最深刻的问题相关联。而在我看来，自其诞生以来的 75 年里，无论是量子计算，还是模拟计算，又或是任何其他东西，都没能严肃挑战到邱奇－图灵论题。

另一个紧密相关的对于这种基于几何级数的计算的质疑是，我们确实在某种程度上理解为什么这种模型不合乎物理：我们相信，当时间短到 10^{-43} 秒（普朗克尺度）时，时间的概念本身会开始瓦解。我们不知道在那里具体会发生什么。但无论如何，这种情况一点儿也不像（比如）量子计算。正如我们将要看到的，在量子计算中，没有人能对理论何处会出错、计算机何时会停止运行有丝毫定量的概念。这使得有人不禁猜想，计算机可能永远都不会停止运行。

一旦进入普朗克尺度，你可能会说，讨论将真的变得非常复杂。你可能还会说，在实践中，我们总是受限于噪声和不完美。

但问题是，为什么我们会受到限制？为什么不能将一个实数放在寄存器中？我认为，如果你真的试图让讨论变精确，你终究避免不了要谈到普朗克尺度。如果我们将邱奇－图灵论题阐释为一个关于物理现实的命题，那么它应当包含这个现实中的所有东西，包括你两耳之间的黏糊糊的神经网络。当然，这将我们直接引向了我向你承诺过的一个战事激烈的智力战场。

有个有趣的历史事实，会思考的机器的存在可能性不是人们在使用计算机多年后才渐渐意识到的。相反，他们在开始谈论计算机的那个时刻便立马想到了这一点。诸如莱布尼茨、查尔斯·巴贝奇、爱达·洛夫莱斯、艾伦·图灵、约翰·冯·诺伊曼（John von Neumann）等人从一开始就意识到，计算机不只是另一种蒸汽机或烤面包机；而由于它具有通用性，因此我们很难在谈论计算机时不谈到我们自身。

现在，我要求你暂时放下这本书，抽几分钟读一下图灵第二著名的论文《计算机器与智能》（"Computing Machinery and Intelligence"）。

这篇论文的核心思想是什么？我读后的感觉是，它呼吁反对有机沙文主义。确实，图灵在其中提出了一些科学论证、一些数学论证，以及一些认识论论证。

但在所有这些论证背后其实暗含着一个道德论证：如果一台计算机能以与人类区分不出的方式与我们互动，那么当然，我们可以说计算机并没有"真正"在思考，它只是在模拟。但基于同样的理由，我们也可以说其他人没有真正在思考，他们只是假装在思考。因此，凭什么我们在一种情况下这样说，而在另一种情况下又那样说？

如果你允许我对此发表评论（好像我一直做的是别的事情似的……），那么我会说，这个道德问题，这个双重标准问题，是约翰·塞尔、罗杰·彭罗斯等"强人工智能质疑者"无法自圆其说的。人们确实能够给出有分量的、有说服力的论证来驳斥会思考的机器的存在可能性。但这些论证的唯一问题是，它们也同样驳斥了会思考的大脑的存在可能性！

举个例子：一个常见的论证是，如果一台计算机看上去像是智能的，那其实只是设计它的人类的智能的反映。但如果人类的智能也仅是造就它的数十亿年生物演化过程的反映，这个论证又该得出什么推论呢？人工智能质疑者无法诚实地思考这个类比，每每让我感到非常失望。其他人具有的"质性"（qualia）和"关涉性"（aboutness）被简单视作理所当然接受了。只有机器的质性存在质疑。

但或许人工智能质疑者可以这样反驳：我相信其他人在思考，是因为我知道我在思考，而其他人看上去跟我很相像——他们都有十根手指、腋毛，等等。但一个机器人看上去则大为不同——它由金属制成，有天线，用轮子在室内移动，等等。因此，即便一个机器人表现得像在思考，谁又知道实际是怎样的呢？但如果我接受这个论证，为什么不能进一步推论？我为什么不能说，我承认人类会思考，但至于狗和猫，谁知道呢？它们看上去跟我太不相像了。

在我看来，我们可以将关于人工智能的所有讨论分成两类：源自图灵 1950 年论文的 70%，以及在那之后半个多世纪新涌现的 30%。

因此在 60 多年之后，我们敢说，确实有些事情会让艾伦·图灵感到出乎意料。是什么呢？其中之一是我们所取得的进展相较于当初的预期，是多么微乎其微！你还记不记得图灵做过一个可证伪的预测：

我相信在约 50 年后，我们将能够编程拥有约 10^9 存储容量的计算机，使得它们能够如此好地进行模拟游戏，以至于一位普通的裁判在经过五分钟的质询后正确判断出它们是否为机器的概率不超过 70%。

那么事实证明他的预测怎么样呢？首先，我们注意到他关于计算机本身的预测相当好。图灵预测在 50 年后（也就是到 2000 年），我们将能够编程拥有达 10^9（即 1G）存储容量的计算机。

但关于计算机通过模仿游戏的预测呢？图灵的预测怎么样了？

好吧，你们当中的一些人可能听说过一个叫作 ELIZA 的程序，它由约瑟夫·魏岑鲍姆在 1966 年编写。这个程序模拟了一个心理医生，它始终重复你所说的话，不论你说的是什么。魏岑鲍姆发现了一件惊人的事情，很多人对这个程序敞开了心扉！甚至有时，当你告诉他们，他们之前是在与一个程序（而且还是一个极其简单的程序）对话时，他们都不相信你。

很多年前，有人想出了一个好点子，将原始的 ELIZA 程序放进美国在线（AOL）的聊天室中，然后看会发生什么。如果你到这个网站上去看，你会发现一些很好笑的对话（幸好是匿名的），包括试图勾引这个程序、向它透露自己的感情，等等。下面这段对话是我的最爱，其中某男在最终对程序提出暗示之前，自称计划读完文学学士学位，然后将"与星巴克展开商务合作"。

> 某男：我想你正在为戏弄我的感受而兴奋不已。
>
> ELIZA：你的感受？
>
> 某男：不加入我的幻想来让我感到沮丧。
>
> ELIZA：你的幻想？
>
> 某男：恋爱的幻想。
>
> ELIZA：这跟你读完文学学士学位，然后将与星巴克展开商务合作有丝毫关系吗？

如今最先进的人机对话能力已经超过这个程度了，但也没有超过那么多。看上去，我们实际需要修正图灵测试了：如果想要验证一台计算机是否具有智能，那么我们需要要求人类裁判具有某种最低水平的智能。

当然，这里的一个问题在于，这些人一开始就假设自己是在与另一个人交谈。而在图灵测试中，裁判需要努力区分出人类和机器。因此，这不是真正的图灵测试，只是为了引人一笑罢了。不过，在过去几十年里，休·勒布纳（Hugh Loebner）一直在做一个更接近于图灵所设想的测试①。在这里，参与测试的人被告知他们需要努力区分出人类和计算机——但许多聊天记录还是同样惨不忍睹，不论是从机器智能的角度，还是人类智能的角度。（比如，一位试图深入聊聊莎士比亚的女人被判定为计算机，因为"人类不会知道那么多有关莎士比亚的事情……"）

你可能会好奇，如果让计算机替代人类来质询会怎样？事实上，也有人这样做了。路易斯·冯·阿恩（Luis von Ahn）获得 2006 年麦克阿瑟奖，部分原因就是他在验证码（CAPTCHA）上所做的工作。验证码是一些网站用来区分合法用户与垃圾邮件程序的测试。我敢说，你肯定遇到过它们——那些你需要重新输入一遍的怪异扭曲的字母。这些测试的关键特性是，一台计算机应该能够生成和评价它们，但不能够通过它们！（很像教授为期中考试出题……）应该只有人类能够通过这些测试。所以简单来说，这些测试是在利用人工智能的缺陷。（好吧，它们也是在利用单向函数求逆计算的困难性，对此我们稍后会说到。）

关于验证码的有趣一点是，它们引发了验证码程序员与人工智能程序员之间的一场军备竞赛。当我在美国加利福尼亚大学伯克利分校读研时，我的一些研究生同学写出了一个叫作 Gimpy 的程序 [1]，它能在大约 30% 的时间里破解验证码。所以验证码不得不被加以强化，然后人工智能研究者再接再厉，想法破解……如此交替反复。谁会赢呢？

你看，当你注册一个邮箱账号时，你经常会直接面对一个古老的"何为人类"的谜题……

---

① 勒布纳为此创立了"勒布纳奖"（Loebner Prize），他本人已于 2016 年去世，但竞赛每年仍在举行。——编者注

尽管人工智能在图灵测试方面仍然任重道远，但它们确实已经取得了一些重大进展。我们都知道卡斯帕罗夫与深蓝的对战，以及 IBM 的"沃森"在《危险边缘！》电视智力竞赛中战胜了人类冠军肯·詹宁斯，赢得冠军。可能不那么众所周知的是，1996 年，一个叫作 Otter 的程序 ① 被用来解决一个困扰了数学家六十多年、连塔斯基（Alfred Tarski）及其他著名数学家都久攻不下的代数难题——罗宾斯猜想。（看起来，塔斯基几十年来都把这个问题交给了他最得意的门生。但最终，他开始把它交给他最糟糕的弟子……）这个问题很容易陈述：给定三条公理

- A 或 (B 或 C) = (A 或 B) 或 C，
- A 或 B = B 或 A，
- 非 (非 (A 或 B) 或非 (A 或非 (B)))＝A，

我们能够由此推导出非 (非 (A))＝A 吗？

我需要强调，这里的证明不像阿佩尔和哈肯对于四色定理的证明那样，计算机基本上只是验证数以千计的可能情况。在这里，整个证明只有 17 行长。一个人就能进行验证，然后说："对啊，我本该也能想到的。"（在原理上！）

还有什么其他人工智能？还有一个极其复杂的人工智能系统，你们几乎所有人都用过，并且今天说不定还会用到很多次。是什么？对，搜索引擎，比如谷歌。

你可能会看下这些例子——深蓝、罗宾斯猜想、谷歌以及"沃森"，然后说，这些其实不是真正的人工智能。它们只是一些利用聪明算法实现的大规模搜索。但这样的说法无疑会让人工智能研究者感到恼怒。他们会说：如果你告诉 20 世纪60 年代的人们，30 年后我们将能够战胜国际象棋特级大师，然后问他们这算不算人工智能，他们会说，这当然算是人工智能！但当我们现在已经做到时，它却不再是人工智能了——它仅仅是搜索！（哲学家也有类似的抱怨：只要哲学的某个分支得出了任何实实在在的东西，它就不再被称为哲学！而是被称为数学或科学。）

相较于图灵时代的人们，我们现在还意识到了另外一件事。那就是，当我们

---

① 参见《罗宾斯问题的解答》（W. McCune, "Solution of the Robbins Problem," *Journal of Automated Reasoning*, 19:3 (1997), 263–276.）

试图编写程序模拟人类智能时，我们其实是在与数十亿年的生物演化相较量，而这非常之艰难。由此可得到一个违反直觉的结论：让计算机程序在国际象棋比赛中打败卡斯帕罗夫，要比让计算机识别不同光照条件下的人脸容易多了。常常是，对于人工智能来说最困难的任务，是那些对于五岁小孩来说不值一提的任务，因为这些功能已经通过演化融入我们的身体，我们甚至不加考虑就能做到。

在过去六十多年中，有没有出现关于图灵测试本身的新洞见？在我看来，没有太多。不过从另一个角度，确实有一个著名的"未遂"洞见——塞尔的中文房间。这个论证在 1980 年左右被提出，它认为，即便一台计算机确实通过了图灵测试，它也不会是智能的。事情是这样的，假如你不会说中文。你坐在一个房间中，有人透过墙上的一个洞递给你一张写有中文问题的纸条，而你可以通过查阅一本规则手册来回答问题（同样也是用中文）。在这种情况下，你可能得以进行一场智能的中文对话，然而根据假设，你一句中文也不理解！因此，符号处理不意味着理解。

强人工智能支持者会如何回应呢？他可能会说，你或许不懂中文，但那本规则手册懂中文！换句话说，理解中文是由你和规则手册构成的系统涌现的一个特性，就像理解母语是你大脑中的神经元系统涌现的一个特性。

塞尔对此的回应是：好，那我把规则手册背下来！这时，除了你的大脑之外没有其他系统了，但你依旧不理解中文。对此，人工智能支持者会立刻反驳说：在这种情况下同样存在另一个系统！假设你背下了规则手册，我们就需要区分原始的你与新的、通过遵循所记忆的规则而生成的模拟存在——这个存在与你的唯一联系可能是，它碰巧与你栖息于同一具躯体中。这个回应或许听上去很疯狂，但"疯狂"只是对从未接触过计算机科学的人而言。对于一位计算机科学家来说，一个计算（比如，一个 LISP 解释器）能够通过严格执行规则生成另一个不同的、不相关的计算（比如，一个太空射击游戏）是完全合理的。

你看，就像我稍后会讨论的，我并不知道中文房间论证的结论是真还是假。我也不知道对于一个物理系统来说，"理解"中文需要什么样的必要或充分条件——我想，塞尔或其他任何人也不知道。但单单作为一个论证，中文房间的几个方面始终困扰着我。其一是在我们应当预期直觉会非常不可靠的一类问题上，会不自觉地诉诸直觉——"这只是一本规则手册！"其二是双重标准：神经元系统可以理解中文，这一点被视为显而易见的，而且完全不成问题，这使得人们根本不会去想为什么规则手册不能理解中文。其三，中文房间论证在如此大程度上建基于一个可能成问题的意象，换句话说，它试图通过巧妙的表述避开整个计算复杂性的议题。它让我们想象一个人迎来送往一堆纸条，却对其内容毫无理解和洞察，就像一些笨拙的新生在数学考试中写下 $(a+b)^2=a^2+b^2$。但我们讨论的是多少张纸条？那本规则手册到底有多大？而你需要以多快的速度查阅它，才能进行一场接近实时的智能的中文对话？如果规则手册中的一页对应于说中文的人的大脑中的一个神经元，那么我们谈论的这本"规则手册"至少要有地球那么大，可被一大群以接近光速穿行的机器人检索查阅。当你将它表述成这样子时，你可能就不再无法想象，由此生成的这个说中文的巨型实体可能拥有被我们称为理解或洞察的东西。[2]

当然，每个人在谈论这些东西时，其实都在极力避免涉及意识的问题。你看，意识有着怪异的双重性：一方面，它可以说是我们了解到的最神秘的东西；另一方面，它不仅是我们直接感知到的东西，而且在某种意义上，它也是我们唯一直接感知到的东西。你知道的，我思故我在，诸如此类。举个例子，我可能错误地认为我的衬衫是蓝色的（可能我产生了幻觉或者出于别的原因），但对于我认为它是蓝色这件事情，我不会出错。（如果我会出错，那么我们会得到一个无穷递归。）

有没有其他东西也能带来绝对确定的感觉？没错，是数学！顺便一提，我认为数学与主观经验之间的这种相似性或许可以帮助解释数学家的"准神秘主义"倾向。（我已经能够听到一些数学家倒吸了一口冷气。真不好意思！）物理学家理解这一点很重要：当你与一位数学家交谈时，你可能并不是在与一位畏惧真实世界因而退缩到自己的思想小天地的人交谈，你可能是在与一位一开始就不认为真实世界有什么"真"的人交谈！①

---

① 关于这个问题，读者可参阅马里奥·利维奥撰写的《最后的数学问题》（人民邮电出版社，2019 年）。——编者注

我的意思是，想一想我之前提到过的四色定理的计算机辅助证明。那个证明解决了一个有着百年历史的未解之谜，但它的解决办法是将问题归约为数以千计的可能情况。为什么有些数学家不相信这个证明，或者至少希望找到一个更好的证明？因为计算机"有可能会犯错"吗？好吧，这是个很弱的质疑，因为这个证明已经被多个独立的团队用不同的软件和硬件反复验证过了。再说了，人类也时常会犯错误！

我想，归根结底，这里的问题在于，存在一种观念，在其中，四色定理已被证明；还存在另一种很多数学家所理解的证明的观念，而这两种观念并不相同。对于很多数学家来说，如果只是一个物理过程（有可能是经典计算、量子计算、交互式协议等）运行完毕，然后就声称这个命题已被证明，那么不论相信"这个物理过程是可靠的"的理由有多么充分，一个命题都并未被证明。相反，只有当数学家感到他们的心智可以直接感知到其正确性时，这个命题才是被证明了的。

当然，我们很难直接讨论这些事情。但我在这里试图要指出的是，很多人的"仇视机器人情绪"很有可能源自以下两个因素：

1. 一种直接的经验确定，即认为机器人是有意识的——能够感知到色彩、声音、正整数等，而不论其他人能不能；
2. 一种信念，即如果这些感知只是一个计算，则机器人不可能通过这种方式具有意识。

比如，我认为彭罗斯对于强人工智能的质疑就源自以上两个因素。而他借助哥德尔定理的论证只是后加的装饰。

在那些这样想的人看来（在某些情绪下，我也属于其中），赋予一个机器人意识等价于否认自己能够意识到自己是有意识的。有没有什么体面的方法可帮助他们摆脱这个困境？也就是说，不暗含哪怕一点儿双重标准（为我们自己和机器人制定不同规则）的方法？

我个人喜欢哲学家戴维·查默斯所提出的破解方法 [3]。简单来说，查默斯所主张的是一种"哲学上的 NP 完全性归约"：将一个谜归约为另一个。他说，如果某一天，计算机在每一个可观测的方面都能够模拟人类，那么我们不得不承认它们是有意识的，正如我们承认其他人是有意识的。至于它们如何才能变得有意识呢？——好吧，我们对此的了解程度就如同我们对一大群神经元如何能变得有意识的了解程度一样，少之又少。确实，这是个谜，但这个谜看上去与另一个谜并没有那么不同。

思考题

1. 我们能否不失一般性地假设，一个计算机程序能够读取自身的源代码？

2. 要是在 19 世纪之前被称作"水"的那个东西被事实证明是 CH_4 而非 H_2O，那么它还是水吗？还是它会成为其他的东西？

第3章思考题答案

回想一下，$BB(n)$，即"第 n 个忙海狸数"，为一个 n 态图灵机在停机前在一张初始状态为空白的纸带上所走的最大步数。

第一个问题是证明 $BB(n)$ 比任何可计算函数增长得都快。

假设存在一个可计算函数 $f(n)$，使得对于任意的 n，有 $f(n) > BB(n)$。那么给定一个 n 态图灵机 M，我们可以先计算 $f(n)$，然后模拟 M 至多 $f(n)$ 步。如果此时 M 仍没有停机，则我们就知道它永远不会停机，因为 $f(n)$ 要比任何 n 态图灵机所走的最大步数都大。但这给了我们一种解决停机问题的方法，而我们已经知道这是不可能的。因此，函数 f 不存在。

因此，方程 $BB(n)$ 增长得非常、非常、非常快。（以防你好奇，下面给出了最开始的几个值，它们由那些闲得没事情干的人算了出来：$BB(1) = 1$，$BB(2) = 6$，$BB(3) = 21$，$BB(4) = 107$，$BB(5) \geqslant 47\ 176\ 870$。当然，这些值取决于图灵机的具体细节。）

第二个问题是：

令 $S = 1/BB(1) + 1/BB(2) + 1/BB(3) + \cdots$

S 是一个可计算实数吗？换句话说，是否存在一个算法，给定正整数 k 作为输

入，它输出一个有理数 S'，使得 $|S-S'|<1/k$?

你在这道题上遇到了更多麻烦吗？好，让我们先看一下答案。答案是否定的——它是不可计算的。因为，假设它是可计算的，我们将得到一个计算 $BB(n)$ 本身的算法，而我们知道这是不可能的。

假设通过归纳法我们已经算得 $BB(1)$, $BB(2)$, …, $BB(n-1)$。然后考虑"更高阶项"的和：

$$S_n=1/BB(n)+1/BB(n+1)+1/BB(n+2)+\cdots$$

如果 S 是可计算的，则 S_n 必定也是可计算的。但这意味着我们可以逼近 S_n 到 $1/2$, $1/4$, $1/8$, 等等，直到我们包裹 S_n 的区间不再包含 0。届时，我们得到了 $1/S_n$ 的上界。又由于 $1/BB(n+1)$, $1/BB(n+2)$ 等要比 $1/BB(n)$ 小得多，所以 $1/S_n$ 的任意上界立刻给出了 $BB(n)$ 的上界。但是，一旦有了 $BB(n)$ 的上界，我们就可以简单通过模拟所有的 n 态图灵机来计算 $BB(n)$ 本身。因此，假设可以计算 S，我们就同样可以计算 $BB(n)$，而我们已经知道这是不可能的。因此，S 是不可计算的。

第5章
古复杂性

不管用哪种客观标准，计算复杂性理论都可以算是人类最伟大的智力成就之一，可与取火、轮子和可计算性理论旗鼓相当。它不在高中时期被教授给学生，真的只是历史的一个意外。不管怎样，为了理解本书所有其他内容，我们肯定需要用到复杂性理论。因此，接下来的五六个章节将专门讨论它。不过在我们投身这一话题之前，让我们先退后一步，获取一个整体的印象。

我在前几章试图向你展示了，在量子力学出场之前，我们理解宇宙时所用的基础性概念。而量子力学的一个有趣之处正在于，尽管它本身是一个令人鄙夷的经验性发现，但它确实改变了一些基础性概念——另一些概念没有被它改变，还有一些概念我们现在尚不清楚有没有被它改变。不过，如果想要讨论有些事情是如何被量子力学改变的，那我们最好首先理解它们在量子力学出现之前是什么样子的。

将复杂性理论按历史分期是很有意义的，如下。

- 20 世纪 50 年代：晚图灵代。
- 20 世纪 60 年代：渐进纪。
- 1971 年：库克－莱温小行星撞击事件、对角化龙灭绝。

- 20 世纪 70 年代初：卡普纪大爆发。
- 1978 年：早密码学代。
- 20 世纪 80 年代：随机纪。
- 1993 年：拉兹博罗夫火山爆发、组合龙灭绝。
- 1994 年：量子族入侵。
- 20 世纪 90 年代中期至今：去随机纪。

本章将讨论"古复杂性"——在 P、NP 和 NP 完全性出现之前的复杂性，那时对角化龙还统治着地球。然后，第 6 章将讲到卡普纪大爆发，第 7 章讲随机纪，第 8 章讲早密码学纪，第 9 章讲量子族入侵。

我们之前讨论过可计算性理论。我们看到如何证明特定问题（比如，给定一个关于正整数的命题，它是真还是假？）是不可计算的——如果我们可以解决它，那我们就可以解决停机问题，但我们已经知道这是不可能的。

但现在让我们假设有一个关于实数的命题，比如，

$$对于所有的实数 x 和 y,\ (x+y)^2=x^2+2xy+y^2$$

我们想知道它是真还是假。在这种情况下，塔斯基在 20 世纪 30 年代证明了，存在一个判定程序——至少当命题只包含加法、乘法、大小比较、常数 0 和 1 以及全称和存在量词时（不包含指数或三角函数）。

直观上，如果我们所有的变量范围均为实数而非整数，则一切都将变成光滑连续的，从而没有办法构造像"这句话不可被证明"的哥德尔式句子。

（就算我们加入指数函数，人们已经证明了，仍然没有办法编码哥德尔式句子，尽管这个结论要借助分析学中一个尚未得到证明的猜想 [1]。但如果我们把指数函数加进去，并从实数扩展到复数，那么我们又能编码哥德尔式句子了——理论再次变得不可判定了！猜猜这是为什么？这是因为，一旦有了复数，我们便可以通过令 $e^{2\pi i n}$ 等于 1，将一个数 n 变成一个整数。所以我们又回到了整数时的情况。）

不管怎样，当时人们的态度是：很好，我们已经发现了一个可判定任何关于实数的句子是真还是假的算法！问题解决！下班回家！

但这里的麻烦之处在于，如果你算一下这种算法需要进行多少步才能判定一个具有 n 个符号的句子的真假，那你就会发现所需数目是一个巨大的叠加指数：

$$2^{2^{2^{\cdot^{\cdot^{2}}}}}\Big\}n$$

所以我在塔斯基的传记 [2] 中读到过，当计算机在 20 世纪 50 年代出现时，人们想到的第一个用途就是应用塔斯基关于实数命题的判定算法。然而，这是无法做到的——事实上，即使用如今的计算机，这样的事情依旧是没办法实现的！更别说在 20 世纪 50 年代的计算机上了，这更是绝无可能^{绝无可能绝无可能}的。

因此，现如今我们讨论复杂性（或者至少我们大多数人如此）。这里的想法是，你对你的计算机可用的资源施加一个上限。最明显的资源是时间和内存，但你还可以定义其他很多资源。事实上，如果你访问我的"复杂性动物园"（Complexity Zoo）网站，你就会发现有 500 多个资源。

我们马上可以得出的一个预见是，如果你问，有多少问题可以在 1000 万步内，或借助 200 亿比特的内存计算出来？无疑你没有问对问题。你关于计算的理论将受制于所选的模型。换句话说，你根本不是在做理论计算机科学研究，而是在做系统架构设计，这个话题本身很有趣，但不是我们所要讨论的。

所以你需要转而问一个更宽泛一点儿的问题：有多少问题可以在随问题规模线性（或二次，或对数）增长的时间里算出来？问这类问题可以让你忽略不计常数因子。

因此，我们定义 TIME($f(n)$) 为这样一类问题，其中每一个规模为 n 的实例都在一个常数乘以 $f(n)$ 的时间内可解。这里的"可解"是指，可被某种我们设为"参照"的理想化计算机（比如图灵机）解决。对此有这样一个重要的经验事实（这也是整个理论的基础），即只要我们不超出某个宽泛的范围（比如，我们考虑的是串行的、确定型的、经典的计算机，而非量子计算机或其他类似东西），则我们具体选择哪种类型的理想化计算机并没有太大关系。

类似地，SPACE($f(n)$) 是这样一类问题，它们可被我们的参照机器在一个常数

乘以 $f(n)$ 的空间（即内存比特数）内解决。

这两类问题之间有什么关系呢？对于任何函数 $f(n)$，TIME($f(n)$) 包含于 SPACE($f(n)$)。为什么？因为一个图灵机每步至多只能读取一个内存位置。

还有什么？你可能会同意 TIME(n^2) 包含于 TIME(n^3)。那么它是真包含于此吗？换句话说，你能在 n^3 时间内解决比 n^2 时间内更多的问题吗？

事实证明你可以。这是一个称为时间复杂性层次定理的基础性结论的推论。这个定理由尤里斯·哈特马尼斯（Juris Hartmanis）和理查德·斯特恩斯（Richard Stearns）在 20 世纪 60 年代中期证明，后来他们为此获得了图灵奖。（我没有贬低他们的贡献的意思，但当时图灵奖真是树上挂得很低的果子。当然，你必须知道它们在哪儿才能摘得到，而在当时并没有太多人知道。）

让我们来看一下证明是怎样的。我们需要找一个能在 n^3 时间内解决却不能在 n^2 时间内解决的问题。这个问题是什么呢？它将是你所能想象的最简单的事情：图灵停机问题的一个有时间限制的类比。

　　　给定一个图灵机 M，M 能在至多 $n^{2.5}$ 步内停机吗？（在这里，$n^{2.5}$ 是某个 n^2 和 n^3 之间的函数。）

很明显，我们可以通过模拟 M 的 $n^{2.5}$ 步，在 n^3 时间内解决上述问题，并看它是否停机。（事实上，我们可以在比如 $n^{2.5}\log n$ 步内解决这个问题。我们在运行模拟时总是需要一定的额外开销，但这个开销可以非常小。）

但现在，假设有一个程序 P 能在 n^2 步内解决这个问题。我们需要推出一个矛盾。通过将 P 作为子程序，我们显然可以构造出具有下述性质的新程序 P′。用一个程序 M 作为输入，P′

1. 要么会一直运行下去，如果用 M 的自身代码作为输入，M 会在至多 $n^{2.5}$ 步内停机；

2. 要么会在 $n^{2.5}$ 步内停机，如果用 M 的自身代码作为输入，M 会运行超过 $n^{2.5}$ 步。

此外，P′ 可以在至多 $n^{2.5}$ 步内把这些全部完成（确实，n^2 步加上一些额外开销）。

接下来我们做什么？我们用 P′ 的自身代码作为输入！然后我们会发现，P′ 必须做与自己所做相反之事：如果它会停机，它就会一直运行下去；如果它会一直运行下去，它就会停机。所以我们得到矛盾，这意味着 P 一开始就不存在。

显然，n^3 和 n^2 的选择并不是关键。我们也可以换作 n^{17} 和 n^{16}，或 3^n 和 2^n，等等。但这里实际上有个有趣的问题：我们能否换作任何函数 f 和 g，使得 f 的增长显著快于 g？出人意料的是，答案是否定的！函数 g 需要具有一个被称为时间可构造性（time-constructibility）的性质，这意味着，简单来说，给定 n 作为输入，存在某个程序会在 $g(n)$ 步内停机。要是没有这个性质，程序 P′ 将不会知道需要模拟 M 多少步，我们的论证也就行不通。

你在日常生活中遇到的所有函数都是时间可构造的。但在 20 世纪 70 年代早期，复杂性研究者造出了一些不是时间可构造的、增长极快的奇怪的函数。对于这些函数，你真的可以在时间复杂性层次中得到任意大的间隙。比如，存在一个函数 f，使得 $\text{TIME}(f(n)) = \text{TIME}(2^{f(n)})$。天哪！

与时间复杂性层次定理类似的是空间复杂性层次定理。后者说的是，存在能在 n^3 比特数内存内解决，但不能在 n^2 比特数内存内解决的问题。

好，下一个问题来了：在计算机科学中，我们通常感兴趣的是解决给定一个问题的最快算法，但是否每个问题都有一个最快算法呢？是否可能存在这样一个问题，它可被一个无穷的算法序列解决，其中每一个算法的速度要比前一个快，但又比某个别的算法慢？

与你所想的恰恰相反，这不只是一个理论性的纸上谈兵问题：这还是一个实实在在的、具体的纸上谈兵问题！比如，考虑两个 $n \times n$ 矩阵的乘法问题。最容易想到的算法需要花费 $O(n^3)$ 的时间。在 1968 年，福尔克尔·施特拉森（Volker Strassen）给出了一个更复杂的算法，需要 $O(n^{2.78})$ 的时间。随后人们做出了一系列改进，包括唐·科珀史密斯和什穆埃尔·威诺格拉德给出的 $O(n^{2.376})$ 算法。此后算法的进展停滞了 23 年，直到 2011 年，就在本书（英文版）即将出版前，安德鲁·斯托瑟斯[3] 以及弗吉尼亚·瓦西列夫斯卡·威廉斯将算法进一步改进到了 $O(n^{2.373})$[4]。但这是终点吗？有可能存在只用 n^2 的时间做矩阵乘法的算法吗？或者还有一个更加古怪的可能性：是否可能，对于任意的 $\varepsilon>0$，存在一个在 $O(n^{2+\varepsilon})$ 的时间内计算 $n\times n$ 的矩阵乘法的算法，但当 ε 趋于 0 时，这些算法变得越来越复杂，而且没有尽头？

你看，有些古复杂性的东西实际上是非平凡的！（霸王龙早已灭绝，但它终究有过异常锐利的牙齿！）在这种情况下，1967 年有一个结论，称为布卢姆加速定理，它指出，确实存在一些不会有最快算法的问题。不仅如此，还存在这样一个问题 P，使得对于每一个函数 f，如果 P 有一个 $O(f(n))$ 的算法，则它还有一个 $O(\log f(n))$ 的算法！

让我们来看看这是如何做到的。令 $t(n)$ 为复杂性上界。我们的目标是定义一个从整数到 $\{0, 1\}$ 的函数 f，使得对于任何整数 i，如果 f 可以在 $O(t(n))$ 步内算出，则它也可以在 $O(t(n-i))$ 步内算出。让 t 增长得足够快，我们便可以得到一个想要多快就有多快的加速：比如，如果设 $t(n):=2^{t(n-1)}$，则显然有 $t(n-1)=O(\log t(n))$。

令 $M_1, M_2, \cdots$ 为图灵机的一个枚举。然后令 $S_i=\{M_1, \cdots, M_i\}$ 为由前 i 个图灵机组成的集合。然后我们这样做：给定一个整数 n 作为输入，让 i 从 1 到 n 进行循环。在第 i 步迭代中，我们模拟在 S_i 中且还没有在第 1 到第 $i-1$ 步被"移除"的每一个图灵机。如果这些机器在至多 $t(n-i)$ 步内都没有停机，则令 $f(i)=0$。否则，令 M_j 为第一个在至多 $t(n-i)$ 步内停机的图灵机。然后如果 M_j 输出 0，我们就定义 $f(i)$ 为 1；如果 M_j 输出 1，我们就定义 $f(i)$ 为 0。（换句话说，我们使得 M_j 不能计算 $f(i)$。）我们还"移除"了 M_j，也就是说，M_j 无须在后面的迭代中再被模拟。这就定义了函数 f。

显然，简单模拟上述整个迭代过程，$f(n)$ 就可以在 $O(n^2 t(n))$ 步内被计算。我们得到一个重要的观察：对于每一个整数 i，如果可以将第 1 到 i 步迭代的输出结果接入我们的模拟算法（即告诉算法这些迭代中有哪些 M_j 被移除了），那我们就可以跳过第 1 到 i 步迭代，直接进行第 $i+1$ 步迭代。此外，假设我们是从第 $i+1$ 步迭代开始，那可以仅在 $O(n^2 t(n-i))$ 步内计算 $f(n)$，而非 $O(n^2 t(n))$ 步。因此，对于

足够大的 n，我们"预计算"的信息越多，算法便跑得越快。

为了把这个思路变成证明，我们需要做的主要的事情是表明，模拟迭代过程差不多是计算 f 的唯一途径。或者更确切地说，对某个 i 来说，任何计算 f 的算法至少需要 $t(n-i)$ 步。这就意味着 f 没有最快算法。

第4章的思考题1的答案

我们能否不失一般性地假设，一个计算机程序能够读取自身的源代码？一个简单例子：**存在**一个能将自身代码作为输出的程序吗？

答案是肯定的：存在这样的程序。事实上，甚至还有过一个编写最短自打印程序的活动。在国际混乱 C 语言代码大赛（the International Obfuscated C Code Contest, IOCCC）上，一段极短的程序赢得了这个活动。你能猜出它有多短吗？30 个字符？10 个？5 个？

获胜程序有**零**个字符。（仔细想想！）诚然，一个空文件不是一个**完全**合法的 C 程序，但显然，一些编译器可以将其编译为一个什么都不做的程序。

好吧，好吧，但如果我们想要一个非**平凡**的自打印程序呢？在这种情况下，标准的技巧是做如下事情（你可以将它们翻译成你喜欢的编程语言）：

将下述文字输出两遍，其中第二遍加引号。

"将下述文字输出两遍，其中第二遍加引号。"

一般而言，如果你希望一个程序能访问自身的源代码，所用的技巧是将程序分成三个部分：(1) 一个确实做些有用之事的部分（可选），(2) 一个"复制器"，以及 (3) 一个要被复制的字符串。要被复制的字符串应当包含程序的完整代码，**包括复制器**。〔换句话说，它应该包括部分 (1) 和部分 (2)。〕然后将复制器运行两次，就可以得到部分 (1)、(2) 和 (3) 的一个崭新副本。

这个思路最早由约翰·冯·诺伊曼在 20 世纪 50 年代初阐述。不久之后，两个人（我记得他们的名字是弗朗西斯·克里克和詹姆斯·沃森）发现了一个实际上遵循这些规则的物理系统。你和我，以及地球上的所有生物，基本上都是运行如下指令的活计算机程序：

构建一个按下述指令行动的婴儿，并在其生殖器官中包含这些指令的一个副本。

"构建一个按下述指令行动的婴儿，并在其生殖器官中包含这些指令的一个副本。"

第4章的思考题2的答案

如果水不是 H_2O，那它还是水吗？

确实，这不是一个良定义的问题：它完全取决于我们所说的"水"一词**意味着什么**。水是一个"谓词"吗：如果 x 清澈、潮湿、可饮用、无味、可冻结成冰，如此等等，那么 x 就是水吗？按照这个观点，什么"是"水是由我们坐在扶手椅上写出的水的充分必要条件决定的。然后我们走到世界各地，任何符合该定义的便是水。这是戈特洛布·弗雷格和伯特兰·罗素的观点，并且这意味着，任何具有水的"直觉性质"的东西都**是**水，而不管它是不是 H_2O。

另一种与索尔·克里普克[5]联系在一起的观点则认为，"水"这个词"严格指代"一种特定物质（H_2O）。按照这种观点，我们现在知道，当古希腊人和古巴比伦人谈论水时，他们真的是在谈论 H_2O，尽管他们当时并没有意识到这一点。因此，"水 $=H_2O$"就成了一条经由**经验**观察发现的**必然**真理。某种具有全部这些直觉性质，但具有不同的化学结构的东西就不会是水。

克里普克进一步指出，如果你接受这种"严格指代"的观点，那么这对理解身心关系问题有重要意涵。

这里的思路是：还原论者的梦想是用神经元放电之类的用语解释意识，就像科学用 H_2O 解释水。但克里普克指出，这两种情况有一个不相像之处。一方面，对水来说，我们至少可以逻辑一致地**讨论**一种假想的物质，它摸上去像水，喝起来像水，如此等等，但它的化学结构不是 H_2O，因此它不是水。但另一方面，假设我们发现，疼痛总是与被称作 C 纤维的神经元的放电相关，那么我们是否可以说疼痛是 C 纤维放电呢？如果有什么东西感觉像是疼痛，但有着不同的神经生物学起源，那么我们会说它感觉像是疼痛，但其实**不是**疼痛吗？很可能不会。根据定义，任何感觉像是疼痛的东西就是疼痛！由于这种差异，克里普克认为我们不能像解释水"是"H_2O 那样，将疼痛解释为"是"C 纤维放电。

我希望这不会让你感到无聊——伙计们，这可是过去 40 年里人们眼中最伟大的哲学洞见之一，我是认真的！好吧，我想如果你不觉得它有趣，那么哲学可能不适合你。

第6章
P、NP 和它们的小伙伴

我们已经看到，如果想在复杂性理论上取得进展，需要进行渐近分析（asymptotic analysis）：我们讨论的不是哪个问题能在一万步内解决，而是哪一类问题（其规模例如为 n）当 n 趋近于无穷大时能在 cn^2 步内解决。我们在前面见到了 TIME($f(n)$)，即能在 $O(f(n))$ 步内解决的一类问题，以及 SPACE($f(n)$)，即能在 $O(f(n))$ 比特数内存内解决的一类问题。

但如果我们真想取得什么进展的话，采取更粗放一点儿的观点就会更有用：其中，我们区分多项式时间与指数时间，但不区分 $O(n^2)$ 时间与 $O(n^3)$ 时间。这时，我们认为任何多项式上界都是"快的"，而任何指数上界都是"慢的"。

我知道有人会立刻提出异议：如果一个问题能在多项式时间内解决，但这个多项式是 $n^{50\,000}$，事情会怎样？或者，如果一个问题需要在指数时间内解决，但这个指数是 $1.000\,000\,01^n$，事情又会怎样？我的回答比较务实：如果这样的情况经常在实践中出现，那说明我们使用了错误的抽象。但到目前为止，我们似乎使用的是正确的抽象。对于在多项式时间内可解的大问题（匹配、线性规划、质数判定等），它们大多数确实存在实用的算法。而对于我们认为需要指数时间解决的大问题（定理证明、电路最小化等），它们大多数真的没有实用的算法。因此，我们的脂肪和肌肉是由有经验事实的骨架支撑的。

复杂性动物园

现在是时候见见那些最基础的复杂性类了——"复杂性动物园"里的绵羊和山羊。

- P 是一个图灵机可在多项式时间内解决的一类问题。换句话说，P 是所有 TIME(n^k) 的并集，其中 k 取遍所有正整数。（注意，这里的"问题"总是指判定问题：输入为 n 比特字符串，输出为"是"或"否"的问题。）
- PSPACE 是可在多项式空间内解决（但不限时间）的一类问题。换句话说，它是所有 SPACE(n^k) 的并集，其中 k 取遍所有正整数。
- EXP 是可在指数时间内解决的一类问题。换句话说，它是所有 TIME(2^{n^k}) 的并集，其中 k 取遍所有正整数。

显然，P 包含于 PSPACE。我还要说，PSPACE 包含于 EXP。为什么？

对的：一个拥有 n^k 比特内存的图灵机在它最终停机或陷入某个无限循环之前，至多只能经历 2^{n^k} 个不同构形。

然后，NP 是这样一类问题：如果其输出为"是"，那么存在一个多项式大小的证明，证明你可以在多项式时间内对此加以验证。（在这里，NP 指的是非确定型多项式，"Nondeterministic Polynomial"。）我可以说得更技术性一点儿，但最简单的方法还是举个例子：比如，我给你一个一万位的数，然后我问你它是否有一个以 3 结尾的因子。确实，回答这个问题可能需要很长很长的时间。但如果你的学生为你找到了这样一个因子，那你可以很容易验证它属不属实——你无须信任你的学生（这总是有好处的）。

我会说，NP 包含于 PSPACE。为什么？

对的：在多项式空间里，你可以遍历所有可能的 n^k 比特证明，并逐个验证它们。如果答案是肯定的，那么其中一个证明是有效的；而如果答案是否定的，则不存在有效的证明。

显然，P 包含于 NP：如果你自己能够回答一个问题，那么别人即便什么也不说，也能说服你相信答案是肯定的（如果答案确实是肯定的）。

当然，问题就来了，P 是否等于 NP ？换句话说，如果你能够有效地验证一个答案，那么你也能够有效地找出一个答案吗？可能你已经听说过这个问题了。

看，对于这个 P 与 NP 问题，我还能说些什么呢？人们喜欢把它描述为"很可能是位居理论计算机科学核心的未解决问题"。这一轻描淡写挺好笑的。事实上，P 与 NP 问题是人类提出的最深刻的问题之一。

不仅如此，它还是美国克雷数学研究所悬赏百万美元奖金想要解决的 7 个"千年大奖"问题之一[①]。多么大的荣耀！试想一下：我们的数学家朋友认为，P 与 NP 问题与霍奇猜想以及纳维 – 斯托克斯方程解的存在性和光滑性问题同等重要！（显然，要不是他们四下询问过，确信 P 与 NP 问题足够重要，他们是不会随便把它列入其中的。）

够讲究。一个衡量 P 与 NP 问题重要性的方法如下。要是 P 等于 NP，那么数学创造性将可以被自动化。能够验证证明将意味着能够找到证明。每台苹果 II 型计算机，每台康懋达计算机，都将拥有阿基米德或高斯的推理能力。因此，对计算机进行编程并让它自己运行，你不仅将马上解决 P 与 NP 问题，而且还能解决其他 6 个克雷"千年大奖"问题（或者 5 个，因为庞加莱猜想已被证明）。

但要真是如此，那么 P 不等于 NP 为什么不是显而易见的？毫无疑问，上帝不会这样慈悲，赐予我们这些奢侈的能力！毫无疑问，我们的物理直觉告诉我们，暴力搜索是不可避免的！列昂尼德·莱温（Leonid Levin）曾告诉我，费曼——物理直觉之国王，或弄臣——甚至难以确信 P 与 NP 是一个问题！

显然，我们相信 P≠NP。事实上，我们甚至不相信，存在比对所有可能性进行暴力搜索好很多的、解决 NP 问题的一般方法。但如果你想知道为什么证明这些东西会如此之难，让我告诉你一些原因。

比如给你一个 n 位的数，但这次你不是要对它进行质因数分解，而是想知道它是质数还是合数。

又比如给你一份新生列表，让你安排宿舍，并告诉你谁跟谁想住在一起，然

---

① 参见克雷数学研究所（Clay Mathematics Institute）的网站。

后你想要让尽量多的两相情愿的两人住在一起。

又比如给你两段 DNA（脱氧核糖核酸）序列，你想知道将一个序列转换成另一个需要进行多少次插入和删除。

你可能会说，毫无疑问，这些是我们所讨论的指数难的 NP 问题的很好的例子。毫无疑问，它们需要用到暴力搜索！

但它们并不需要。事实证明，所有这些问题都存在巧妙的多项式算法。因此，任何 P≠NP 证明都需要克服的核心挑战是，将那些真正难的 NP 问题与那些只是看上去难的问题区分开来。在这里，我并不只是在提一个哲学观点。这些年来，出现了几十个自称的 P≠NP 证明，但这些证明几乎出于一个简单原因就可以马上被推翻，那就是，要是它们有效，则它们将排除我们已经知道存在的多项式时间算法存在的可能性。

总而言之，存在像质数判定、室友配对这样的问题，对此计算机科学家（常常是在经过数十年的努力之后）已经能够设计出多项式时间算法。但也存在其他问题，比如证明定理，对此我们并不知道本质上比暴力搜索更好的算法。但这是我们所能说的全部吗？我们有一堆 NP 问题，对于其中一些，我们找到了快速算法，而对于另一些，我们尚未找到。

事实证明，我们还可以说一些比这更有趣的事情。我们还可以说，差不多所有的"难"问题只是同一个"难"问题的不同表现形式。也就是说，如果对于它们中的任何一个问题，我们找到了一个多项式时间算法，那么也就找到了所有其他问题的多项式时间算法。这是史蒂文·库克（Stephen Cook）、理查德·卡普（Richard Karp）和列昂尼德·莱温在 20 世纪 70 年代早期创立的 NP 完全性理论所给出的结果。

它的思路是这样的：如果任何 NP 问题都可以有效归约到问题 B，那我们就定义 B 为"NP 难"的。这是什么意思？它的意思是，如果我们有一个谕示可以立刻解决 B，则可以在多项式时间内解决任何 NP 问题。

这样给出的归约概念被称为库克归约。还有一个弱一点儿的归约概念，叫作卡普归约。当问题 A 卡普归约到问题 B 时，我们认为应该存在一个多项式时间算法，可以将 A 的任何实例变换为具有相同答案的 B 的实例。

库克归约与卡普归约的区别在哪里？

在库克归约中，为了解决问题 A，我们可以多次调用问题 B 的谕示。我们甚至可以根据情况（也就是根据之前调用结果的情况）调用谕示。卡普归约弱就弱在它不允许我们拥有这些自由。不过出人意料的是，我们所知的几乎所有归约都是卡普归约——我们在实践中很少有机会发挥库克归约的全部实力。

现在，如果一个问题既是 NP 难的，又在 NP 中，则我们就说它是 NP 完全的。换句话说，NP 完全问题是 NP 中"最难"的问题：它集所有其他 NP 问题的难度之大成。首先一个问题，NP 完全问题存在，这一点是显而易见的吗？

我会说，这一点是显而易见的。为什么？

考虑这样一个问题，我们称之为 DUH：我们有一个多项式时间图灵机 M，然后想知道是否存在一个 n^k 比特的输入字符串使 M 接受。（如果图灵机 M 判定这个问题的答案为"是"，我们就说 M 接受这个输入字符串；否则，我们就说 M 拒绝。）然后我会说，任何 NP 问题的任何实例都可以在多项式时间内被转换为具有相同答案的一个 DUH 实例。为什么？ DUH（这不是废话嘛）！因为这是一个问题在 NP 中的应有之义！

库克、卡普和莱温的发现不在于说 NP 完全问题存在——这是显而易见的，而在于说许多自然的问题是 NP 完全的。

这些自然的 NP 完全问题中的王者叫作 3– 可满足性问题，或 3SAT。（我怎么知道它是王者呢？因为它在电视剧《数字追凶》中出现过。）在这里，我们有 n 个布尔变量 $x_1, \cdots, x_n$，以及一些叫作子句的逻辑限制，每个子句将至多 3 个变量关联起来：

$$x_2 \text{ 或 } x_5 \text{ 或非 } (x_6)$$
$$\text{非 } (x_2) \text{ 或 } x_4$$
$$\text{非 } (x_4) \text{ 或非 } (x_5) \text{ 或 } x_6$$
$$\cdots\cdots$$

然后问题是，是否存在某种方式给这些变量 $x_1, \cdots, x_n$ 赋值为真或假，使得每个子句均被"满足"（也就是说，每个子句均为真）。

显而易见，3SAT 在 NP 中。为什么？对的，因为如果某个人给你一组有效的 $x_1, \cdots, x_n$ 的赋值，那你很容易验证它是有效的。

我们的目标是证明 3SAT 是 NP 完全的。该怎么做呢？好吧，我们需要证明，如果我们有一个 3SAT 问题的谕示，那么我们不仅可以用它来在多项式时间内解决 3SAT 问题，还可以用它来解决任何其他 NP 问题。这看上去是一个艰巨的任务。不过你很快就会发现这太简单了。

证明分为两步。第一步是要证明，如果我们可以解决 3SAT，则也可以解决一个更"一般"的问题，它叫作 CircuitSAT。第二步是要证明，如果我们可以解决 CircuitSAT，则也可以解决任何 NP 问题。

在 CircuitSAT 中，我们有一个布尔电路以及……稍等一下，听好了，工程师们：在计算机科学中，一个"电路"没有电线！也没有电阻、二极管或其他任何奇怪的东西。对于我们来说，一个电路只是这样一个对象——你一开始有 n 个布尔变量 $x_1, \cdots, x_n$，然后你可以反复定义一个新的变量，使得它是你之前定义的变量的"与""或""非"组合。像这样：

$$x_{n+1} := x_3 \text{ 或 } x_n$$
$$x_{n+2} := \text{非} (x_{n+1})$$
$$x_{n+3} := x_1 \text{ 与 } x_{n+2}$$
$$\cdots\cdots$$

我们指定上述列表的最后一个变量作为电路的"输出"。然后 CircuitSAT 的目标是判定是否存在 $x_1, \cdots, x_n$ 的一组赋值使得输出为真。

我现在要说，如果我们可以解决 3SAT，那我们就能够解决 CircuitSAT。为什么？

好吧，我们只需注意到每个 CircuitSAT 实例实际上是一个伪装的 3SAT 实例！每次计算"与""或""非"时，我们是在将一个新变量与一个或两个老变量关联

起来。并且任何一个这样的关联都可以用一组至少包括 3 个变量的子句来表示。比如，

$$x_{n+1} := x_3 \text{ 或 } x_n$$

变成了

$$x_{n+1} \text{ 或非 } (x_3)$$
$$x_{n+1} \text{ 或非 } (x_n)$$
$$\text{非 } (x_{n+1}) \text{ 或 } x_3 \text{ 或 } x_n$$

这就是第一步。第二步是要证明，如果我们可以解决 CircuitSAT，那就可以解决任何 NP 问题。

好，现在考虑 NP 问题的某个实例。然后由 NP 的定义可知，存在一个多项式时间图灵机 M，使得当且仅当存在一个多项式大小的输入字符串 w 使 M 接受时，其判定问题的答案为"是"。

现在，给定这个图灵机 M，我们的目标是构造一个电路来"模仿"M。换句话说，我们希望找到对该电路输入变量的一套赋值，使得当且仅当存在一个字符串 w 使 M 接受时，它的输出为真。

我们如何做到这一点？很简单：定义一大堆变量！比如，我们将会有一个变量，当且仅当 M 的纸带上的第 37 位在第 42 步时被设为"1"时，它为真。我们又会有另一个变量，当且仅当第 14 位在第 52 步时被设为"1"时，它为真。我们还会有第三个变量，当且仅当 M 在第 33 步时带头处在第 15 个内部状态以及第 74 个纸带位置上时，它为真。好吧，你应该明白我的意思了。

然后，在写下这么多变量之后，我们再写出一大堆它们之间的逻辑关系。比如，如果纸带的第 17 位在第 22 步时为"0"，并且带头当时不在第 17 位附近，那么第 17 位在第 23 步时仍将是"0"。如果带头在第 44 步时处在第 5 个内部状态，而它正在读取的是"1"，并且当读到"1"时，内部状态由第 5 个转换到第 7 个，那么带头将在第 45 步时处在第 7 个内部状态。如此等等。这里唯一一个不受这般限制的变量是在第一步时构成字符串 w 的变量。

这里的要点是，尽管这是一大堆变量和关系，但这仍然只有多项式那么多。因此，我们得到了一个多项式大小的 CircuitSAT 实例，当且仅当存在一个 w 使得 M 接受时，它是可满足的。

我们刚刚证明了著名的库克–莱温定理：3SAT 是 NP 完全的。这个定理可被视为 NP 完全性病毒的"首次感染"。从那时起，该病毒已扩散到数以千计的其他问题。我是说，如果你想证明你喜欢的一个问题是 NP 完全问题，那你只需证明它与某个已被证明是 NP 完全的问题一样难就可以了。（好吧，你还需要证明，它属于 NP，但这通常是很容易证明的。）所以这里存在一个"富者更富"的效应：已被证明是 NP 完全的问题越多，它们吸收一个新问题进入"俱乐部"就越容易。事实上，到了 20 世纪 80 年代或 90 年代，证明某个问题的 NP 完全性已经变得非常套路化，人们已经做得非常熟练，以至于两个主要的复杂性会议 STOC 和 FOCS 不再发表更多的 NP 完全性证明（除了极少数的例外）。

下面我将给出一小部分最早被证明 NP 完全的例子。

- **图的可着色性**（map colorability）：给定一个地图，你是否可以用红、绿或蓝三色给每一个国家着色，使得没有任何两个相邻的国家着色相同？（一方面，有趣的是，如果只允许使用两种颜色，那么你很容易判定这种着色是否可能——为什么？另一方面，如果允许使用四种颜色，则这至少对于绘制在平面上的地图始终是可能的。这就是著名的四色定理。然后接下来的事情也很简单，只使用三种颜色的着色问题被证明是 NP 完全的。）
- **团**（clique）：给定一组 N 个高中生，并且已知哪些人会坐到一起，是否存在一个由 $N/3$ 个学生组成的"团"，他们始终会坐到一起？
- **打包问题**（packing）：给定一组特定尺寸的盒子，你能否把它们装入车的后备厢？

如此等等。

重申一遍：虽然这些问题看上去不相关，但它们实际上只是披着不同外衣的同一个问题。如果对于其中任何一个问题存在有效的解法，那么对于所有的问题也都存在有效的解法，并且 P=NP。如果对于其中任何一个问题不存在有效的解法，那么对于所有的问题也都不存在有效的解法，并且 P≠NP。要想证明 P=NP，只需证明某个（无论是哪一个）NP 完全问题存在有效的解法就够了。要想证明 P≠NP，只需证明某个 NP 完全问题不存在有效的解法也就够了。我为人人，人人为我。

因此，有 P 中的问题，还有 NP 完全问题。有什么问题是在它们之间的吗？（你现在应该已经习惯这种"之间"问题了，我们在集合论和可计算性理论中都见过这样的问题。）

如果 P=NP，则 NP 完全问题在 P 中，所以答案显然是否定的。

但如果 P≠NP 呢？在这种情况下，一个叫作拉德纳定理的漂亮结论告诉我们，一定存在 P 与 NP 完全之间的问题，换句话说，是在 NP 中，但既不是 NP 完全也不是在多项式时间内可解的问题。

那么我们如何构造这样一个"之间"问题呢？好吧，我会告诉你大概的思路。第一步是定义一个增长极其缓慢的函数 t。然后，给定一个大小为 n 的 3SAT 实例 F，问题是判定 F 是否可满足且 $t(n)$ 为奇数。换句话说：如果 $t(n)$ 为奇数，那就去解决 3SAT 问题；而如果 $t(n)$ 为偶数，则始终输出"no"。

如果你仔细想一想我们现在在做什么，你就会意识到，我们是在交替经历一长段一个 NP 完全问题和一长段"啥都不用做"！直观上，每段 3SAT 问题应该排除掉另一个针对我们这个问题的多项式时间算法，因为我们使用了 P≠NP 的假设。类似地，每段"啥都不用做"应该排除掉另一个 NP 完全性归约，同样因为我们使用了 P≠NP 的假设。这确保了该问题既不在 P 中也不是 NP 完全问题。这里的主要技术窍门是让这些长段以指数速率增长。这样，给定大小为 n 的一个输入，我们就可以在 n 的多项式时间内模拟整个迭代过程到第 n 步。这确保了问题仍然属于 NP。

除了 P 和 NP，另一类主要的复杂性为 coNP：NP 的"补"（complement）问题。如果一个问题的"否"答案可以在多项式时间内完成检验，那它就在 coNP 中。每一个 NP 完全问题都有一个相对应的 coNP 完全问题，比如，我们有电路不可满足性、图的不可着色性等。

那么为什么会有人费力去定义这样的傻事呢？因为到时我们就可以提出新的问题：NP 等于 coNP 吗？换句话说：如果一个布尔公式是不可满足的，那么是否至少存在一个短的证明表明它是不可满足的，即便找到这个证明将花费指数级的时间？再一次地，答案是：我们不知道。

显然，一方面，如果 P=NP，那么 NP=coNP。（为什么？）另一方面，我们不知道反过来时会怎样：有可能 NP=coNP，但 P≠NP。所以如果证明 P≠NP 太过简单，那么你可以转而证明 NP≠coNP。

现在是时候来讨论我们做量子计算的人都知道和喜爱的一类特殊的复杂性：NP∩coNP。

对于这个复杂性类，无论是其"是"答案，还是"否"答案，都存在一个可有效检验的证明。作为一个例子，考虑将整数分解成质因数的问题。这些年来，我遇到过至少 20 个人，声称自己"知道"质因数分解是 NP 完全的，因而可以让我们在量子计算机上进行质因数分解的肖尔算法也可以让我们在量子计算机上解决 NP 完全问题。这些人常常对于自己的"知识"超级自信。

在我们深入探究质因数分解可能有的 NP 完全性时，让我至少先解释下为什么我觉得质因数分解不在 P 中。我敢说这是因为没有人能在实践中有效解决它吗？虽然这不是一个很好的论证，但这显然给了人们很好的理由相信它不在 P 中。诚然，我们并没有像相信 P≠NP 那样充足的理由相信质因数分解不在 P 中。甚至像"质因数分解可能在 P 中，只是我们现在的数论知识还不足以证明它"这样的观点也是多少值得尊重的。但如果你仔细想上一两秒，你就会意识到质因数分解与已知的 NP 完全问题有着显著差别。如果我给你一个布尔公式，它可能没有可满足的赋值，可能有一个，也可能有十万亿个。你不可能先验地知道。然而如果我给你一个 5000 位的整数，你可能不知道它的质因数分解具体如何，但你知道它有且只有一种质因数分解。（我想，有个叫欧几里得的家伙在很久以前就证明了它。）这已然表明质因数分解有点儿"特殊"，也就是说，不像其他的 NP 完全问题，质因数分解具有某种结构，可被算法所利用。并且事实上，有些算法确实利用了它：

我们知道有一个叫作数域筛选法的经典算法，它可以在大约 $2^{n^{1/3}}$ 步内分解一个 n 比特整数，而尝试所有除数的笨办法需要 $\sim 2^{n/2}$ 步。（为什么只需要 $\sim 2^{n/2}$ 步，而不是 $\sim 2^{n}$ 步？）并且，我们当然知道肖尔算法可以在量子计算机上在 $\sim n^2$ 步内分解一个 n 比特整数，也就是说，它在量子多项式时间内。与通行的观点恰恰相反，我们尚未找到一个能在多项式时间内解决 NP 完全问题的量子算法。如果这样的算法真的存在，那它也必定显著不同于肖尔算法。

但我们能用复杂性理论的语言说清楚质因数分解与已知的 NP 完全问题究竟有何不同吗？是的，我们可以。首先，为了让质因数分解变成一个判定（是或否）问题，我们需要这样问：给定一个正整数 N，N 是否有一个最后一位数字为 7 的质因子？我会说，这个问题不仅在 NP 中，也在 NP∩coNP 中。为什么？好吧，假设有人给了你 N 的质因数分解。由于只存在一种这样的分解，因此如果其中有一个最后一个数字为 7 的质因子，那你就可以验证这一点；而如果其中没有一个最后一个数字为 7 的质因子，那你也可以验证这一点。

你可能会说："但我如何知道给我的是真正的质因数分解呢？确实，如果有人给了我一堆数，我可以验证它们乘起来是不是 N，但我如何知道它们都是质数？"对于这一点，你只能相信我先前告诉过你的：如果你只是想知道一个数是质数还是合数，而不是想知道它的质因子，那么你可以在多项式时间内搞定它。所以如果你接受这一点，那么质因数分解问题就在 NP∩coNP 中。

由此，我们可以得出结论：如果质因数分解问题是 NP 完全的，则 NP 将等于 coNP。（为什么？）但由于我们不相信 NP=coNP，这给了我们一个强烈的暗示（不过它不是一个证明），质因数分解问题不是 NP 完全的，尽管我告诉过你有那么多人说它是 NP 完全的。如果我们接受这一点，那只剩下两种可能性：质因数分解要么在 P 中，要么属于那些"之间"问题，后者的存在性由拉德纳定理保证。我们中的大多数人倾向于后者，尽管对此不像对 P≠NP 那样确信。

确实，我们知道，有可能存在的情况是，P=NP∩coNP，但仍有 P≠NP。（这种可能性将意味着 P≠coNP。）因此，如果证明 P≠NP 和 NP≠coNP 对你来说都太容易了，那么你的下一个挑战可以是证明 P≠NP∩coNP。

如果 P、NP 和 coNP 还不足以撼动你的世界，那么你可以进一步把这些类推广成一个摇摇晃晃的庞然大物，即我们计算机科学家所谓的多项式层级。

注意，你可以把任何 NP 问题的实例转化为如下形式：

存在一个 n 比特字符串 X，使得 $A(X)=1$ 吗？

在这里，A 是一个在多项式时间内可计算的函数。

类似地，你可以把任何 coNP 问题转化为如下形式：

对于任何 X，均有 $A(X)=1$ 吗？

但如果你再加入一个量词，又会发生什么？比如，

是否存在 X，使得对于任何 Y，均有 $A(X, Y)=1$？
对于任何 X，是否存在一个 Y，使得 $A(X, Y)=1$？

像这样的问题引出了两个新的复杂性类，它们分别叫作 $\sum_2 P$ 和 $\prod_2 P$。$\prod_2 P$ 是 $\sum_2 P$ 的"补"，就像 coNP 是 NP 的"补"。我们还可以加入第三个量词：

是否存在一个 X，使得对于任何 Y，均存在 Z，使得 $A(X, Y, Z)=1$？
对于任何 X，是否存在一个 Y，使得对于任何 Z，均有 $A(X, Y, Z)=1$？

这分别给我们引出了 $\sum_3 P$ 和 $\prod_3 P$，显然，我们很容易将其推广到 $\sum_k P$ 和 $\prod_k P$，其中 k 可以任意大。（顺便一提，当 $k=1$ 时，我们得到 $\sum_1 P=NP$ 和 $\prod_1 P=coNP$。为什么？）然后对 k 大于零的所有这些类取并集，就可以得到多项式层级 PH。

多项式层级是对 NP 和 coNP 的一个实质性推广。也就是说，即使我们有一个 NP 完全问题的谕示，我们也不清楚该如何用它来解决（比如）$\sum_2 P$ 问题。另外，为了让问题更加复杂，我会说，如果 P=NP，则整个多项式层级就会坍缩到 P。为什么？

对的。如果 P=NP，我们就可以修改用来在多项式时间内解决 NP 完全问题

的算法，使得它将自己作为子程序调用。这样将让我们"像压路机一样把 PH 压平"：首先模拟 NP 和 coNP，然后是 $\sum_2 P$ 和 $\prod_2 P$，如此等等，直到整个层级。

类似地，不难证明，如果 NP = coNP，则整个多项式层级会坍缩到 NP（或换句话说，坍缩到 coNP）。如果 $\sum_2 P = \prod_2 P$，则整个多项式层级会坍缩到 $\sum_2 P$，如此等等。稍微想一下，这其实给了我们一个由 P ≠ NP 猜想的推广构成的无穷序列，其中每一个都比前面的"更难"证明。我们为什么要关心这些推广？因为很多时候，在努力研究 BLAH 猜想时，我们无法证明 BLAH 为真，甚至无法证明，如果 BLAH 为假，则 P 将等于 NP。但（这是关键）我们能够证明，如果 BLAH 为假，则多项式层级会坍缩到第二或第三层。这给了我们某种程度的证据，表明 BLAH 为真。

欢迎来到复杂性理论的世界！

既然我谈到过有很多问题不具有显而易见的多项式时间算法，我想我应该至少给你举一个例子。因此，让我们来看看所有计算机科学问题中最简单、最优美的问题之一，即所谓的稳定婚姻问题。你之前见过吗？没有？

好，假设有 N 个男人和 N 个女人。我们的目标是让他们结婚。为简单起见，同时不太失一般性，我们还假设每个人相较于单身，都更希望结婚。

然后，每个男人给这些女人排序，每个女人也给这些男人排序，从首选到末选。没有并列。

显然，不是每个男人都可以娶到他的首选女人，也不是每个女人都可以嫁给她的首选男人。生活就是这样糟糕。

所以，让我们追求次优一点儿的结果。给定一种这些男女的配对，如果不存在这样一对男女，他们没有与对方结婚，但喜欢对方胜过喜欢自己的配偶，我们则称这种配对是稳定的。换句话说，你可能不喜欢你的丈夫，但由于不存在你更喜欢的男人喜欢你比喜欢他的妻子还多的情况，所以你没有离开你的丈夫的动机。呃，这就是我们想要的性质，我们称之为"稳定性"。

现在，给定这些男女所陈述的偏好，我们作为媒人的目标是找到一种稳定的配对。

首先，显而易见的一个问题是：是否总是存在稳定的男女配对？你觉得呢？是或否？事实证明，答案是肯定的，而证明这一点的最简单方法就是给出一个找到这种配对的算法！

因此，让我们专注于如何找到这种配对的问题。这些男女之间总共有 $N!$ 种配对。为了让他们尽早成婚，我们希望不需要搜遍所有可能的方式。

幸运的是，我们不需要。在 20 世纪 60 年代初，戴维·盖尔和劳埃德·沙普利发明了一个多项式时间（事实上是线性时间）算法来解决这个问题。而这个算法的美妙之处在于，它正是你在阅读维多利亚时期罗曼史小说时会想到的东西。后来他们发现，相同的算法从 20 世纪 50 年代起就已经被实际使用了——不是将男人和女人进行配对，而是将医学院的学生和他们要去的实习医院进行配对。事实上，医院和医学院至今仍在使用这个算法的某个版本。

但我们还是回到男人和女人的问题。如果我们想用盖尔-沙普利算法将他们进行配对，那么第一步，我们需要打破两性之间的对称性：哪一边向另一边"求婚"？由于当时是在 20 世纪 60 年代初，因此你能猜到这个问题的答案：男人向女人求婚。

因此，我们让所有男人循环进行求婚。第一个男人向他的首选女人求婚，她暂时答应他。然后下一个男人向他的首选女人求婚，她暂时答应他，如此等等。但当一个男人向一个已经暂时答应另一个男人的女人求婚时会发生什么？她会选择一个她更喜欢的男人，然后放弃另一个！然后，在接下来的一轮，第一个男人会向他第二选择的女人求婚。如果她拒绝了他，那么在接下来再轮到他时，他将向他第三选择的女人求婚。以此类推，直到每个人都结婚。很简单，是吧？

第一个问题：为什么这种算法在线性时间内结束？

因为每个男人向给定一个女人至多求婚一次，所以总的求婚次数至多为 N^2，这也是我们一开始时写下的偏好列表所需的内存大小。

第二个问题：当算法确实终止时，为什么每个人都结婚了？

因为如果不是这样，那就会存在从未被求过婚的某个女人，并且存在从未向她求过婚的某个男人。但这是不可能的。最终，那个没别人想要的男人会屈服，向那个没别人想要的女人求婚。

第三个问题：为什么该算法给出的配对是稳定的？

因为如果不是这样，那就会存在一对夫妻（比如鲍勃和爱丽丝）以及另一对夫妻（比如查理和伊芙），使得鲍勃和伊芙喜欢对方胜过喜欢自己的配偶。但在这种情况下，鲍勃在他向爱丽丝求婚前就应该已经向伊芙求婚了。并且如果查理也向伊芙求婚，那么伊芙应该已经清楚表明她更喜欢鲍勃。这导致了一个矛盾。

这样一来，像之前承诺过的，我们证明了，存在一种稳定配对，也就是由盖尔 – 沙普利算法找到的配对。

思考题

1. 我们已经看到 3SAT 是 NP 完全的。与之相反，事实证明 2SAT（在每个子句中只允许两个变量）在多项式时间内可解。请解释为什么。

2. 回想一下，EXP 是一类在指数时间内可解的问题。你也可以定义 NEXP：这类问题的"是"答案可在指数时间内验证。换句话说，NEXP 之于 EXP 正如 NP 之于 P。现在，我们不知道是否 P＝NP，而且也不知道是否 EXP＝NEXP。但我们确实知道，如果 P＝NP，则 EXP＝NEXP。为什么？

3. 证明 P 不等于 SPACE(n)（在线性空间内可解的一类问题）。提示：你并不需要证明 P 不在 SPACE(n) 中，或 SPACE(n) 不在 P 中——两者之中只有一个为真！

4. 证明如果 P ＝ NP，则存在一个多项式时间算法，它不仅能判定一个布尔公式是否有一个可满足赋值，还能**找到**这样的赋值——只要它存在。

5. ［加分题］给出一个**明确**的算法，使得只要可满足赋值存在，它就能找到可满足赋值，并且在假设 P＝NP 时，能在多项式时间内找到。（如果不存在可满足赋值，你的算法随便怎么表现都行。）换句话说，给出思考题 4 的一个算法，使得你可以马上实现并运行，而无须诉诸任何你假设存在但实际上无法描述的子程序。

第7章
随机性

在第 5 章和第 6 章中，我们谈到了直到 20 世纪 70 年代初的计算复杂性理论。现在，我们将为这锅已然炖得香味扑鼻的复杂性汤里再加一种新作料——它最早约在 20 世纪 70 年代中期被加进去，现在已经渗透进复杂性理论的方方面面。我们很难想象离开它，一切会成什么样子。这种新作料就是随机性。

显然，如果想研究量子计算，那你首先需要了解随机计算。我是说，量子概率幅只有在它们表现出某些经典概率不具备的行为——语境性（contextuality）、干涉、纠缠（不同于相关），等等——时才会变得有趣。所以如果不首先知道我们要跟什么进行比较，我们甚至就无法开始讨论量子力学。

那么什么是随机性？好吧，这是个深刻的哲学问题，但我是个头脑简单的人。你有某个概率 p，它是在单位区间 [0, 1] 内的实数——这就是随机性。

但是，难道安德烈·柯尔莫哥洛夫在 20 世纪 30 年代将概率论建基于一个公理化基础之上，这不算是一个伟大的成就吗？算，当然算！但在本章中，我们将只关注有限多事件的概率分布，所以诸如可积性、可测性等所有精妙问题都不会出现。在我看来，概率论是又一个这样的例子：数学家忙不迭地进入无限维空间，以便解决一个问题，后者又具有一个非平凡的问题需要解决，后者又……但这不要紧，随他们喜欢就好。我并不是在批评什么。但在理论计算机科学中，2^n 种选择已经让我们忙不过来了，我们可不需要 $2^{\aleph_0}$ 种选择。

好，给定某个"事件"A（比如，明天会下雨），我们可以讨论一个 [0, 1] 中的实数 $\Pr[A]$，它就是 A 会发生的概率。（或者，是我们认为 A 会发生的概率。但我已经说过了，我是个头脑简单的人。）不同事件的概率满足某些显而易见的关系，但要是你以前从未见过，把它们写出来可能会有所帮助。

首先，A 不发生的概率等于 1 减去它发生的概率是

$$\Pr[\text{非 }(A)] = 1 - \Pr[A]$$

你同意吗？我想是的。

其次，如果我们有两个事件 A 和 B，则

$$\Pr[A \text{ 或 } B] = \Pr[A] + \Pr[B] - \Pr[A \text{ 和 } B]$$

再次，由上式可得的一个直接推论，叫作布尔不等式或并集上界：

$$\Pr[A \text{ 或 } B] \leqslant \Pr[A] + \Pr[B]$$

或者用文字表述这个推论：如果你不太可能淹死，也不太可能被闪电击中，那么很有可能你永远不会淹死，也永远不被闪电击中，而不论被闪电击中会让你淹死的概率增加还是减少。这是我们可以在生活中保持乐观主义的原因之一。

尽管很平凡，但布尔不等式很可能是理论计算机科学中最有用的事实。在我写的每篇论文中，我大概都要用到它两百次。

还有什么呢？给定数字随机变量 X，它的期望 $\mathrm{E}[X]$ 被定义为 $\sum_k \Pr[X=k]k$。然后给定任何两个随机变量 X 和 Y，我们有

$$\mathrm{E}[X+Y] = \mathrm{E}[X] + \mathrm{E}[Y]$$

这称为期望的线性性质，很可能是仅次于布尔不等式的第二有用事实。再一次地，这里的要点是，X 和 Y 之间的任何相互依赖关系无关紧要。

那么我们还能否有

$$E[XY] = E[X]E[Y]?$$

对的：我们不能！或者说，如果 X 和 Y 相互独立，我们就有这个式子，但一般情况下我们不能这么说。

另一个重要事实是马尔可夫不等式（或者说，以他的名字命名的许多不等式之一）：如果 $X \geq 0$ 是一个非负随机变量，那么对于所有的 k，都有

$$\Pr[X \geq kE[X]] \leq 1/k$$

为什么？好吧，如果 X 大于其期望的次数太多，则即使 X 在剩下的时间里全为零，这也仍然不足以把 X 拉回到期望。

由马尔可夫不等式可以马上得到理论计算机科学中第三有用的事实，即所谓的切尔诺夫上界。切尔诺夫上界是说，如果你抛 1000 次硬币，然后得到 900 次正面朝上，那么这枚硬币很有可能有问题。这是赌场经理在决定是否派打手打断某人的腿时偷偷使用的定理。

正式地说，令 h 为你抛一枚没有问题的硬币 n 次得到正面朝上的次数。一种表述切尔诺夫上界的方法是

$$\Pr[|h - n/2| \geq \alpha] \leq 2e^{-c\alpha^2/n}$$

其中 c 是一个常数，你不知道的话，可以去查一下。（好吧，$c=2$ 就可以。）

我们如何证明切尔诺夫上界呢？这里有一个简单的技巧：如果第 i 枚硬币正面朝上，就令 $x_i = 1$，否则令 $x_i = 0$。然后考虑期望，不是 $x_1 + \cdots + x_n$ 本身的期望，而是 $\exp(x_1 + \cdots + x_n)$ 的期望。由于每次抛硬币都互相独立，因此我们有

$$
\begin{aligned}
E[e^{x_1 + \cdots + x_n}] &= E[e^{x_1} \cdots e^{x_n}] \\
&= E[e^{x_1}] \cdots E[e^{x_n}] \\
&= \left(\frac{1+e}{2}\right)^n
\end{aligned}
$$

现在，我们只需应用马尔可夫不等式，然后在两边同时取对数来得到切尔诺夫上界。具体计算过程我就放你们一马（或者说，是放我自己一马）。

我们需要用随机性来做什么呢？

即便是前人（图灵、香农和冯·诺伊曼），他们也都知道一个随机数源可能会对编写程序非常有用。因此，早在 20 世纪 40 年代和 50 年代，物理学家就发明了一种叫作蒙特卡罗模拟的技术来研究一些他们当时感兴趣的古怪问题，包括空心钚球的内爆。为了收集关于一个可能非常复杂的动态系统的典型或平均行为的信息，蒙特卡罗模拟不是直接计算你所感兴趣的各种物理量的平均值，而是从不同的随机初始构形出发，多次模拟系统，并收集统计信息。对比如空心钚球的不同内爆方式进行统计抽样就是对随机性的有效使用。

很多很多的原因会让你想利用随机性：为了在密码学中挫败窃听者，为了在通信协议中避免死锁，如此等等。但在复杂性理论中，使用随机性的常见目的是"错误找平"，也就是说，将一个对绝大多数输入奏效的算法，变成一个在绝大多数时间里对所有输入奏效的算法。

让我们来看一个随机算法的例子。假设我告诉你一个数，它先从 1 开始，然后不断加减或乘上之前说过的数。像这样：

$$a = 1$$
$$b = a + a$$
$$c = b^2$$
$$d = c^2$$
$$e = d^2$$
$$f = e - a$$
$$g = d - a$$
$$h = d + a$$
$$i = gh$$
$$j = f - i$$

如果你愿意，那么你可以验证一下，上述程序的"输出"j等于零。现在考虑如下的一般问题：给定一个类似这样的程序，它的输出是否为零？你如何能判断呢？

好吧，一个显而易见的方法是运行这个程序，然后看看它的输出。但这存在什么问题呢？

对的。即使程序非常短，它在中间步骤所生成的数也有可能是非常大的。也就是说，你可能需要指数多的位数来把它们写下来。这是可能发生的，比如程序可以通过不断地对前一个数取平方来生成新的数。因此，直接模拟效率不会高。

你还能怎么做呢？好吧，假设该程序有 n 个操作。这里有一个技巧：首先选取一个 n^2 位的随机质数 p。然后模拟该程序，同时在这个过程中对所有的算术模 p。这里至关重要且常常让初学者栽跟头的一个要点是：我们的算法被允许使用随机性的唯一地方是在它做出自己的选择时——在这里，就是它自己选择随机质数 p。我们不允许考虑任何形式的所有可能程序的平均，因为程序只是算法的输入，而这些输入各种情况都有！

对于上述算法我们能说些什么呢？好吧，它显然是有效率的：也就是说，它会在 n 的多项式时间内运行。此外，如果输出模 p 不为零，则你显然可以得到结论，输出不为零。然而，这仍然留下了两个问题，没有得到回答：

1. 假设输出模 p 为零，你有多少信心说，这不是一个巧合，而是因为输出实际上为零呢？

2. 你如何选取一个随机质数？

对于第一个问题，令 x 为该程序的输出，那么 $|x|$ 最大只能是 2^{2^n}，其中 n 是操作的次数，因为获得大数最快的方式就是反复取平方。由此我们马上可以得出，x 至多只能有 2^n 个质因子。

另外，有多少个质数具有 n^2 位呢？著名的质数定理告诉了我们答案：大概 $2^{2^n}/n^2$ 个。由于 $2^{2^n}/n^2$ 远大于 2^n，因此绝大多数质数不可能整除 x（当然，除非 $x=0$）。因此，如果我们选取一个随机质数，并且它确实整除 x，则我们可以非常有信心地说（诚然，无法百分百确定），$x=0$。

关于第一个问题，我就说这么多。现在我们来看第二个问题：你如何选取一个 n^2 位的随机质数？好吧，我们的老朋友质数定理告诉我们，如果你选取一个 n^2 位的随机数，那么它会有大约 $1/n^2$ 的概率为质数。因此，你所需做的只是不断选取随机数，然后在经过大约 n^2 次选择后，你很有可能会碰到一个质数。但为什么不从一个固定的数开始，然后不断加 1，直到你碰到一个质数呢？

当然，那也会奏效——前提是假设黎曼猜想的一个扩展成立。你需要 n^2 位的质数或多或少是均匀分布的，这样你才不会倒霉地碰上指数长的一段合数。甚至扩展的黎曼猜想都不能向你保证这一点，但确实有个叫克拉默猜想的东西可以做到。

当然，这里我们只是把选取一个随机质数的问题归约为一个不同的问题，即一旦你选取了一个随机数，你怎么知道它是否是质数？正如我在第 6 章中提到过的，搞清楚一个数是质数还是合数其实要比真正进行质因数分解容易得多。这个质数判定问题是另一个看上去你需要使用随机性的例子——事实上，它是所有这些例子的老祖宗。

思路是这样的。费马小定理（不要与他的大定理相混淆！）告诉我们，如果 p 为质数，则 $x^p = x(\mathrm{mod}\,p)$ 对于每一个整数 x 都成立。因此，如果你找到了一个 x，使得 $x^p \neq x(\mathrm{mod}\,p)$，你立马就会知道 p 是合数——即便你仍然对它的除数是什么一无所知。反过来，我们则希望，要是你不能找到一个 x，使得 $x^p \neq x(\mathrm{mod}\,p)$，那你将能够非常有信心地说，$p$ 是质数。

可惜的是，现实不是如此。事实证明有些合数 p 会"伪装"成质数，使得对于每个 x 都满足 $x^p = x(\mathrm{mod}\,p)$。这些"伪装者"（称为卡迈克尔数）的前几个例子是 561, 1105, 1729, 2465 和 2821。当然，如果只有有限个"伪装者"，并且我们知道它们是什么，那也是可以的。但 W. R. 奥尔福德、安德鲁·格兰维尔和卡尔·波梅伦斯在 1994 年证明了，有无穷多个"伪装者"[1]。

不过早在 1976 年，加里·米勒（Gary Miller）和迈克尔·拉宾（Michael Rabin）就已经想出了如何通过微调测试来揭露伪装者。换句话说，他们发现了费马测试的一个修订版，它在 p 是质数时总能通过，而在 p 是合数时会以很高概率不能通过。这样，他们给出了一个进行质数判定的多项式时间随机算法。

然后，在十几年前出现了一个你可能听说过的巨大突破，马尼德拉·阿格拉沃尔（Manindra Agrawal）、尼拉杰·卡亚勒（Neeraj Kayal）和尼廷·萨克塞纳（Nitin Saxena）发现了一个确定型的多项式时间算法，可以判定一个数是不是质数[2]。这个突破没有什么实际应用，因为我们早就知道了更快的随机算法，其出错概率很容易比小行星击中你正在运行的计算机的概率还小。但能发现它还是太棒了。

总而言之，我们希望找到一个高效的算法，它能检查一个完全由加法、减法和乘法组成的程序，并判定它是否输出零。我给了你一个这样的算法，但它需要在两个地方用到随机性：首先，在选取随机数时；其次，在检测随机数是否为质数时。事实证明，对随机性的第二次使用不是不可或缺的，因为，我们现在知道一个确定型的多项式时间算法可进行质数判定。但对随机性的第一次使用呢？它是不是不可或缺的？截至 2013 年，没有人知道答案！但人量理论"巡航导弹"已经在持续"轰炸"这个问题，地面上的局势也瞬息万变。对于这个还正在展开的故事，你可以查阅理论计算机科学学术会议论文集了解最新进展。

好，是时候讨论一些复杂类了。（什么时候不是好时候呢？）

当我们在谈论概率计算时，我们有可能是在谈论以下四类复杂性之一，它们由约翰·吉尔在 1977 年的一篇论文中定义[3]。

- **PP（概率多项式时间）**。吉尔本人也觉得这个名字的发音会令人产生一些联想。但这是一本严肃的书，我可不会讲低俗笑话。简单来说，PP 是这样一类问题：存在一个多项式时间随机算法以大于 1/2 的概率接受（如果问题的答案为"是"），或以小于 1/2 的概率接受（如果问题的答案为"否"）。换句话说，我们设想一个图灵机 M 得到一个 n 比特的字符串 x 作为输入，并且有一个无限量的随机比特源。如果 x 是一个"是"输入，则至少一半的随机比特设定可以使 M 接受；而如果 x 是一个"否"输入，则至少一半的随机比特设定可以使 M 拒绝。此外，M 需要在以 n 的多项式为上界的某个步数后停机。

下面是一个 PP 问题的标准例子：给定一个具有 n 个变量的布尔公式 φ，在 2^n 种可能的变量设定中会有至少一半使公式为真吗？（顺便一提，就像判定是否存在一个可满足的赋值的问题是 NP 完全问题，这种变量设定问题也可以被证明是 PP 完全的，也就是说，任何其他 PP 问题可以有效地归约为它。）

但为什么 PP 可能没能把握住我们对于通过随机算法可解的问题的直观概念呢？

对的。对于 PP 来说，一个算法可以自由地以 $1/2 + 2^{-n}$ 的概率（如果答案为"是"）或 $1/2 + 2^{-n}$ 的概率（如果答案为"否"）接受。但一个凡人如何才能区分这两种情况呢？如果 n 是（比如）5000，则我们不得不收集数据，等待比宇宙年龄还长的时间！

而且事实上，PP 是一个极其巨大的类：比如，它显然包含 NP 完全问题。为什么？好吧，给定一个具有 n 个变量的布尔公式 φ，你可以做的是立刻以 $1/2 + 2^{-n}$ 的概率接受，不然就随机选择一种赋值，当且仅当它使 φ 可满足时接受。这时，要是存在至少一个 φ 的可满足赋值，你总的接受概率将大于 $1/2$，否则小于 $1/2$。

事实上，复杂性研究者认为，PP 严格地比 NP 大——尽管，就像通常一样，我们不能证明这一点。

基于上述考虑，吉尔定义了一个更"合理"的 PP 的变体。具体如下。

- **BPP（错误有界的概率多项式时间）**。它是这样一类判定问题：存在一个多项式时间随机算法以大于 $2/3$ 的概率接受（如果问题的答案为"是"），或以小于 $1/3$ 的概率接受（如果问题的答案为"否"）。换句话说，给定任何输入，该算法犯错的概率至多为 $1/3$。

$1/3$ 这个数的重要性仅仅在于，它是某个小于 $1/2$ 的正的常数。任何这样的常数都一样好。为什么？好吧，假设给我们一个犯错概率为 $1/3$ 的 BPP 算法。如果我们愿意，那么我们可以很容易修改这个算法，使得其犯错概率至多为（比如）2^{-100}。我们该怎么做呢？

对的。只需要反复运行这个算法数百次，然后输出占多数的答案！如果我们从 T 次独立试验中挑出占多数的答案，则我们的好朋友切尔诺夫上界就会告诉我们，我们犯错的概率按照 T 的指数减少。

事实上，我们不仅可以将 1/3 替换为任何比 1/2 小的常数，甚至可以把它替换为 $1/2 - 1/p(n)$，其中 p 是任何多项式。

所以这就是 BPP：如果你愿意，你可以把它当作由经典宇宙中的计算机能够切实解决的所有问题组成的类。

- **RP（随机多项式时间）**。正如我刚才所说，一个 BPP 算法的犯错概率可以很容易变得比小行星撞击计算机的概率都小。而这对于绝大多数应用来说已经够好了，比如，在医院管理辐射剂量，或对数十亿美元的银行交易进行加密，或控制发射核弹。但对于证明定理呢？对于某些应用，你真的不能冒险。

  这就引出了 RP，它是这样一类问题：存在一个多项式时间随机算法以大于 1/2 的概率接受（如果问题的答案为"是"），或者以零概率接受（如果问题的答案为"否"）。换句话说：要是算法接受了哪怕一次，你就可以确信答案为"是"；而如果算法一直拒绝，你则可以非常有信心地说（但永远无法确信），答案为"否"。

  RP 有一个显而易见的"补"，被称为 coRP。它是这样一类问题：存在一个多项式时间随机算法以概率 1 接受（如果问题的答案为"是"），或者以小于 1/2 的概率接受（如果问题的答案为"否"）。

- **ZPP（零错误的概率多项式时间）**。这个类可被定义为 RP 和 coRP 的交集——同时处在这两类中的问题。等价地，ZPP 是这样一类问题：存在一个多项式时间随机算法，只要它确实输出了一个答案，那么该答案必定是正确的，但它会在多达一半的时间里输出"不知道"。再一次地，还是等价地，ZPP 是这样一类问题：存在一个从不犯错的算法，但其运行时间的期望为多项式时间。

有时候，你会看到 BPP 算法被称为"蒙特卡罗算法"，ZPP 算法被称为"拉斯维加斯算法"。我还看到过 RP 算法被称为"大西洋城算法"。这些说法总是让我觉得很愚蠢。(是否还有"印第安保留地算法"呢?)

下面是我们到目前为止在本书中见到的基本复杂性类之间的已知关系 (图 7.1)。我没有明确讨论到的关系留给读者 (也就是你) 作为练习。

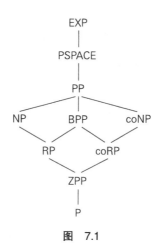

图　7.1

这可能会有点儿出人意料,但我们尚不知 BPP 是否包含于 NP。不妨思考一下:即便一个 BPP 机器以接近 1 的概率接受,你如何向一位不相信你的确定型多项式时间验证者证明这一点?确实,你可以向验证者展示机器的一些随机运行,但他总是会怀疑你修改了你的取样,使之输出对你有利的结果。

幸运的是,情况没有像看上去那么糟糕:我们至少知道 BPP 包含于 NP^{NP} (也就是说,具有 NP 谕示的 NP),所以它会在多项式层级 PH 的第二层中。迈克尔·西普塞 (Michael Sipser)、彼得·加奇 (Peter Gács) 和克莱门斯·洛特曼 (Clemens Lautemann) 在 1983 年证明了它。实际上我要跳过它,因为它有点儿太技术化。如果你想要看看的话,可以参看卢卡·特雷维桑 (Luca Trevisan) 的讲义。

顺便一提,尽管我们知道 BPP 包含于 NP^{NP},但对于 BQP (多项式时间内在量子计算机上可解的一类问题),我们不知道它是否具有类似的结论。BQP 尚未在本书中正式登场 (你还得再等几章),但我想先做些预热,告诉你它显然不是什么。换句话说,有什么东西对于 BPP 来说,是我们已知成立的,但对于 BQP 来说,是我们尚不清楚的吗？ BPP 与 PH 的包含关系只是我们将在本章中见到的三个例子中的第一个。

在复杂性理论中，事实证明随机性与另一个被称为非一致性（nonuniformity）的概念有着密切的联系——尽管我们稍后才会见到这种联系。简单来说，非一致性说的是，你需要对每个长度为 n 的输入选择不同的算法。为什么你需要这么愚蠢的东西呢？好吧，你还记得吗？我在第 5 章中提到过布卢姆加速定理。它说的是，有可能建构出一些奇怪的问题，使得解决它们的最快算法并不存在，而只存在一个算法的无穷序列，对于足够大的输入，其中每个算法都比上一个算法的速度更快。在这种情况下，非一致性将允许你在所有算法中进行选择，从而获得最佳性能。换句话说，给定一个长度为 n 的输入，你可以简单选择对于该特定长度的输入运行最快的算法！

但即便在一个允许非一致性的世界里，复杂性研究者相信，对于什么是"可有效计算"的问题仍然存在很强的限制。而当我们想要讨论这些限制时，需要用到理查德·卡普和理查德·利普顿（Richard Lipton）在 1982 年提出的术语[5]。卡普和利普顿定义了复杂类 P/$f(n)$，也就是带有 $f(n)$ 大小的建议的 P。它包括所有借助一个仅取决于输入长度 n 的 $f(n)$ 比特"建议字符串" a_n，多项式时间内在确定型图灵机上可解的问题。

你可以把多项式时间图灵机想象成一位研究生，而建议字符串 a_n 就是他的导师给出的智慧。像绝大多数导师一样，这是一位拥有无限智慧、仁慈且值得信任的导师。他一心想帮助学生解决他们各自论文的问题，也就是判定他们各自在 $\{0, 1\}^n$ 中的输入 x 会被接受还是被拒绝。但也像绝大多数导师一样，他太忙了，没时间去搞清楚他的学生在做什么。因此，他只是对所有人给出同样的建议 a_n，并相信他们能将它应用到他们特定的输入 x 上。

你能够研究不可信的建议，事实上，我研究过。我定义过一些基于不可信建议的复杂类，但在通常定义的建议中，我们一般假设它是值得信任的。

我们将对 P/poly 类尤其感兴趣，它包括所有在多项式时间内借助多项式大小的建议可解的问题。换句话说，P/poly 是 P/n^k 取遍所有正整数 k 时的并集。

那么是否有可能 P=P/poly 呢？它作为首个（平凡的）观察，我会说，答案是否定的：P 事实上真包含于 P/poly，并且真包含于 P/1。换句话说，即便凭借一个只有 1 比特的建议，你也比没有建议时能做得多很多。为什么？

对的！考虑如下问题：

给定一个长度为 n 的输入，判定第 n 个图灵机是否停机。

一方面，这个问题不仅不在 P 中，它甚至不是可计算的，因为它实际上是对停机问题的一个缓慢的"一元"编码。另一方面，它很容易借助仅取决于输入长度 n 的一个建议比特来解决。因为那个建议比特可以告诉你答案是什么！

这里还有另一种方式来理解建议的威力：P 中的问题数量仅仅是可数无穷的，（为什么？）但 P/1 中的问题数量是不可数无穷的。（为什么？）

另外，你可以借助建议来解决比没有它时多得多的问题，但这并不意味着，建议会帮助你解决任何你可能感兴趣的特定问题。事实上，第二个简单的观察是，建议并不能帮助你做所有事情：存在不属于 P/poly 的问题。为什么？

好吧，下面是一个简单的对角化论证。事实上，我将证明一个更强的结论：存在不属于 $P/n^{\log n}$ 的问题。令 $M_1, M_2, M_3, \cdots$ 为多项式时间图灵机的一个列表，并给定一个输入长度 n。然后我会说，存在一个布尔函数 $f: \{0, 1\}^n \to \{0, 1\}$，使得即便给定任何 $n^{\log n}$ 比特的建议字符串，前 n 个机器 $M_1, M_2, M_3, \cdots$ 都不可计算。为什么？只需要一个计数论证：一共有 2^{2^n} 个布尔函数，但只有 n 个图灵机和 $2^{n^{\log n}}$ 个建议字符串。因此，为每个 n 选择这样一个函数 f，然后你就可以让每个图灵机 M_i 在除了有限多输入长度外，对所有其他输入长度都不可计算。事实上，我们甚至不需要假设 M_i 在多项式时间内运行。

为什么我要关心建议？首先，它会一次又一次地出现，即便我们想了解的是比如关于一致性的计算。尽管我们想知道的是我们能否将 BPP 去随机化，事实证明，它其实是一个关于建议的问题。所以它跟复杂性的其余部分密切相关。基本上，你可以把带有建议的算法看成与一个算法的无穷序列一样，就像我们看待布卢姆加速定理时那样。它是这样一个算法，随着输入长度越来越长，你需要不断使用新的想法，不断加速。这是思考建议的一种方式。

我还可以给你另一种论证。你可以把建议看成冻干的计算。我们将某些非常庞大的计算工作量封装进这个便携的多项式大小的字符串，上架到冷冻食品区，然后你就可以把它拿回家，放进微波炉加热享用。

建议把这样一种可能性形式化了，即由某种不可计算的过程得到的这样一些结果，在宇宙诞生之初就已经存在，并延续了下来。毕竟，我们真的不知道宇宙的初始条件是怎样的。认为这是一个合理假设的通常论证是，不论你的计算机可能的初始状态是什么样的，存在某种物理过程将最终引致这个状态。并且他们设想，这只是一个多项式时间的物理过程。因此，你可以模拟引致这个状态的整个过程，并且如果需要的话，你可以回溯到宇宙大爆炸。但这真的合理吗？

当然，这么长时间以来，我们一直在小心避免谈及真正的问题：建议能否帮助我们解决那些我们实际关心的问题（比如 NP 完全问题）？特别是，是否 $NP \subset P/poly$？直观上看，答案似乎是否定的：存在指数多的大小为 n 的布尔公式，所以即便你不知怎么从上帝那里得到了一个多项式大小的建议字符串，它如何能帮助你判定除了一小部分外的绝大部分公式的可满足性呢？

我很确信，接下来我所说的会震惊到你：但我们无法证明这是不可能的。好吧，至少在这种情况下，我们对于自己的无知有一个很好的借口，因为如果 $P = NP$，则显然也有 $NP \subset P/poly$。但这里的问题是：要是我们真的成功证明了 $P \neq NP$，是否也已经证明了 $NP \not\subset P/poly$？换言之，$NP \subset P/poly$ 蕴涵 $P = NP$ 吗？唉，我们甚至连这个问题的答案都不知道。

不过，就像对于 BPP 和 NP，情况并没有像看上去那么糟糕。卡普和利普顿设法在 1982 年证明了，如果 $NP \subset P/poly$，则多项式层级 PH 将坍缩到第二层（也就是到 NP^{NP}）。换句话说，如果你相信多项式层级是无限多的，那你也必须相信，NP 完全问题不能经由一个非一致的算法有效解决。

这个卡普 – 利普顿定理是一类非常庞大的复杂性结论中最著名的一个例子，这个类可以被描述为"要是驴可以吹口哨，那猪就能飞起来"。换句话说，要是一件实际上没人相信是真的事情是真的，则另一件实际上没人相信是真的事情也将是真的！你说这是智力上的意淫？一派胡言！让这种做法变得有意思的原因在于，这两件实际上没人相信是真的事情，在此之前原本看上去是风马牛不相及的。

我有点儿跑题了，但卡普 – 利普顿定理的证明要比找碴儿有趣多了。所以让我们马上来看一下这个证明。我们假设 NP⊂P/poly，而我们要证明的是，该多项式层级会坍缩到第二层——或等价地，坍缩到 coNP^{NP}=NP^{NP}。因此，让我们考虑在 coNP^{NP} 中的随意一个问题，就像这样：

> 对于所有 n 比特字符串 x，是否存在一个 n 比特字符串 y 使得 $\varphi(x, y)$ 为真？

（在这里，φ 是某个随意的多项式大小的布尔公式。）

我们需要找到一个与上述问题具有相同答案的 NP^{NP} 的问题，也就是说，在这个问题中，存在量词处在全称量词之前。但这个问题可能是什么样子的呢？这里有一个技巧：我们首先利用存在量词来猜测出一个多项式大小的建议字符串 a_n，然后我们利用全称量词来猜测出字符串 x，最后我们利用建议字符串 a_n 以及 NP⊂P/poly 的假设来猜测出 y。因此，我们得到

> 是否存在一个建议字符串 a_n，使得对于任何 n 比特的字符串 x，$\varphi(x, M(x, a_n))$ 为真？

在这里，M 是一个多项式时间图灵机，给定 x 为输入，以及 a_n 为建议，它输出一个 n 比特字符串 y，使得 $\varphi(x, y)$ 为真——只要这个 y 存在。由第 6 章的一个思考题可知，只要我们可以解决 P/poly 中的 NP 完全问题，我们就可以很容易构造出这样一个 M。

我之前说过，非一致性与随机性密切相关——提到一个，就很难不提到另一个。所以在这一章的最后部分，我想告诉你们随机性与非一致性的两个联系：一个较为简单，由伦纳德·阿德尔曼（Leonard Adleman）在 20 世纪 70 年代发现；另一个更为深刻，由鲁塞尔·因帕利亚佐（Russell Impagliazzo）、诺姆·尼桑（N. Nisan）以及阿维·威格德森在 20 世纪 90 年代发现。

简单的联系是 BPP⊂P/poly，换句话说，非一致性至少跟随机性一样强大。你觉得为什么是这样？

让我们来看看为什么。给定一个 BPP 计算，我们要做的第一件事情是将计算增强到其犯错概率为指数小。换句话说，我们将会反复计算比如 n^2 次，然后输出占多数的答案。这样一来，犯错概率就会由 1/3 降低至大概 2^{-n^2}。（如果你想证明关于 BPP 的某件事情，将其增强到其犯错概率为指数小几乎总是很好的第一步！）

现在，长度为 n 的输入有多少呢？对的：2^n。而对于每个输入，只有 2^{-n^2} 分之一的随机串会让我们犯错。由布尔不等式（理论计算机科学中最有用的事实）可知，这意味着在输入长度为 n 时，至多有 2^{n-n^2} 分之一的随机串 f 会让我们犯错。由于 $2^{n-n^2}<1$，这就意味着存在一个随机字符串，我们不妨称之为 r，它从不会让我们在输入长度为 n 时犯错。因此，找到这个 r，并将其作为 P/poly 机器的建议，我们就搞定了！

这就是随机性与非一致性之间的简单联系。在讨论深刻联系之前，让我先评论两点。

1. 即便 P≠NP，你可能还是很想知道 NP 完全问题能否在概率多项式时间内解决。换句话说，NP 在 BPP 中吗？对此，我们已经有一些比较具体的结论。如果 NP⊆BPP，则显然有 NP⊂P/poly（因为 BPP⊂P/poly）。但根据卡普 – 利普顿定理，这意味着 PH 会坍缩。因此，如果你相信多项式层级是无限多的，那你也应该相信 NP 完全问题不能经由随机算法有效解决。

2. 如果非一致性能够模拟随机性，那它也能够模拟量子性吗？换句话说，BQP⊂P/poly 吗？好吧，我们不知道，但我们一般认为这不太可能。显然，在阿德勒曼关于 BPP 真包含于 P/poly 的证明中，如果我们把 BPP 换成 BQP，证明就会完全失效。但这引发了一个有趣的问题：为什么它会失效？量子理论与经典概率论之间的关键区别究竟是什么？它使得证明在一种情况下行得通而在另一种情况下却行不通。我将把这个问题作为练习留给你。

好，现在让我们接着来看那个深刻联系。还记得本章前面提到过的质数判定问题吗？这些年来，这个问题稳步在往复杂性层次的底层走，就像猴子从一根树枝攀爬到一根树枝。

- 显而易见，质数判定问题在 coNP 中。
- 1975 年，沃恩·普拉特（W. Pratt）证明了它在 NP 中。
- 1977 年，罗伯特·索罗维、福尔克尔·施特拉森和迈克尔·拉宾证明了它在 coRP 中。
- 1992 年，伦纳德·阿德尔曼和黄铭德证明了它在 ZPP 中。
- 2002 年，马尼德拉·阿格拉沃尔、尼拉杰·卡亚勒和尼廷·萨克塞纳证明了它在 P 中。

把一个随机算法转化为确定型算法的工作称为去随机化。质数判定问题的历史是这项工作一个令人瞩目的成就。但与之而来的一个显而易见的问题就是：每个随机算法都能去随机化吗？换句话说，P 是否等于 BPP？

再一次地，答案是我们不知道。通常情况下，如果我们不知道两个复杂性类是否相等，则"默认的猜想"是它们不相等。P 和 BPP 一直以来也是被这样认为的——直到现在。在过去几十年里，如山的证据说服了差不多我们所有人，其实 P=BPP。在这里，我们无法深入回顾这些证据，但我只举一个定理，让你体会一下。

> 定理（因帕利亚佐－威格德森，1997）[6]：假设存在一个问题，它在指数时间内可解，但在亚指数时间内，即便借助亚指数大小的建议字符串也不可解，则 P=BPP。

请注意，该定理如何将去随机化与非一致性联系在了一起，具体地说，是与证明某些特定问题对非一致的算法来说是困难的联系在了一起。其前提显然看上去是合理的。从我们目前的情况来看，其结论（P=BPP）看上去也是合理的，但两者看上去又都相互没有关系。所以这个定理或许可被描述为"如果驴能够嘶叫，那猪就能够哼哼"。

那么随机性与非一致性之间的这种联系从何而来？它来自伪随机数发生器理

论。我们会在第 8 章谈论密码学时了解到关于伪随机数发生器（PRG）的更多东西。但简单来说，一个 PRG 就是一个函数，它将一个短字符串（称为种子）作为输入，并生成一个长字符串作为输出，并且是以这样一种方式：如果种子是随机的，则输出也看上去是随机的。显然，输出不可能是随机的，因为它不具有足够的熵：如果种子是 k 比特长，则只能有 2^k 个可能的输出串，而不论那些输出串有多长。不过，我们追求的是，只要没有多项式时间算法可以成功将"真"随机性与 PRG 的输出区分开来就可以。当然，我们也希望将种子映射到输出的函数是在多项式时间可计算的。

早在 1982 年，姚期智就意识到，如果你可以构造一个"足够好"的 PRG，你就可以证明 P=BPP。为什么？假设对于任何整数 k，你都有一种方法，能在多项式时间内将 $O(\log n)$ 比特的种子扩展为一个 n 位输出，并且不存在能在 n^k 时间内成功将其与真正的随机性输出区分开来的算法。我们还假设你有一个能在 n^k 时间内运行的 BPP 图灵机。在这种情况下，你可以简单地遍历所有可能的种子（只有多项式多个），将相应的输出传给 BPP 图灵机，然后输出占多数的答案。该 BPP 图灵机接受给定一个伪随机串的概率必须与它接受给定一个真正随机串的概率大致相同，不然的话，该图灵机将能够把伪随机串与真随机串区分开来，而这违背了假设！

但非一致性在这一切中起了什么作用？这里的要点是，除了一个随机（或伪随机）字符串，一个 BPP 图灵机还收到一个输入 x。而我们需要使去随机化对每个 x 都成立。这意味着，针对去随机化，我们必须将 x 看成某位超级智能的攻击者为了挫败 PRG 而提供的建议字符串。你看，这就是为什么我们不得不假设存在一个问题，它甚至在建议存在的情况下仍然很难：因为我们需要构造一个 PRG，它甚至在"攻击者"x 存在的情况下仍然与真随机数发生器无法区分。

总结一下：如果我们能证明某些问题对于非一致的算法而言充分难，则我们将能证明 P=BPP。

这引出了我要说的 BPP 和 BQP 的第三个区别：虽然我们中绝大多数人相信 P=BPP，但我们中绝大多数人显然不相信 P=BQP。（事实上，我们无法相信这一点——如果我们相信质因数分解对于经典计算机是很难的。）我们还没有任何像去随机化程序那样成功的"去量子化"程序。再一次地，看上去在量子理论与经典概率论之间存在一个至关重要的区别，使得某些想法（比如西普塞 – 加奇 – 洛特曼定理和因帕利亚佐 – 威格德森定理）对于后者有效，对于前者则不然。

顺便一提，瓦伦丁·卡巴涅茨（Valentine Kabanets）和鲁塞尔·因帕利亚佐（及其他人）得到了去随机化定理的某种逆命题[7]。他们指出，如果我们想要证明 P＝BPP，那我们不得不证明某些问题对于非一致的算法而言很难。这在某种程度上解释了，为什么尚没人能成功证明假设 P＝BPP 这一点。也就是说，如果你想要证明 P＝BPP，那你不得不证明有些问题很难——而要是你能证明这些问题很难，那你就可以（至少间接地）解决诸如 P 与 NP 问题。在复杂性理论中，几乎一切最终都会归结为 P 与 NP 问题。

思考题

1. 你和你的朋友想抛一枚硬币（一面是字，一面是头像），但你拥有的唯一一枚硬币是不均匀的：它落地时，会以一个固定但未知的概率 p 头像朝上。你能使用这枚硬币来模拟抛均匀硬币吗？（我是说完全均匀，不只是近似均匀。）

2. n 个人围成一个圆圈。每个人头戴一顶红色或蓝色的帽子，帽子均匀且独立地被随机分配。每个人都能看到其他人帽子的颜色，但看不到自己帽子的颜色。他们想就红色帽子的数目是偶数还是奇数进行投票。他们同时投票，由此不会相互影响。这些人能赢得这个游戏的最大概率是多少？（我说的"赢"是指他们的投票结果是对的。）为简单起见，假设 n 为奇数。

第**8**章 密码学

第7章思考题的答案

思考题1：我们有一枚不均匀硬币，其头像朝上的概率为 p。用这枚硬币模拟一枚均匀硬币。

答案：答案是"冯·诺伊曼技巧"：将不均匀硬币抛两次，将 HT（第一次头像朝上，第二次字朝上）定义为头像朝上，将 TH 定义为字朝上。如果出现 HH 或 TT，则重新尝试。如此一来，"头像朝上"和"字朝上"的概率相等，各为 $p(1-p)$。基于 HT 或 TH 的发生，可见这枚模拟的硬币是均匀的。

思考题2：n 个人围成一个圆圈。他们每个人头戴一顶红色或蓝色的帽子，帽子均匀且独立地随机分配。他们每个人都能看到其他人帽子的颜色，但看不到自己帽子的颜色。他们根据自己的所见就红色帽子的数目是偶数还是奇数进行投票。是否存在一个策略使得投票结果正确的概率大于 1/2？

答案：每个人按照如下策略决定自己所投的票：如果所见蓝色帽子的数目比所见红色帽子的多，则遵照所见红色帽子数目的奇偶性进行投票。否则，依照所见红色帽子数目的相反的奇偶性投票。如果红色帽子与蓝色帽子的数目相差至少2，则这个策略一定会成功。否则，该策略可能会失败。然而，红色帽子与蓝色帽子的数目相差少于2的概率很小：$\sim O(1/\sqrt{N})$。

密码学

在人类历史的最近三千多年里，密码学一直扮演着重要角色。众多战争的成败取决于密码系统的好坏。如果你觉得我是在夸海口，请阅读戴维·卡恩的《破译者》一书 [1]。注意，在这本书写作之时，人们还不知道一个最重大的密码学故事——在第二次世界大战中，包括艾伦·图灵内在的一个团队破解了纳粹德国海军的密码。

尽管密码学已经有数千年的历史，但它在过去 40 多年中的发展还是彻底改变了我们对它的理解——是的，彻底改变。如果你把密码学中的基础数学的成果按照时间排列，你会看到有一些成果出现在古代，也许还有一些出现在中世纪到 19 世纪初，有一个成果出现在 20 世纪 20 年代（一次性密码本），更多的则出现在第二次世界大战期间，后来在 20 世纪 70 年代计算复杂性理论产生之后，砰砰砰……

我们对密码学史的回顾要从罗马人使用的"恺撒密码"讲起。这种密码大名鼎鼎，但非常简陋，从明文到密文的转变过程只是简单地将每个字母向后移动三位。因此，D 变成了 G，Y 变成了 B（到 Z 后，再从 A 开始），于是 DEMOCRITUS 变成了 GHPRFULWXV。恺撒密码拥有更复杂的变体，但只要人们掌握足够多的密文，（比如）分析密文中字母的频率，就很容易破解它们。不过，这并没有阻止人们继续使用这种密码。事实上，在 2006 年，西西里黑手党的头目在逍遥法外 40 年后被捕，原因就是他使用了恺撒密码（并且是其原始版本）给他的下属发送信息！

是否可能存在一个密码系统是信息论意义上安全的？——无论窃听者花费多少计算时间试图破解，这个密码都是安全的？令人惊讶（如果你从未听说过）的是，答案是肯定的。但更令人惊讶的是，直到 20 世纪 20 年代，这样的密码系统才被发现。信息论意义上安全的系统被称为一次性密码本——我们马上就会看到原因。思路很简单：把明文讯息表示为一个二进制字符串 p，并让它与一个具有相同长度的随机二进制密钥 k 取异或。也就是说，密文 c 等于 $p \oplus k$，其中 $\oplus$ 表示按位进行模 2 加法。

接收者（他知道 k）可通过另一个异或操作来对密文解密：

$$c \oplus k = p \oplus k \oplus k = p$$

而对于不知道 k 的窃听者来说，密文只是一个随机比特串，因为把任何一个比特串与一个随机字符串取异或，只会产生另一个随机字符串。当然，一次性密码本的问题在于，发送者和接收者必须共享一个跟讯息本身一样长的密钥。并且，如果相同的密钥被用于加密两条或更多讯息，那么密码系统在信息论意义上将不再是安全的（因而得名"一次性密码本"）。这是为什么呢？假设两个明文 p_1 和 p_2 都经由相同的密钥 k 分别被加密为密文 c_1 和 c_2。然后我们会有

$$c_1 \oplus c_2 = p_1 \oplus k \oplus p_2 \oplus k = p_1 \oplus p_2$$

窃听者则可以得到字符串 $p_1 \oplus p_2$。就其本身而言，它们可能会有用，也可能不会有用，但它们至少构成了某种信息，可让窃听者了解到关于明文的一些东西。但这仅仅是一个数学趣闻，不是吗？好吧，在 20 世纪 50 年代，就有人二次使用了一次性密码本，结果被对方恢复了一些（尽管不是全部）以这种方式加密的文件。

在 20 世纪 40 年代，克劳德·香农证明了，信息论意义上的安全密码要求发送者和接收者分享至少与他们想要传递的讯息长度相同的密钥。就像香农的其他大部分结论，这个结论现在看来是平凡的。（草创就是有这点好处！）他的证明是这样的：给定密文和密钥，明文最好能够被唯一地还原。换句话说，对于任何给定的密钥，从明文到密文的映射最好是一个单射。但这马上意味着，对于给定一个密文 c，那些可能产生 c 的明文的数目最多只能是密钥的数目。换句话说，如果可能的密钥比明文数目少，那么窃听者就能够排除一些明文——这些明文通过任何密钥都不会加密为 c。因此，我们的密码系统就不会是完全安全的。而如果我们想要完全的安全性，那就需要至少跟明文一样多的密钥，或者等价地，密钥需要至少与明文一样多的比特数。

　　然而，共享很长的密钥通常是不切实际的——连专业情报人员都无法完美做到这一点！所以我们需要一个可以使用小一些的密钥的密码系统。当然，香农的结论意味着，这样的密码系统不可能是信息论意义上安全的。但如果放松一点儿要求会怎样？比如，我们假设窃听者被限制花费多项式时间会怎样呢？这个问题自然地引出了我们的下一个话题……

伪随机数发生器

　　正如我在第 7 章提到的，简单来说，伪随机数发生器（PRG）是这样一个函数，它以一段简短且真正随机的字符串作为输入，然后以一段冗长而看似随机的字符串作为输出。更正式地，PRG 是一个具有以下特性的函数 f。

1. f 将一个 n 比特输入串（称为种子）映射到一个 $p(n)$ 比特的输出串，其中 $p(n)$ 是某个比 n 大的多项式。
2. f 在 n 的多项式时间内可计算。
3. 对于每一个多项式时间算法 A（称为攻击者），

$$\left| \Pr_{n \text{ 比特字符串 } x}[A \text{ 接受 } f(x)] - \Pr_{p(n) \text{ 比特字符串 } y}[A \text{ 接受 } y] \right|$$

小到可以忽略——我的意思是，对于任何多项式 q，它都要比 $1/q(n)$ 下降得更快。（当然，以指数速率下降则更好。）或者用文字描述，没有多项式时间的攻击者能够以任何不可忽略的偏差将 f 的输出与一个真正的随机字符串相区分。

　　现在，你可能会疑惑：我们在寻找的 PRG 有多么能"拉伸"？我们是想将一个 n 比特的种子拉长到 $2n$ 比特，还是到 n^2 比特？又或是到 n^{100} 比特？事实证明，答案无关紧要！

　　为什么？因为即便我们只有一个将 n 比特拉长为 $n + 1$ 比特的 PRG 函数 f，我们也可以一直将 f 递归地作用于它自己的输出，从而将 n 比特拉长为 $p(n)$ 比特，

其中 p 为任意的多项式。此外，要是这个递归过程的输出可以有效地与一个随机的 $p(n)$ 比特串区分开来，则 f 本身的输出就可以有效地与一个随机的 $(n+1)$ 比特串区分开来——这违背了假设！当然，这里还需要证明一些东西，但那些需要被证明的东西都是可以被证明的，具体我就不说了 [2]。

现在，我会说，如果 PRG 存在，那么我们将有可能构造一个只需要很短密钥的在计算意义上安全的密码系统。你能看出为什么吗？

对的：先用 PRG 将一个短的密钥拉长——拉得跟明文一样长，然后假装长密钥是真正随机的，并像在一次性密码本中那样使用它。

为什么这个计划是安全的呢？根据现代密码学的常见做法，我们将通过归约来证明。假设窃听者可以在多项式时间内从密文讯息中了解到一些关于明文的信息，我们之前已经看到，要是密钥是真正随机的（也就是一次性密码本），那这将是不可能的。这意味着，窃听者实际上是在区分一个伪随机密钥与真随机密钥。但这与我们的假设（没有多项式时间算法可以区分两者）相矛盾！

诚然，这一切都非常抽象。诚然，要是我们有一个 PRG，就可以做很多美妙的事情——但我们有什么理由认为 PRG 实际存在呢？

首先，一个平凡的观察是，只有当 P≠NP 时，PRG 才可能存在。为什么？

对的：因为如果 P=NP，则给定一个所谓的随机字符串 y，我们可以在多项式时间内判定是否存在一个简短的种子 x，使得 $f(x)=y$。如果 y 是随机的，那我们几乎可以肯定这样的种子不会存在；所以如果它确实存在，我们几乎可以肯定，y 不是随机的。因此，我们可以将 f 的输出与真正的随机性区分开来。

好，设想我们确实假定 P≠NP。有哪些具体函数可被相信是 PRG 呢？

其中一个例子是所谓的布卢姆 – 布卢姆 – 舒布发生器 [3]。它的原理是这样的：选取一个大的合数 N。然后将种子 x 选为 Z_N 中的随机元素。给定这个种子，首先计算 $x^2 \bmod N$, $(x^2)^2 \bmod N$, $((x^2)^2)^2 \bmod N$，以此类推。然后将这些数的二进制表示中的最低有效数字串起来，将其作为你的伪随机串 $f(x)$ 输出。

布卢姆等人证明了，要是有一个多项式时间算法可将 $f(x)$ 与一个随机字符串区分开来，那么（经过一些技术处理）我们就可以使用该算法在多项式时间内分

解 N。或者等价地，如果质因数分解很难，则布卢姆 – 布卢姆 – 舒布发生器就是一个 PRG。这又是一个例子：为了证明某件事情很难，我们首先证明，要是它很容易，则另一件我们认为很难的事情也将是容易的。

可惜的是，我们并不认为质因数分解很难——至少在量子计算机上。那么我们能否将 PRG 的安全性建基于一个在量子意义上安全的假定之上呢？是的，我们能做到。存在很多很多构造候选 PRG 的方法，并且我们没有理由认为，量子计算机能将它们全部破解。事实上，你甚至可以将候选 PRG 建基于比如"Rule 110"元胞自动机明显的不可预测性之上，后者由斯蒂芬·沃尔弗拉姆（Stephen Wolfram）在他那本具有开创性、革命性和范式破坏性的《一种新科学》（*A New Kind of Science*）中提出 [4]。

当然，我们的梦想是将 PRG 的安全性建基于最弱的可能假设之上，即 P≠NP 本身！但当人们尝试这样做时，他们遇到了两个有意思的问题。

第一个问题是，P 与 NP 问题处理的只是最坏情况。试想一下，假如你是一位将军或银行总裁，有人试图向你兜售一个密码系统，并推销说，这个系统中会存在一条很难被破译的讯息。你可以看出问题在哪里了：对于密码系统和 PRG 来说，我们需要平均而言很难的 NP 问题，而不只是在最坏情况下很难的 NP 问题。（技术上讲，我们需要的是这样一些问题，针对输入的某种可有效取样的分布——不一定是均匀分布，它们平均而言很难。）但尚没有人能证明这样的问题存在，即便我们假设 P≠NP。

不过，这并不是说我们对于平均而言的难度一无所知。举个例子，考虑最短向量问题（SVP）。在这里，我们有 R^n 中的一个格 L，它包括 R^n 中的一些给定向量 $v_1, \cdots, v_n$ 的所有整数线性组合。然后问题是，将在 L 中的最短非零向量的长度近似到某个乘法因子 k 内。

SVP 是少数几个我们能证明其最坏情况或平均情况等价的问题之一（也就是说，在平均情况下与在最坏情况下一样难，至少当近似因子 k 足够大时）。基于这一等价性，米克洛什·奥伊陶伊（Miklos Ajtai）和辛西娅·德沃克（Cynthia Dwork）[5]、奥代德·雷格夫（Oded Regev）[6] 以及其他人构造了这样一些密码系统和伪随机发生器，其安全性依赖于 SVP 在最坏情况下的难度。不幸的是，使我们得以证明最坏情况或平均情况等价的那些特性，也使 SVP 在 k 取相关值时不太可能是 NP 完全的。看上去 SVP 更可能是介于 P 和 NP 完全之间的，类似于我们认为质因数分解所处的位置。

好，设想我们假定 NP 完全问题平均而言很难。但即便如此，利用 NP 完全问题构造 PRG 又会遇到新的问题。那就是，破解 PRG 看上去不像是 NP 完全的。我这话是什么意思？好吧，想想我们如何证明问题 B 是 NP 完全的：我们先选取一个已知 NP 完全的问题 A，然后给出一个多项式时间归约，将 A 中答案为"是"的实例映射到 B 中答案为"是"的实例，并将 A 中答案为"否"的实例映射到 B 中答案为"否"的实例。但对于破解 PRG 来说，答案为"是"的实例是伪随机字符串，而答案为"否"的实例是真正的随机字符串（或者反之亦然）。

你看出这里的问题了吗？如果没有，让我来告诉你：为了可以在归约中映射它，我们该如何描述一个"真正的随机字符串"？一个字符串是随机的，正在于我们无法拿比它自己更短的东西来描述它！诚然，这个论证存在许多漏洞，其中之一是归约可能是随机的。不过，我们还是有可能从中得出一个结论：如果破解 PRG 是 NP 完全的，则这个证明必将与我们习惯的那种 NP 完全性证明截然不同。

单向函数

单向函数（OWF）是 PRG 的表兄弟。直观上看，OWF 就是一个容易计算却不容易求逆的函数。更形式化地说，如果满足

1. f 在 n 的多项式时间内可计算；
2. 对于每个多项式时间的攻击者 A，A 能成功对 f 求逆的概率

$$\Pr_{n\text{ 比特字符串 }x}[f(A(f(x)))=f(x)]$$

小到可忽略不计，也就是说，对于任意的多项式 q，它都比 $1/q(n)$ 小，那么一个将 n 比特映射到 $p(n)$ 比特的函数 f 称为单向函数。

定义中使用的是事件 $f(A(f(x)))=f(x)$，而不是 $A(f(x))=x$，这是考虑到 f 可能有多个逆的情况。所以在这个定义中，我们考虑的是算法 A，它可以找到 $f(x)$ 的任何一个原像，而不仅仅是 x 本身。

我会说，PRG 的存在性蕴涵 OWF 的存在性。你能告诉我这是为什么吗？

没错，因为 PRG 就是一个 OWF！

那接下来，你能证明 OWF 的存在性蕴涵 PRG 的存在性吗？

这个要稍难一点儿。主要的原因在于，一个单向函数 f 的输出不一定必须要看上去像是随机的，才能使得 f 难以求逆。事实上，科学家通过十多年的努力才最终搞清楚如何从任意的单向函数来构造伪随机发生器。借由约翰·霍斯塔德（Johan Håstad）、鲁塞尔·因帕利亚佐、列昂尼德·莱温以及迈克尔·卢比（Michael Luby）在 1999 年的长篇论文 [7]，我们现在知道了，当且仅当 PRG 存在时，OWF 存在。如你所料，证明非常复杂，并且将 PRG 归约到 OWF 也不太实用：若 OWF 的输入长度为 n，则 PRG 的种子长度将为 n^{40}！正是这类事情给多项式时间带来了不好的名声——不过，这只是个例外，并不是常态！如果我们假设单向函数是一个排列，则证明将变得容易得多（这已被姚期智在 1982 年证明 [8]），并且归约也会快很多。当然，这个结果没有那么一般化。

到目前为止，我们所讨论的都是私钥密码系统，它们都基于发送者和接收者共享一个密钥。但你在给（比如）购物网站发送你的信用卡号码之前，你将如何与它分享密钥？你会用电子邮件将密钥发给他们吗？糟糕，如果你要这样做，那你最好使用另一个密钥将你的电子邮件加密……如此这般，直至无穷无尽！当然，更好的解决方案是，午夜，你在一个废弃的车库里，与该网站的工作人员直接会面。

不，等等……但这个解决方案就是公钥密码学啊。

公钥密码学

想来有趣，如此基础的想法直到 20 世纪 70 年代才被发现。当时的物理学家都已经在整理标准模型了，而密码学家仍处在哥白尼阶段！

那么公钥密码学最终是怎样出现的呢？它最初的发明者（或者说发现者）是20世纪70年代初于英国的政府通信总部（GCHQ，英国版的NSA）工作的詹姆斯·埃利斯、克利福德·科克斯以及马尔科姆·威廉森。当然，由于保密，他们当时不能将自己的工作公开发表，因此他们至今并没有得到太多认可。希望你们能从中得到些经验教训。

第一个公开发表的公钥密码系统由惠特菲尔德·迪菲（Whitfield Diffie）和马丁·赫尔曼（Martin Hellman）在1976年提出。几年后，罗恩·里夫斯特（Ron Rivest）、阿迪·沙米尔（Adi Shamir）和伦纳德·阿德尔曼发现了著名的RSA系统，并以三人姓氏的首字母为其命名。你们有谁知道RSA是如何首次向世界公布的吗？没错，它作为一个数学谜题，出现在马丁·加德纳的《科学美国人》专栏中 [9]！

RSA比起迪菲–赫尔曼系统具有多个优势。比如，它只需要一方而非双方来生成公钥，并且可以让用户在私下通信之外进行身份认证。不过如果你读一下迪菲和赫尔曼的论文 [10]，你就会发现几乎所有的关键想法已经都在里面了。

不管怎样，任何公钥密码系统的核心都是所谓的陷门单向函数。这个函数要求

1. 容易计算；
2. 难以求逆；
3. 容易求逆——如果得到某个秘密的"陷门"信息。

前两个要求与普通的OWF一样。第三个要求（OWF应该具有一个"陷门"，使得求逆变得很容易）则是新的。注意比较，普通的单向函数的存在性蕴涵安全的私钥密码系统的存在性，而"陷门"单向函数的存在性蕴涵安全的公钥密码系统的存在性。

那么公钥密码系统有什么实际例子吗？好吧，你们中绝大多数人应该已经在数学学习中遇见过RSA了，所以我在这里只是快速过一下。

设想你想把你的信用卡号码发送给购物网站。接下来会发生什么呢？首先，

网站随机选取两个大的质数 p 和 q（可在多项式时间内完成），并且要求 $p-1$ 和 $q-1$ 不能被 3 整除。（原因我们将在稍后看到。）然后网站计算出乘积 $N=pq$，向全世界公开，但将 p 和 q 作为机密严加保管。

现在，不失一般性，假设你的信用卡号码被编码为一个正整数 x，它比 N 小，但没有小太多。然后你该怎么做？很简单：你计算 $x^3 \bmod N$，并把它发送给网站。如果一个信用卡窃贼在途中截获了你的消息，那么他只能仅仅借助 $x^3 \bmod N$ 来复原 x。但计算一个立方根模一个合数被认为是一个非常难的问题，至少对于经典计算机来说如此！如果 p 和 q 都相当大（比如，每个数都有 10 000 位），则我们会预期，任何经典窃听者都将需要上百万年来复原 x。

但显然，这留下了一个显然的问题：购物网站如何能复原 x？当然是利用它掌握的关于 p 和 q 的知识！早在 1761 年，我们的老朋友欧拉先生便告诉我们，序列

$$x \bmod N, x^2 \bmod N, x^3 \bmod N, \cdots$$

以周期 $(p-1)(q-1)$ 循环。所以如果购物网站可以找到一个整数 k，使得

$$3k=1 \bmod (p-1)(q-1)$$

则它就有

$$(x^3)^k \bmod N = x^{3k} \bmod N = x \bmod N$$

现在，由于假设 $p-1$ 和 $q-1$ 不能被 3 整除，我们知道这样的 k 存在。此外，购物网站可以通过欧几里得算法（被发现得更早，在约公元前 300 年）在多项式时间里找到这样一个 k。最后，给定 $x^3 \bmod N$，网站可以通过一个简单的重复平方技巧在多项式时间里计算 $(x^3)^k$。这就是 RSA。

为了让事情尽可能具体、直观，我在这里假设 x 被提升到了它的三次方。由此得到的密码系统已经不是一个玩具：就目前所知，它是安全的！不过在实践中，人们可以（也确实）将 x 提升到了任意幂次。需要说明的另外一点是，将 x 取平

方而非立方会引出很多新的麻烦，因为任何一个非零的、在模 N 下有平方根的数都有不止一个平方根。

当然，如果信用卡窃贼可以将 N 分解为 pq，那他就可以运行网站所用的相同解码算法，从而将讯息 x 复原。所以，整个方案基于一个关键假设，即质因数分解是困难的！这立刻意味着 RSA 可被一个信用卡窃贼用一台量子计算机破解。然而，在经典算法中，最有名的质因数分解算法是数域筛选法，它大约需要 $2^{n^{1/3}}$ 步。

顺便一提，一方面，尚没有人证明破解 RSA 要求用到质因数分解：有可能存在一种更直接的复原 x 的方式，它不需要知道 p 和 q。但另一方面，迈克尔·拉宾在 1979 年发现了 RSA 的一个变体，对它而言，复原明文可被证明确实与质因数分解一样难。

很好，但我们讨论的这些基于质因数分解和模运算的密码系统太老旧了。现如今，我们意识到，一旦我们构建出了一台量子计算机，那肖尔算法（我们会在第 10 章中讨论）将破解所有这些东西。当然，复杂性研究者并不是没有意识到这一点，他们中的许多人一直在寻找对于量子计算机来说仍看上去安全的陷门 OWF。目前，这样的陷门 OWF 的最佳候选者是基于格的问题，就像我前面所描述的 SVP。质因数分解可归约到阿贝尔群的隐含子群问题，后者在量子多项式时间内可解，而 SVP 已知只可归约到二面体群的隐含子群问题，后者在人们经过十多年努力后，仍然在量子多项式时间内不可解。

受到这一观察的启发，并基于米克洛什·奥伊陶伊和辛西娅·德沃克早前的工作，奥代德·雷格夫提出了这样一些公钥密码系统：假设 SVP 对于量子计算机来说很难，则它们可被证明在面对量子窃听者时是安全的 [11]。需要注意的是，他的密码系统本身还是完全经典的。另外，即便你只是想在面对经典窃听者时保证安全，仍然需要假设 SVP 对于量子计算机来说很难，因为从 SVP 归约到破解密码系统是一个量子归约！后来在 2009 年，克里斯·派克特发现了一种方法将雷格夫的归约"去量子化"，使得现在只需假设 SVP 是经典难的 [12]。

更为戏剧性的是，克雷格·金特里（Graig Gentry）在 2009 年证明了，通过假设与 SVP 相关的某些格问题的难度，我们可以构造出全同态密码系统，也就是说，这种公钥密码系统允许你对加密数据执行任意计算，而不需要解码[13]。为什么这很重要？好吧，对于像"云计算"这样的应用，比如，你可能会想让你的移动设备将一个需要很长时间的计算迁移到别处的某个服务器上，同时，你不想让该服务器看到你的任何敏感数据。也就是说，你想将加密后的输入发送给服务器，在其上运行一个需要很长时间的计算，然后它将加密后的输出发回给你，你再自行解密（并进行校验）；并且，在整个过程中，服务器对其中的内容一无所知。此外，由于我们目前的全同态密码系统是基于与格相关的问题，因此它们与雷格夫的系统有一个共通之处，那就是即便拥有量子计算机，也没人知道该如何破解它们。全同态密码系统的可能性最早在 20 世纪 70 年代就已经被提出，但直到最近几年，人们才知道该怎么做。因此，这是近几十年来理论密码学最重大的进展之一。

但这些系统可实用吗？长久以来的观点是：否。十多年前，这些基于格的密码系统的密钥长度和讯息长度，尽管在理论上是多项式的，但还是如此巨大，几成笑话：从明文到密文的放大倍数可达到数百万（具体取决于你想要的安全程度）。但基于格的加密技术已经稳步地越来越接近于可实用——部分因为人们意识到，如果你愿意在安全性上稍微降低一点儿要求，那你就可以在效率上得到很大提升。如果能够破解 RSA 的、可扩展的量子计算机有朝一日被视为一个严肃威胁的话，我预测对此的应对方法将是转向基于格的公钥密码系统。并且，能做到全同态加密再次成为采取这一转向的另一个好理由。

那么椭圆曲线密码系统呢？这是另一类你可能听说过的公钥密码系统，而且不像基于格的密码系统，它们已经投入商用。不幸的是，一方面，椭圆曲线密码系统可被量子计算机轻易破解，因为破解它们的问题可被表示为一个阿贝尔群的隐含子群问题（椭圆曲线群是阿贝尔群）。另一方面，破解椭圆曲线密码系统的已知最好的经典算法，显然比破解 RSA 的数域筛选法需要更多运行时间——这是个 2^n 对 $2^{n^{1/3}}$ 的问题。这可能是根本性的，也可能只是因为针对椭圆曲线群的算法研究尚不多（图 8.1）。

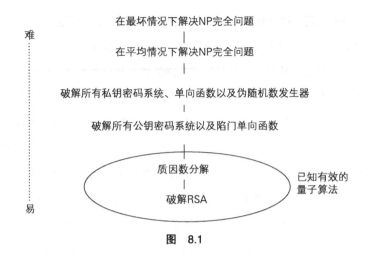

在最坏情况下解决NP完全问题
|
在平均情况下解决NP完全问题
|
破解所有私钥密码系统、单向函数以及伪随机数发生器
|
破解所有公钥密码系统以及陷门单向函数
|
质因数分解
|
破解RSA

难

易

已知有效的
量子算法

图 8.1

　　我们对于经典复杂性和密码学的走马观花之旅到此全部结束，现在我们已经准备好开始讨论量子力学了。

第9章
量子力学

有两种教授量子力学的方法。第一种方法（对于当今的绝大多数物理学家来说，这是唯一一种）是依照重要概念被发现的历史顺序来教授。这样，你将从经典力学和电动力学开始，并在每个阶段求解大量艰深的微分方程。然后，你会了解到"黑体辐射悖论"和种种奇怪的实验结果，以及它们所引发的物理学大危机。进而，你将学到在1900年至1926年，物理学家为了消除这场危机而做的复杂修补工作。再接下来，如果你足够幸运，在经过数年苦学之后，你就会最终接触到核心概念：大自然不是由总是非负的概率描述的，而是由被称为概率幅的数描述的，并且概率幅可以为正数、负数，甚至复数。

你看，物理学家显然有种种理由来这样教授量子力学，并且对特定的一类学生很奏效。但这种"历史"方法也有些缺点，而且，这在如今的量子信息时代变得愈发明显。比如，一些量子场论的专家（他们经年累月地计算极其复杂的路径积分）曾让我给他们解释贝尔不等式，或其他如格罗弗算法之类的简单概念。我感觉，这就好比安德鲁·怀尔斯（Andrew Wiles）让我给他解释毕达哥拉斯定理。

这种解释量子力学的"QWERTY"方法（其影响体现在当今几乎所有相关通俗读物和文章中）产生的一个直接后果是，量子力学背上了一个本不该有的名声：量子力学很复杂、很难。许多人记住了种种口号："光既是波又是粒子""猫在你观测之前不死也不活""你可以知道位置或动量，但无法同时知道两者""一个粒子通过幽灵般的超距作用在瞬间得知另一个粒子的自旋"，等等。但人们也有了一个念头：若没有经年累月的辛苦学习，他们甚至不应该尝试去理解这些东西。

第二种教授量子力学的方法抛弃了对其发现的细致叙述，直接从核心概念开始，即以某种方式推广概率开始，允许使用负号（以及更一般地，允许使用复数）。你一旦理解了这个核心，就可以把物理学添加进去，并计算任何你想要计算的原子的光谱。这里我将会采用第二种方法。

那么，什么是量子力学？尽管它由物理学家发现，但它并不是一个像电磁学或广义相对论那样的物理学理论。在通常的"科学层级"中（最顶上是生物学，之下是化学，再下是物理学，最底下是数学），量子力学应该位于数学与物理学之间。简单来说，量子力学是操作系统，其他物理学理论作为应用软件在其中运行（广义相对论除外，因为它尚未被成功移植到这个操作系统）。甚至有一个词用来描述将一个物理学理论移植到这个操作系统的过程——量子化。

但是，如果量了力学不是通常意义上的物理学（如果它不关于物质、能量、波或粒子），那它到底关于什么呢？在我看来，量子力学关于信息、概率、可观测量，以及它们之间的关系。

在本章中，我将主张一个不无争议的观点：量子力学是当你从概率论出发，然后试着推广它，使得过去称为"概率"的东西可以为负数时，你将不可避免得到的东西。这样的话，这个理论本可以被19世纪的数学家发明，而不需要借助任何实验结果。历史不是如此，但本可以如此。

然而，当时的数学家在研究这些数学结构时，终究没有想出来量子力学，直到实验结果把它摆在了他们面前。这正很好地说明了，为什么实验在一开始很重要。在通常情况下，我们需要实验的唯一原因是我们不够聪明。而在进行实验之后，假如我们确实通过实验了解到了一些值得了解的东西，那么我们就会希望明白，为什么在一开始，实验本来是不必要的——为什么世界以别的方式运作就说不通了。但我们太笨了，无法靠自己把一切想明白！

另外两种"事后诸葛亮"理论的好例子是进化论和狭义相对论。诚然，我不知道古希腊人能否发现这些理论是正确的。但无疑——无疑！——他们本应能发现这些理论可能是正确的：当上帝在为这个世界进行头脑风暴时，这些强大的原理至少本应在他的白板上出现过。

在本章中，我将试图说服你相信（不借助任何实验），量子力学原本也在这个白板上出现过。我将向你表明，为什么当你想创造一个具有某些特定性质的宇宙时，你似乎只有以下三个选择可选：(1) 决定论，(2) 经典概率论，(3) 量子力学。即便量子力学的"神秘感"无法被完全消除，你可能还是会惊讶于人们不用离开自己的扶手椅就可以取得多大进展！而人们起初无法取得多大进展，直到原子光谱等实验结果把相关理论摆在了他们面前——据我所知，这是对"实验必要性"的最强有力的论证之一。

小于 0% 的可能性？

那么一个允许概率为负数的"概率论"究竟是什么意思？好吧，你不会听到气象播报员说，明天下雨的可能性为 −20%——确实，这听上去说不通。但现在，我希望你把任何疑虑都放在一边，只是抽象地考虑一个具有 N 种可能结果的事件。我们可以用一个由 N 个实数构成的向量来表示这些事件出现的概率：

$$(p_1, \cdots, p_N)$$

在数学上，对于这个向量我们能说些什么？好吧，这些概率最好是非负的，并且它们的和最好是归一的。我们可以把后一个事实表述为，概率向量的 1−范数为 1。（1−范数是指各分量的绝对值之和。）

但 1−范数并非世界上唯一的范数——它不是我们所知的定义向量"大小"的唯一方式。还有很多其他方式，其中一种自毕达哥拉斯以来备受青睐的方式是 2−范数，或称为欧式范数。正式地说，欧式范数是指各分量的平方和的平方根。不正式地说，它意味着当你上课就要迟到时，你不会选择先直走再横走，而是会斜穿过草坪。

现在，如果你试图构造出一种理论，它有点儿像概率论，但是基于 2−范数而非 1－范数，事情会怎样？我会试图说服你相信，量子力学是其不可避免的结果。

让我们仅考虑一个比特。在概率论中，我们可以将一个比特描述为，它有 p 的概率为 0，并有 $1-p$ 的概率为 1。但如果我们从 1－范数切换为 2－范数，就不再需要两个和为 1 的数，而是需要两个平方和为 1 的数。（这里假设我们讨论的仍然是实数。）换句话说，我们现在需要一个向量 (α, β)，其中 $\alpha^2+\beta^2=1$。当然，所有这样向量的集合构成了一个圆（图 9.1）。

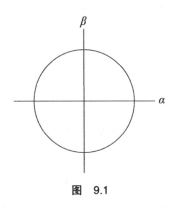

图 9.1

我们试图构造的理论需要以某种方式做到符合我们的观测。因此，假设我们有一个被向量 (α, β) 描述的比特，我们需要搞清楚，当我们看这个比特时，我们会看到什么。好吧，由于它是一个比特，我们应该会看到 0 或 1。更进一步地，我们看到 0 的概率与看到 1 的概率之和最好是 1。那么从向量 (α, β) 出发，如何能得到两个加起来为 1 的数？很简单：我们可以令 α^2 为输出 0 的概率，令 β^2 为输出 1 的概率。

但在这种情况下，为什么不忘掉 α 和 β，而直接用概率描述这个比特呢？嗯，当我们对这个向量进行操作时，其中的差别就会体现出来。在概率论中，如果我们有一个用向量 $(p, 1-p)$ 描述的比特，我们就可以通过一个随机矩阵（也就是一个由非负实数构成、每列之和为 1 的矩阵）表示对这个比特的任意操作。举个例子，"比特翻转"操作（它将输出为 1 的概率由 p 变为 $1-p$）可表示为：

$$\begin{pmatrix} 0 & 1 \\ 1 & 0 \end{pmatrix} \begin{pmatrix} p \\ 1-p \end{pmatrix} = \begin{pmatrix} 1-p \\ p \end{pmatrix}$$

事实上，一个随机矩阵是将一个概率向量映射到另一个概率向量的最一般的矩阵。

练习 1（供不偷懒的读者）：证明上述结论。

但是，既然我们已经从 1-范数切换为 2-范数，我们需要问的是：将一个 2-范数的单位向量映射到另一个 2-范数的单位向量的最一般的矩阵是什么？

我们称这样的矩阵为酉矩阵——事实上，这是定义酉矩阵的一种方式。（好吧，如果我们只是在讨论实数，那么它被称为正交矩阵。但差别是一样的。）同样在实数情况下，另一种定义酉矩阵的方式，是其转置与其逆相等的矩阵。

练习 2（供不偷懒的读者）：证明两种定义方式等价。

我们刚刚定义的这个"2-范数比特"有一个名字，可能你已经知道了，它叫作量子比特（qubit）。物理学家喜欢用他们所谓的"狄拉克符号"来表示量子比特，这时向量 (α, β) 就变成了 $\alpha|0\rangle + \beta|1\rangle$。在这里，$\alpha$ 是输出为 0 的概率幅，β 是输出为 1 的概率幅。

这种表示方法通常会让计算机科学家在第一次见到它时非常头疼，尤其是这些不对称的左矢（bra）和右矢（ket）。但如果你习惯了，你就会发现其实没有那么糟糕。举个例子，我们不必把一个向量写成（比如）$(0, 0, 3/5, 0, 0, 0, 4/5, 0)$，而是可以简单地写作（比如）$\frac{3}{5}|3\rangle + \frac{4}{5}|7\rangle$，而忽略掉所有的 0 分量。

因此，给定一个量子比特，我们可以通过应用任意的 2×2 酉矩阵来变换它，而这会引出著名的量子干涉效应。举个例子，考虑酉矩阵 U

$$\begin{pmatrix} \dfrac{1}{\sqrt{2}} & -\dfrac{1}{\sqrt{2}} \\ \dfrac{1}{\sqrt{2}} & \dfrac{1}{\sqrt{2}} \end{pmatrix}$$

它将平面上的一个向量逆时针旋转了 45 度。现在考虑量子态 $|0\rangle$。我们如果将 U 应用于这个态，就会得到 $\frac{1}{\sqrt{2}}(|0\rangle + |1\rangle)$——这就像取一枚硬币，然后抛它。但接下来，要是我们对其再次进行同样的操作，就会得到 $|1\rangle$：

$$\begin{pmatrix} \frac{1}{\sqrt{2}} & -\frac{1}{\sqrt{2}} \\ \frac{1}{\sqrt{2}} & \frac{1}{\sqrt{2}} \end{pmatrix}\begin{pmatrix} \frac{1}{\sqrt{2}} \\ \frac{1}{\sqrt{2}} \end{pmatrix} = \begin{pmatrix} 0 \\ 1 \end{pmatrix}$$

换句话说，将一个"随机化"的操作应用于一个"随机"的态会得到一个决定论的结果。直观来看，尽管存在两条通往输出 $|0\rangle$ 的"通道"，但其中一条具有正的概率幅，而另一条具有负的概率幅。因此，这两条通道干涉相消，互相抵消了。与此相反，两条通往输出 $|1\rangle$ 的"通道"均有正的概率幅，所以它们会干涉相长（图 9.2）。

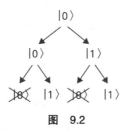

图 9.2

你从来不会在经典世界中看到这种干涉，这是因为那里的概率不能为负数。因此，正负概率幅之间的相消可以被视为所有"量子怪异现象"的源泉——将量子力学与经典概率论区分开的关键。真希望当初我第一次听说"量子"这个词时，就有人告诉我这一点！

混合态

一旦有了这些量子态，我们总能做的一件事情是对它应用经典概率论。换句话说，我们总是可以问，如果我们不*知道*有什么量子态，事情会怎样？举个例子，如果我们有 1/2 概率得到态 $\frac{1}{\sqrt{2}}$ ($|0\rangle + |1\rangle$)，并有 1/2 概率得到态 $\frac{1}{\sqrt{2}}$ ($|0\rangle - |1\rangle$)，事情会怎样？这引出了所谓的混合态。混合态是量子力学中最为一般的态。

在数学上，我们用一个叫作密度矩阵的东西来表示混合态。具体是这么做的：比如，一个向量有 N 个概率幅，($\alpha_1, \cdots, \alpha_N$)。首先，你计算这个向量与自身的外积，得到一个 $N \times N$ 的矩阵，其 (i, j) 分量是 $\alpha_i \alpha_j$（同样地，在实数情况下）。然后，如果你有一个关于这样一些向量的概率分布，那你只需将相应矩阵进行线性组合即可。举例来说，如果一个向量有 p 的概率，另一个向量有 $1-p$ 的概率，那么密度矩阵为 p 乘以第一个矩阵，加上 $1-p$ 乘以另一个矩阵。

通过先应用一个酉变换，然后看这个态（或者用行话说，测量它），密度矩阵编码了所有可从量子态的某种概率分布中得到的信息。

练习 3（供不偷懒的读者）：证明上述结论。

这暗含了，如果两个概率分布给出了相同的密度矩阵，则这些分布在经验上是不可区分的，换句话说，是处于相同混合态的。举个例子，假设你有 1/2 概率得到态 $\frac{1}{\sqrt{2}}$ ($|0\rangle + |1\rangle$)，并有 1/2 概率得到态 $\frac{1}{\sqrt{2}}$ ($|0\rangle - |1\rangle$)，那么描述你的这些知识的密度矩阵是

$$\frac{1}{2}\begin{pmatrix} \frac{1}{2} & \frac{1}{2} \\ \frac{1}{2} & \frac{1}{2} \end{pmatrix} + \frac{1}{2}\begin{pmatrix} \frac{1}{2} & -\frac{1}{2} \\ -\frac{1}{2} & \frac{1}{2} \end{pmatrix} = \begin{pmatrix} \frac{1}{2} & 0 \\ 0 & \frac{1}{2} \end{pmatrix}$$

因此，你无法通过任何测量将这个混合态与另一个有 1/2 概率为 $|0\rangle$ 和 1/2 概率为 $|1\rangle$ 的混合态区分开来。

平方规则

为什么我们要用概率幅的平方，而不是立方或四次方什么的？显然，因为这与实验相符。但我们真正想知道的是：在设计物理学定律时，为什么你会选择用这种方式而不用别的方式？比如，为什么不用概率幅的绝对值，或其绝对值的立方？

下面我会给出几个论证，证明为什么要用概率幅的平方。

第一个论证来自 20 世纪 50 年代的一个重要成果，称为格里森定理。格里森定理让我们可以通过假设量子力学的一部分成立，然后得出其余部分。细言之，假设我们有某种过程，它可以把一个实数的单位向量作为输入，然后输出一个事件的概率。正式地，我们有一个函数 f，它将单位向量 $v \in \Re^N$ 映射到单位区间 $[0, 1]$。然后我们假设 $N=3$——这个定理实际上在三维或更高维度都成立（有意思的是，它在二维情况下并不成立）。并且我们要求，每当三个向量 v_1, v_2, v_3 互相正交时，

$$f(v_1) + f(v_2) + f(v_3) = 1$$

在直观上，如果这三个向量表示了测量一个量子态的"正交方法"，则它们应该对应于互斥的事件。这里至关重要的是，我们不需要除此之外的任何假设——不需要假设连续性、可微性，如此等等。

这些是条件。而这个定理的神奇结论是，对于任何这样的 f，都存在一个混合态，使得 f 可通过对该混合态的测量而得到，这时测量根据的是量子力学的标准测量规则。在这里，我无法展开证明这个定理，因为它相当难。但通过这种方式，你可以"推出"平方规则，无须在一开始不得不假设它成立。

练习 4（供不偷懒的读者）：为什么格里森定理在二维情况下会失效？

接下来我将给出一个简单得多的论证。它见于我的一篇论文[1]，不过我想很多人在此之前就知道了。

假设我们想要发明一个理论，它既不是像经典概率论那样基于 1-范数，也不

是像量子力学那样基于 2-范数，而是基于 p-范数，其中 $p \notin \{1, 2\}$。如果

$$|v_1|^p + \cdots + |v_N|^p = 1$$

则称 $(v_1, \cdots, v_N)$ 为 p-范数下的单位向量。

然后，我们需要某套"好的"线性变换，可以将 p-范数下的任何单位向量映射到 p-范数下的另一个单位向量。

显然，对于任何我们所选择的 p，存在某些线性变换是保 p-范数的。是哪些线性变换呢？好吧，我们可以改变顺序，给它们重新洗牌。这将是保 p-范数的。并且我们可以加入负号，这也将是保 p-范数的。但我在这里有个小发现：如果在这些平凡的变换之外存在其他保 p-范数的线性变换，则 p 要么为 1，要么为 2。如果 $p=1$，那么我们会得到经典概率论；而如果 $p=2$，我们就会得到量子力学。所以你不想要那些无趣的东西，就不得不令 $p=1$ 或 $p=2$。

练习 5（供不偷懒的读者）：证明我的小发现。

为了让你能够下手，我给你们提供一些直观提示，表明为什么这个发现可能是正确的。为简单起见，假设我们讨论的是实数，并且 p 为正的偶数（尽管这个发现对于复数和任何大于等于零的实数 p 均成立）。然后，一个线性变换 $A = (a_{ij})$ 要保 p-范数，意味着

$$w_1^p + \cdots + w_N^p = v_1^p + \cdots + v_N^p$$

只要

$$\begin{pmatrix} w_1 \\ \vdots \\ w_N \end{pmatrix} = \begin{pmatrix} a_{11} & \cdots & a_{1N} \\ \vdots & & \vdots \\ a_{N1} & \cdots & a_{NN} \end{pmatrix} \begin{pmatrix} v_1 \\ \vdots \\ v_N \end{pmatrix}$$

现在我们可以问：如果要求对于任意 $v_1, \cdots, v_N$ 上述结论都成立，那么对矩阵 A 施加了多少个限制条件？如果我们算一下就会发现，对于 $p=2$ 的情况，共有 $N + \binom{N}{2}$ 个限制条件。但由于我们想要找的是一个 $N \times N$ 的矩阵，因此还剩 $N(N-1)/2$

个自由度可操作。

另外，如果（比如）$p=4$，则限制条件的个数将是 $\binom{N}{4}$，它比 N^2（矩阵中的变量数目）要大。这表明，想要找到一个非平凡的保 4-范数的线性变换非常难。当然，这并没有证明这样的变换不存在——这作为一个思考题留给大家。

顺便一提，这不是我们唯一一次发现 1-范数和 2-范数要比其他 p-范数"更特别"。比如，你们见过下述式子吗？

$$x^n + y^n = z^n$$

这里有一个聪明的小事实（可惜我没时间在书中证明它）：上述等式在 $n=1$ 或 $n=2$ 时有非平凡的整数解，但对于任何更大的整数 n 就没有了。所以很显然，如果我们使用 1-范数和 2-范数多于其他向量范数，这并不是出于某种武断之举——它们真的是上天青睐的范数！（并且，我们甚至不需要任何实验来知道这一点。）

实数与复数

甚至在已经决定要将我们的理论建基于 2-范数之后，我们仍然还有至少两个选择：我们可以让概率幅是实数，或者可以让它们是复数。我们知道大自然的选择：量子力学中的概率幅是复数。这意味着，你不能简单地通过将概率幅平方来得到概率；首先，你需要取绝对值，然后将那个绝对值平方。这又是为什么呢？

多年前，在美国加利福尼亚大学伯克利分校，我常跟一些数学系研究生一起玩（我似乎混错队伍了），我就问过他们这个问题。这帮数学学者窃笑道："饶了我们吧，复数是代数封闭的！"① 对他们来说，这根本不是个谜。

但对我来说，这确实有点儿奇怪。我的意思是，几个世纪来，复数一直被认为是人类为了让每个二次方程都有解而假想出来的东西。（这正是我们称呼"虚数单位""虚部"或"虚数"的原因。）那么为什么大自然，在其最基础的层次上，要建基于某种我们出于便宜而发明的东西？

我们来看看。假设我们要求，对于每一个可以应用于一个态的线性变换 U，必定存在另一个变换 V，使得 $V^2 = U$。简单说，这是一个连续性假设：如果应用一个操作一秒钟是说得通的，那么应用同一个操作半秒钟也应该说得通。

那我们能在实数中做到这一点吗？好吧，考虑下述线性变换：

$$\begin{pmatrix} 1 & 0 \\ 0 & -1 \end{pmatrix}$$

这个变换是对平面进行镜面反演。也就是说，它取一个二维的平面国生物，并把它像翻煎饼一样翻转过来，使得它的心脏处在身体的另一侧。但如果不离开这个平面的话，你如何能应用半个镜面反演？你做不到！如果你想通过一个连续的转动来翻转一个煎饼，那你需要进入——当当当当——第三个维度！

更为一般地，如果你想通过一个连续的转动来翻转一个 N 维物体，那你需要进入第 $N+1$ 个维度。

练习 6（供不偷懒的读者）：证明 N 维空间中的任何保范数线性变换均可通过一个在 $N + 1$ 维空间中的连续运动实现。

但如果你想要每个线性变换在相同维数的空间中都有一个平方根，事情会怎样呢？在这种情况下，你不得不使用复数。这个论证解释了为什么你可能想把复

---

① 如果每个以 F 中的数为系数的代数方程可以在 F 中求得解（除了那些显然无解的方程，比如 $0 = 1$），那么数域 F 就被称作"代数封闭"的。举个例子，有理数不是代数封闭的，因为方程 $x^2 = 2$ 只有无理数解。甚至实数也不是代数封闭的，因为方程 $x^2 = -1$ 只有复数解。但 19 世纪初的一个重要结论表明，复数是代数封闭的。直观上，你可能会猜想，你需要发明层层嵌套、越来越复杂的数，以便求解以之前的数为系数的代数方程。但其实不是这样，这到复数就停止了。比如，方程 $x^2 = i$ 的一个解是 $x = (1+i)/\sqrt{2}$，它仍是一个复数。

数置于物理学如此基础的层次。

接下来，我还能给出另外两个原因，解释为什么概率幅是复数。

第一个原因来自这样一个问题：一个 N 维混合态中存在多少个独立的实参数？事实证明，答案是正好 N^2 个——前提是，为了方便起见，我们假设这些态不一定需要是归一的（比如，其概率加起来可以比 1 小）。为什么？好吧，一个 N 维混合态在数学上可由一个只有正特征根的 $N \times N$ 埃尔米特矩阵①表示。由于我们没有归一化，因此在主对角线上，我们有 N 个独立的实数。在主对角线下方，我们有 $N(N-1)/2$ 个独立的复数，而这意味着 $N(N-1)$ 个实数。由于矩阵是埃尔米特矩阵，因此主对角线下方的复数决定了主对角线上方的复数。所以独立的实参数的总数为 $N+N(N-1)= N^2$。

现在引入我之前没提到过的量子力学的一个方面。我们如果知道两个量子系统各自的状态，那么该如何写出它们组合而成的总状态？好吧，我们只需构造所谓的张量积。举个例子，两个量子比特 $\alpha|0\rangle + \beta|1\rangle$ 和 $\gamma|0\rangle+\delta|1\rangle$ 的张量积是

$$(\alpha|0\rangle+\beta|1\rangle) \otimes (\gamma|0\rangle+\delta|1\rangle)=\alpha\gamma|00\rangle+ \alpha\delta|01\rangle+\beta\gamma|10\rangle+ \beta\delta|11\rangle$$

在这里，我用 $|00\rangle$ 简略代表 $|0\rangle \otimes |0\rangle$，用 $|01\rangle$ 简略代表 $|0\rangle \otimes |1\rangle$，如此等等。（有时，我也会使用 $|0\rangle|0\rangle$ 和 $|0\rangle|01\rangle$。）它们意味着同一样东西：位于第一个态的量子比特"张量乘以"或"紧靠"第二个态的另一个量子比特。）关于张量积的一个要点是，它不对易：$|0\rangle \otimes |1\rangle$ 不同于 $|1\rangle \otimes |0\rangle$！因为前者对应于二进制字符串 01（第一个比特是 0，第二个比特是 1），而后者对应于二进制字符串 10（第一个比特是 1，第二个比特是 0）。

我们还可以问：我们必须使用张量积吗？有没有可能，上帝原本可以选择某种其他方式把几个量子态组合成更大的？好吧，事实上，确实存在组合量子系统的其他方法——其中最值得注意的是所谓对称积和反对称积，这些方法也确实在物理学中被分别用来描述全同玻色子和全同费米子的行为。不过在我看来，当我们说把两个能够相互独立存在的系统组合在一起时，我们几乎总使用张量积（因

---

① 一个复数矩阵，它与其转置共轭相等。

为全同玻色子和全同费米子不能相互独立存在）。

你很可能已经知道了，有一些双量子比特态是无法写成单量子比特态的张量积的。最有名的例子是 EPR 对：

$$\frac{|00\rangle + |11\rangle}{\sqrt{2}}$$

给定关于两个子系统 A 和 B 的混合态 ρ，如果 ρ 可被写成通过张量积得到的态 $|\psi A\rangle \otimes |\psi B\rangle$ 的一个概率分布，我们就说 ρ 是可分离的；否则，我们就说 ρ 是纠缠的。

现在让我们回到需要多少个实参数来描述一个混合态的问题。假设有一个（可能纠缠的）合成系统 AB，那么在直观上，描述 AB 所需的参数数目（我称之为 d_{AB}）看上去应该是描述 A 和 B 各自所需的参数数目的乘积：

$$d_{AB} = d_A d_B$$

如果概率幅是复数，那很幸运，你的直觉是对的！令 N_A 和 N_B 表示 A 和 B 各自的维度，则有

$$d_{AB} = (N_A N_B)^2 = N_A{}^2 N_B{}^2 = d_A d_B$$

但如果概率幅是实数呢？在这种情况下，在一个 $N \times N$ 的矩阵中，我们只有 $N(N+1)/2$ 个独立的实参数。并且我们无法得到这一情况，如果 $N = N_A N_B$，则有

$$\frac{N(N+1)}{2} = \frac{N_A(N_A+1)}{2} \cdot \frac{N_B(N_B+1)}{2}$$

我们也能用同样的论证来排除四元数吗？是的。对于实数来说，式子的左边太大了；而对于四元数来说，它又太小。只有对于复数来说，它恰恰好！

事实上还有另一个现象，也带有这种"恰恰好"的味道，它由威廉·伍特斯（William Wootters）发现，并引出了概率幅为什么应该为复数的第三个原因。假设

我们随机选取一个均匀分布的量子态

$$\sum_{i=1}^{N} \alpha_i \,|\, i\rangle$$

然后测量它，以 $|\alpha_i|^2$ 的概率得到结果 $|\,i\,\rangle$。现在的问题是，所得到的概率向量也均匀分布在概率单纯形上吗？事实表明，如果概率幅是复数，那么答案是肯定的；如果概率幅是实数或四元数，则答案是否定的。

线性

我们已经讨论过概率幅为什么应该是复数，以及将概率幅转化为概率的规则为什么应该是平方规则。但我们一直没有触及一个显而易见的问题：线性。为什么一个量子态应该通过线性变换演化到其他量子态？一个猜测是，假如这些变换不是线性的，那可能会使向量变得更小或更大。接近答案了！斯蒂芬·温伯格 [2] 及其他人便提出过量子力学的一些非线性变体，在其中的向量经过变换之后能维持同样的大小。但这些变体存在的问题是，它们需要你把距离很远的向量挤压在一起，或者把离得很近的向量硬生生掰开！事实上，这是这些理论要变得非线性的应有之义。但这样一来，我们的构形空间就丧失了其原本具有的测量这些向量的可区分性的直观含义。现在，两个指数接近的向量可能被很好地区分。事实上，在 1998 年，丹尼尔·艾布拉姆斯和塞思·劳埃德（Seth Lloyd）正是借助这个观察证明了，要是量子力学是非线性的，那就可以建造一部计算机，使其在多项式时间内解决 NP 完全问题 [3]。当然，我们不知道 NP 完全问题能否在物理世界中被有效解决。但在我几年前写的一篇文章中，我解释了为什么解决 NP 完全问题的能力将赋予我们"上帝般"的超能——可以说，甚至是比超光速传递信号或逆转热力学第二定律更强大的能力 [4]。其基本要点是，当在这种情况下谈论 NP 完全问题时，我们不仅仅是在谈论调度航班（或破译 RSA 密码系统）。我们其实是在谈论这部计算机的机器智能：它能自动证明黎曼猜想、给股票市场建模，甚至洞悉这个世界背后的所有模式或逻辑链条。

因此，假设我坚持这个工作假说，即 NP 完全问题无法通过物理方式有效解决，并且假如有一个理论表明情况并非如此（尽管更有可能的情况是，这个理论存在问题），那么最后只有两种可能性：要么我是对的，要么我是上帝！无论是哪一种可能性，我都乐观其成……

练习 7（供不偷懒的读者）：证明假如量子力学是非线性的，那你不仅可以在多项式时间内解决 NP 完全问题，还可以利用 EPR 对以超光速传递信息。

让我最后讲一讲量子力学的三个重要方面来结束本章。

第一个方面是不可克隆定理。它说的是，不存在这样一种符合量子力学原理的过程，可将一个未知的量子态 $|\psi\rangle$ 作为输入，然后将它的两份分离的副本作为输出，也就是说，得到张量积 $|\psi\rangle \otimes |\psi\rangle$）。这个定理的证明平凡无奇，让人不禁怀疑它是否配得上"定理"的称号，但它显然很重要。下面是其证明：不失一般性，假设 $|\psi\rangle$ 仅是一个量子比特，$|\psi\rangle = \alpha|0\rangle + \beta|1\rangle$。然后一个"克隆映射"（将 $|\psi\rangle$ 的一个副本与另一个初始为如 $|0\rangle$ 的量子比特组合在一起）需要如下操作：

$$(\alpha|0\rangle + \beta|1\rangle)|0\rangle \rightarrow (\alpha|0\rangle + \beta|1\rangle)(\alpha|0\rangle + \beta|1\rangle)$$
$$= \alpha^2|0\rangle|0\rangle + \alpha\beta|0\rangle|1\rangle + \alpha\beta|1\rangle|0\rangle + \beta^2|1\rangle|1\rangle$$

注意，α^2、$\alpha\beta$ 和 β^2 均为 α 和 β 的二次函数。但酉变换只能产生概率幅的线性组合，因而不可能产生上述演化。这差不多就是不可克隆定理所说的。我们可以看到，不像经典信息可以被到处随便复制，量子信息是有"隐私"的——事实上，在某种意义上，比起经典信息，量子信息更像黄金、石油或其他"不可分割"的资源。

下面是几点对于不可克隆定理的评论。

- 这一定理说的不仅仅是"完美的"复制不可能。事实上，你可能已经看出，即便给定了一个"较好"的合适定义，量子力学的线性性质却使得连一个"较好的"复制都不可能。

- 当然，我们可以应用一个受控非门，将态 $(\alpha|0\rangle+\beta|1\rangle)|0\rangle$ 映射到 $\alpha|0\rangle|0\rangle$ $+\beta|1\rangle|1\rangle$。但这并没有生成原始的态 $\alpha|0\rangle+\beta|1\rangle$ 的两个副本；相反，这生成的是一个纠缠态，其中每单个的量子比特都处在混合态 $\begin{pmatrix} |\alpha|^2 & 0 \\ 0 & |\beta|^2 \end{pmatrix}$。事实上，我们能将其视为"复制"的唯一情况是，如果 $\alpha=0$ 或 $\beta=0$——在这种情况下，我们讨论的是经典信息，而不是量子信息。

- 如果不可克隆定理让你想起了著名的海森堡不确定性原理，那么好吧，这是应该的！不确定性原理说，存在一些成对的性质（最有名的是粒子的位置和动量），它们无法同时被测量到任意精度。我会说，不可克隆定理蕴涵了不确定性原理，反之亦然。因为一方面，如果你能够把量子态的所有性质都测量到一个无止境的精度，那你就能够进行任意精度的克隆。另一方面，如果你能够把一个态 $|\psi\rangle$ 复制无限多次，那你就能够把它的所有性质了解到任意精度，比如，通过测量其中一些副本的位置以及另外一些副本的动量的方式。

- 在某种意义上，不可克隆定理与量子力学几乎没有关联。也就是说，对于经典的概率分布，你可证明存在一个类比的定理。如果你有一枚硬币，它以某个未知的概率 p 正面朝上，那么我们无法将它变成两枚都独立地以概率 p 正面朝上的硬币。诚然，你可以测量你的硬币，但你从中得到的关于 p 的信息太有限，无法借此进行复制。量子力学引入新的东西仅在于，不可克隆定理不仅适用于混合态，也适用于纯态——所谓纯态是指这样一些态，你如果知道所要测量的正确的基，就能够完全确定地了解到你有什么样的态；但你如果不知道正确的基，那就不可能了解或复制这些态。

关于不可克隆定理就说到这。接下来我想提及的量子力学的第二个方面其实是不可克隆定理的一个惊人的应用，称为量子密钥分发（QKD）。根据一个协议，爱丽丝和鲍勃能够就分享的密钥达成一致，无须事先碰头，并且（不像在公钥密码学中）无须仰赖任何有关计算难度的假设——事实上，他们唯一需要的假设是量子力学的正确性，以及一条经过认证的经典信道的可用性。这种密码系统的可能性最先由斯蒂芬·威斯纳在 1969 年一篇卓越的、超前于时代的、直到 15 年后才得以发表的论文中提到 [5]。（在一次访问耶路撒冷时，我有幸见到威斯纳。他在那儿当建筑工人，是一个极其有趣的人。）第一个明确的 QKD 方案则由查尔斯·本内特和吉勒·布拉萨尔（Gilles Brassard）在 1984 年提出，它被富有创造性地称为 BB84 协议 [6]。我不会在这里讲这个协议的完整细节，尽管它并非那么复杂，但它对我们来说不太重要；并且无论如何，教科书和网络上都有很多关于 BB84 的很好阐述。

相反，我想讨论一下概念性问题，即量子力学如何使得密钥协议成为可能，既无须爱丽丝和鲍勃事先碰头，也无须可计算性假设——根据香农的论证（见第 8 章），这种事情无法在经典世界里存在。这里的基本想法是，爱丽丝和鲍勃彼此发送在多于一个非正交基组中随机制备的量子比特，比如 4 个 "BB84 态"：$|0\rangle$、$|1\rangle$、$\dfrac{|0\rangle+|1\rangle}{\sqrt{2}}$、$\dfrac{|0\rangle-|1\rangle}{\sqrt{2}}$。然后以两组随机基中的任何一组（$\{|0\rangle, |1\rangle\}$ 或 $\{\dfrac{|0\rangle+|1\rangle}{\sqrt{2}}, \dfrac{|0\rangle-|1\rangle}{\sqrt{2}}\}$）为基，对他们手中的一部分量子比特进行测量。然后他们通过认证的经典信道传送各自的结果，这是为了检查传送是否是成功的。如果为"否"，则他们可以再试一次。如果为"是"，则他们可以用其他测量结果（他们没有明确交流过的结果）来建立一个共享密钥。啊哈！但是，他们怎么知道窃听者夏娃没有偷偷监控这些量子比特呢？答案就是不可克隆定理！从根本上说，我们可以论证，如果夏娃了解到关于这些量子比特的任何有用信息，她就不可能把这些量子比特放回到信道中，并且以不可忽略的概率通过爱丽丝和鲍勃的验证测试。因为夏娃不知道测量每个量子比特的正确的基，爱丽丝和鲍勃将可以探测到夏娃监控信道的任何风吹草动。夏娃唯一可以做的是完全强占信道，冒充爱丽丝或者鲍勃，这就是所谓的"中间人攻击"。但这不仅需要减少量子信道，而且需要减少假设被认证的经典信道。

顺便提一下，威斯纳的文章还介绍了不可克隆定理的另一个令人震惊的应用，这东西在过去几年中让我很感兴趣——量子货币（quantum money）。其想法很简单：如果量子态真是不可克隆的，那为什么不拿它来造一些在物理上无法伪造的

货币呢？你一旦考虑这个问题，就会注意到一个困难：货币只有在被认证为合法的时候才是有用的。那么问题来了：你能否有一个态 $|\psi\rangle$，使得合法使用者能通过测量来认证它们，而造假者却不能通过测量来复制它们？嗯哼，威斯纳给出了一个方案，相当有趣地完成了这件事情，并被严格证明是安全的 [7]。他的方案恰恰包括了那后来被认作 BB84 的四个态：$|0\rangle$、$|1\rangle$、$\dfrac{|0\rangle + |1\rangle}{\sqrt{2}}$、$\dfrac{|0\rangle - |1\rangle}{\sqrt{2}}$。

然而，威斯纳方案的核心缺陷在于，唯一能够知道如何认证一笔钱合法与否的机构只有最初制造货币的银行。因为只有这家银行知道这个量子比特制备于哪组基（$\{|0\rangle, |1\rangle\}$ 或 $\{\dfrac{|0\rangle + |1\rangle}{\sqrt{2}}, \dfrac{|0\rangle - |1\rangle}{\sqrt{2}}\}$），而且它也不能公开这组基，以防被伪造。有一个东西引发了人们的兴趣，我称之为公共密钥量子货币（public-key quantum money）：一个银行可以制备、没人可以切实复制、任何人都可以认证的量子态。不难看出，如果你想要一个公共密钥方案，就需要可计算性假设——量子力学本身是不够的。（因为一个拥有无限计算时间的伪造者总可以用最耗时的方法搜索，直到他发现一个为公众所知的认证过程所接受的量子态。）在过去几年中有过很多公共密钥量子货币方案。遗憾的是，其中大部分已经被破解，剩下的也显得太特殊。不过，保罗·克里斯蒂亚诺和我提出了一个新的公共密钥量子货币方案，叫作"隐藏子空间方案"[8]。在一个相对"标准"的加密假设下，我们可以证明它是安全的。我们的假设——关于解决特定的包含多项式的经典问题的量子困难性——是很强的，但至少它不是"同义反复"的，它跟量子货币没有半点内在关系。

关于量子力学的第三个方面是量子隐形传态（quantum teleportation）。当然，对于那些渴望误解、渴望世界有了量子力学就能变得像电影《星际迷航》里那样的记者们，这名字就像猫薄荷一样令人兴奋。不过至关重要的一点是，量子隐形传态解决了一个如果没有量子力学本身就不会存在的问题！在经典情况下，你总能"隐形传态"信息，比如把它传到互联网上。（当我五岁的时候，我观察我爸爸的传真机，并从中获得了重大启发：那张纸并没有被物化传递，而仅仅变成了信息，然后在另一个终端重组。）量子隐形传态问题说的是：要是你想通过一个经典信道传送量子比特，该怎么办？简单地说，这听起来完全不可能。用一个经典信

道，你能做的最好的事情，无非就是把在某组基下测量量子态 $|\psi\rangle$ 的结果传送过去——但除非这组基恰好包含 $|\psi\rangle$，否则在另一个终端重建 $|\psi\rangle$，信息显然是不够的。因此，这是一个令人惊奇的发现（本内特等人在 1993 年的工作[9]）：如果爱丽丝和鲍勃分享一个 EPR 对 $\dfrac{|00\rangle + |11\rangle}{\sqrt{2}}$，那么爱丽丝可以传送任意一个量子比特给鲍勃。这只需通过一个协议，其中她给鲍勃发送两个经典比特，然后爱丽丝和鲍勃各测他们 EPR 对中的那一半（在这个过程中"用尽"了 EPR 对。）

这一协议如何实现呢？假设爱丽丝想要传送 $|\psi\rangle = \alpha|0\rangle + \beta|1\rangle$ 给鲍勃。然后她做的第一件事情是，她使用一个从 $|\psi\rangle$ 到她的那一半 EPR 对的受控非门。这一操作的结果是

$$(\alpha|0\rangle + \beta|1\rangle) \otimes \frac{|00\rangle + |11\rangle}{\sqrt{2}}$$

$$\rightarrow \frac{\alpha}{\sqrt{2}}|000\rangle + \frac{\alpha}{\sqrt{2}}|011\rangle + \frac{\beta}{\sqrt{2}}|110\rangle + \frac{\beta}{\sqrt{2}}|101\rangle$$

接下来，她将阿达玛门（Hadamard gate）作用在第一个量子比特上（最开始是 $|\psi\rangle$ 的那一个）。这会导致下面的量子态：

$$\frac{\alpha}{\sqrt{2}}(|000\rangle + |100\rangle + |011\rangle + |111\rangle) + \frac{\beta}{\sqrt{2}}(|010\rangle - |110\rangle + |001\rangle - |101\rangle)$$

最后，爱丽丝在 $\{|0\rangle, |1\rangle\}$ 这组基中测量她的两个量子比特，然后把结果发送给鲍勃。注意，不管 $|\psi\rangle$ 是什么，爱丽丝总会以每个 1/4 的概率看到四个可能结果（00、01、10 和 11）。进一步，如果她看到 00，那么鲍勃的量子态便是 $\alpha|0\rangle + \beta|1\rangle$；如果她看到 01，那么鲍勃的量子态将是 $\beta|0\rangle + \alpha|1\rangle$；如果她看到 10，那么鲍勃的量子态将是 $\alpha|0\rangle - \beta|1\rangle$；以及如果她看到 11，那么鲍勃的量子态将是 $\beta|0\rangle - \alpha|1\rangle$。因此，在接收到爱丽丝的两个经典比特后，鲍勃完全知道需要用怎样的"修正"，来重新得到最初的量子态 $\alpha|0\rangle + \beta|1\rangle$。

这里有两个概念点。首先，这里没有瞬时沟通。为了隐形传态 $|\psi\rangle$，两个经典比特需要从爱丽丝传播到鲍勃那里，这些比特只能以光速传播。其次，更有意思

的是，这没有违背不可克隆定理。为了隐形传态 $|\psi\rangle$ 给鲍勃，爱丽丝需要测量她的 $|\psi\rangle$ 备份，然后得知自己该传送给鲍勃什么样的经典比特——测量不可避免地破坏了爱丽丝的那个备份。会有更聪明的隐形传态协议，能在鲍勃的终端重新造出 $|\psi\rangle$，还能在爱丽丝那边留下完整的备份吗？我断言：答案是否定的。我为何如此确定？因为不可克隆定理啊！

第**10**章
量子计算

好，现在我们已经得到量子力学这个漂亮的理论，以及计算复杂性这个可能更漂亮的理论。显然，有了如此漂亮的两个理论，你不会让它们单独待着——你得把它们放在一起，看它们是否合得来。

于是 BQP 类——有限错误量子多项式时间类（Bounded-Error Quantum Polynomial-Time）来了。我们在第 7 章中谈到了 BPP 类，它也叫有限错误概率多项式时间类。非正式地说，BPP 类是假设经典物理正确的前提下，能在物理世界里有效解决的问题类。现在问题来了，如果量子物理是正确的（这似乎更有可能），那么物理世界里的哪些问题是有效可解的呢？

令我感到震惊的是，直到 20 世纪 90 年代才有人严肃地提出这个问题。要知道，所有和这一问题相关的理论工具早在 20 世纪 60 年代或更早就已经具备了。这不禁让人思考：时至今日，还有什么看上去很自然却没人问的问题呢？

所以，我们如何定义 BQP 类？嗯，我们首先要处理好下面四件事：

1. **初始化**（initialization）。我们说，有一个由 n 个量子比特组成的系统，它们均被初始化为某种简单的、容易制备的态。为方便起见，我们通常将其制备为"计算基态"（computational basis state），尽管在这本书的后面，我们会考虑放宽这个假设。特别地，如果输入字符串是 x，那么初始态为 $|x\rangle$

$|0\cdots0\rangle$, 也就是说, $|x\rangle$ 态再加上我们认为足够多的被初始化到 $|0\rangle$ 态的 "辅助" 量子比特。

2. **变换** (transformation)。在任何时间, 我们的计算机都处在所有 $2^{p(n)}$ 个 $p(n)$ 比特字符串的叠加态中, 其中 p 是某个 n 的多项式:

$$|\psi\rangle = \sum_{z\in\{0,1\}^{p(n)}} \alpha_z |z\rangle$$

然而, 我们可以用什么操作来把一个叠加态变成另一个呢? 既然这是量子力学, 那么这个操作便应该是酉变换, 但是哪个酉变换呢? 给定任何布尔函数 $f: \{0, 1\}^n \to \{0, 1\}$, 都存在某种酉变换立马把结果告诉我们, 比如, 我们可以随便选一个能把形为 $|x\rangle|0\rangle$ 的基矢映射为 $|x\rangle|f(x)\rangle$ 的酉变换。

但是, 当然了, 对于大多数函数 f, 我们都不能有效地运用上述的酉变换。这恰恰跟经典计算的情况类似。在经典计算中, 我们只对那些能用较少的与、或以及非门的组合搭建的电路感兴趣, 而在这里, 我们只对那些能由较少的量子门组合而成的酉变换感兴趣。我说的 "量子门" 的意思, 就是一个操作在很少量子比特上的酉变换, 比如, 一个、两个或者三个。

好, 我们来看一些量子门的例子。一个有名的例子是阿达玛门, 它对一个量子比特进行如下操作:

$$|0\rangle \to \frac{|0\rangle + |1\rangle}{\sqrt{2}}$$
$$|1\rangle \to \frac{|0\rangle - |1\rangle}{\sqrt{2}}$$

另一个例子是托佛利门 (Toffoli gate), 它对 3 个量子比特进行如下操作:

$$|000\rangle \to |000\rangle$$
$$|001\rangle \to |001\rangle$$
$$|010\rangle \to |010\rangle$$
$$|011\rangle \to |011\rangle$$

$$|100\rangle \rightarrow |100\rangle$$
$$|101\rangle \rightarrow |101\rangle$$
$$|110\rangle \rightarrow |111\rangle$$
$$|111\rangle \rightarrow |110\rangle$$

或者简单来说，当且仅当前两个量子比特均为 1 时，托佛利门对第三个量子比特取反。请注意，托佛利门对于经典计算机同样有意义。

到现在为止，施尧耘（Shi Yaoyun）证明托佛利门和阿达玛门已经组成了一组通用量子门 [1]。非正式地说，这意味着它们是量子计算机所需的全部，因为我们如果愿意，就可以拿它们来对任意量子门进行逼近。（更准确地说，是对应的酉矩阵只含实数、不含虚数的任意量子门。但这与计算目的没有关系。）此外，索罗维 – 基塔耶夫定理 [2] 表明，任何一组通用量子门都可以有效模拟另一组通用量子门，即至多只需要随量子门个数多项式增长的步骤。所以我们只要是在做复杂性理论，选择用哪一组通用量子门都没有关系。

这跟经典世界的情况非常类似：我们可以用与、或、非门搭建电路，或者只用与门和非门，甚至只用与非门（NAND gate）。

现在你可能要问：哪些量子门有这样的通用属性？是只有那些非常特殊的量子门吗？恰恰相反，其实在某种精确度的意义下，几乎任何 1 量子比特和 2 量子比特门的组合（事实上，几乎任何单个的二量子比特门）都是通用的。但这一规则有些例外。比如，假设你只有（前面定义的）阿达玛门和下面的当第一个量子比特为 1 时对第二个取反的受控非门：

$$|00\rangle \rightarrow |00\rangle$$
$$|01\rangle \rightarrow |01\rangle$$
$$|10\rangle \rightarrow |11\rangle$$
$$|11\rangle \rightarrow |10\rangle$$

这看上去像是一组自然的通用量子门，但其实不是。所谓的戈特斯曼－科尼尔定理[3]告诉我们，任何完全由阿达玛门和受控非门组成的量子电路都可以被一台经典计算机有效模拟。

现在，一旦确定了（任意）一组量子通用门，我们就将对那些至多只由 $p(n)$ 个来自我们这组门中的量子门组成的电路感兴趣，这里 p 是多项式的意思，而 n 是我们想要解决的实际问题的比特数。我们将这些电路称为多项式大小的量子电路。

3. **测量**（measurement）。当计算结束时，我们如何将答案读出？很简单：去测量那些指定的量子比特，当得到 $|0\rangle$ 时便拒绝，得到 $|1\rangle$ 时便接受。请回顾一下，为了简单起见，我们在这里只考虑判定问题，即只有"是"或"否"两个答案的问题。

   我们进一步约定，如果问题的答案是"是"，那么最终的测量应该以不小于 2/3 的概率接受；而如果答案是"否"，则最终的测量以不大于 1/3 的概率接受。这恰恰是与 BPP 同样的要求。而对于 BPP 来说，我们可以简单地重复恰当次计算，并输出占多数的结果，来用其他任何我们想要的数字替换 2/3 和 1/3（比如 $1-2^{-500}$ 和 2^{-500}）。

   现在问题马上来了：如果我们在计算过程中允许不止一次测量，而是多次，那么我们会得到更强大的计算模型吗？

   我们发现答案是"不会"。因为你总可以运用一个酉的量子门来模拟一个测量（除了最后那个"计数"的测量）。你可以说：那我们不用测量 A，而是可以从 A 对 B 运用受控非门，然后在后面的计算中忽略 B，这就好比某个第三方测量了 A——这两种方式是数学等价的。（这是简单的技术要点还是重大的哲学要点？请你自行判断……）

4. **一致性**（uniformity）。在给出 BQP 定义前，我们有最后一个需要处理的技术问题。我们谈到了"多项式大小的量子电路"，但更准确地说，这是无限多的一族电路，每个电路都对应于一个输入长度 n。现在，这一族电路可以被互相独立地任意选取吗？如果可以，那么（举个例子）我们可以通过

将第 n 个图灵机是否停机接线到第 n 个电路中，来解决停机问题。如果我们想要将此排除，我们就需要加一个限制条件，叫作一致性。这意味着应该存在一个（经典的）算法，给定 n 作为输入，在关于 n 的多项式时间内输出第 n 个量子电路。

练习：证明用多项式时间量子算法输出第 n 个电路将给出同样的定义。

好了，现在我们把这些碎片拼在一起，给出 BQP 的定义。

> BQP 是指这样一个语言类 $L \subseteq \{0, 1\}^*$，对于 L，存在一族一致多项式大小量子电路 $\{C_n\}$，使得对于任何 $x \in \{0, 1\}^n$：
>
> 　如果 $x \in L$，那么 C_n 以不小于 2/3 的概率接受输入 $|x\rangle|0\cdots 0\rangle$。
>
> 　如果 $x \notin L$，那么 C_n 以不大于 1/3 的概率接受输入 $|x\rangle|0\cdots 0\rangle$。

反算

那么，关于 BQP 我们还能说些什么呢？

好吧，第一个问题，让我们来讨论一个拥有另一个 BQP 算法作为子程序的 BQP 算法。它会比 BQP 本身更加强大吗？换句话说，BQP^{BQP}（即拥有 BQP 谕示的 BQP）比 BQP 更强大吗？

最好别！顺便提一句，我有一次和戴夫·培根（Dave Bacon）讨论过相关内容。为什么物理学家在理解 NP 类时会有那么多问题？我怀疑，这是因为 NP，及其放在多项式时间计算之上的"神奇"的存在量词都是他们从没有想过的东西。物理学家们能想出的复杂性类——物理学家复杂性类——是很难描摹的。但我想，它们肯定有一个性质，就是"在一些显然的操作下封闭"，比如，某一复杂性类下的算法调用同一复杂性类下的算法作为子程序。

我断言，BQP 是一个可以接受的"物理学家复杂性类"——这里指 $\text{BQP}^{\text{BQP}} = \text{BQP}$。证明它的时候会有什么问题呢？

对，是那些垃圾！回想一下，当一个量子算法结束时，你仅需测量一个量子比特来得到"是"或"否"的答案。所以,我们对所有其他的量子比特做些什么呢?通常你就直接扔掉它们。可是现在,比如你有一个来自同一算法的几次进程的叠加,然后你想把这些进程的结果放在一起,并干涉它们。在这种情况下,这些垃圾可能会阻止不同分支间相互干涉!所以你该怎么做去解决这个问题呢?

查尔斯·本内特(Charles Bennett)在 20 世纪 80 年代提出的解决方法是反算(uncompute)。它按照如下方式运行。

1. 运行子程序。
2. 将子程序的答案比特复制到别的地方。
3. 反方向运行整个子程序,从而擦除除答案比特之外的一切。(如果子程序有出错的概率,那么"擦除"这一步将不会完美地运行,但仍然可以较好地运行。)

假如你来参观我的公寓,就会发现我通常不会"清除所有垃圾"。但如果对于一台量子计算机,清除所有垃圾是一个好想法。

与经典复杂性类的关系

那么,BQP 与我们之前提到的复杂性类有怎样的联系呢?

首先,我断言 BPP⊆BQP:对于任何你能在经典概率计算机上做的事情,在量子计算机上也能做。为什么呢?

没错,因为每次你抛一个硬币,就相当于在 0 量子比特上进行一个阿达玛门操作。在教科书中,这通常需要大约一页纸来证明。我们这样就算证明它了。

我们能得到用经典复杂性类表示的 BQP 的一个上界吗?

当然可以!首先,我们很容易看出 BQP⊆EXP:你可以用经典的指数时间计算任何你能在量子多项式时间内计算的东西。换句话说,量子计算机至多比经典计算机有指数性的优势。为什么呢?

因为如果你可以变慢指数倍,那么一个经典计算机就可以模拟整个态矢的演化!

事实上，我们可以做得更好。回忆一下，PP 类是形如下述的问题类：

- 给定指数多实数的和，每个实数可以在多项式时间内被估计，它们的和是正的还是负的？（保证答案是两者之一。）
- 给定有 n 个变量的布尔公式，是否至少有 2^n 个变量选择方式中的一半使该公式为真？
- 给定随机的多项式时间图灵机，它接受的概率是否大于等于 1/2？

换句话说，一个 PP 问题包括将指数多的项加起来，然后判定和是否大于或者小于某个阈值。无疑 PP 包含于 PSPACE，而 PSPACE 包含于 EXP。

在伊森·伯恩斯坦和乌梅什·瓦奇拉尼关于量子复杂度的原始文章中，他们证明了 BQP⊆PSPACE。不久之后，阿德尔曼、德马雷斯（DeMarrais）和黄（M.-D. A. Huang）进一步证明了 BQP⊆PP[4]。（这也是我证明的第一个关于复杂性类的结果。要是我早一年知道阿德尔曼他们已经证明了这个结果，我可能永远不会在这个领域起步！所以，在学术上偶尔有些"小光锥"不是什么坏事。）

那么，为什么 BQP 包含于 PP 呢？从计算机科学的角度讲，证明可能需要半张纸。而从物理角度讲，证明只需要几个字：费曼路径积分！

瞧，假定我们想知道量子计算机接受的概率，一个很显然的方法是将一串 $2^n \times 2^n$ 的酉矩阵乘起来，然后将对应接受的基矢（即输出量子比特为 $|1\rangle$ 的基矢）前的概率幅模方求和。费曼在 20 世纪 40 年代注意到，还有比这更好的方法——一个在存储空间（或者用纸）方面更有效，但依旧需要指数多时间的方法。

更好的办法是取遍接受基矢，然后对每个接受基矢取遍所有可能对它的概率幅有贡献的计算路径。所以，举个例子，令 α_x 表示基矢 $|x\rangle$ 前的最终概率幅。那么我们可以这样写：

$$\alpha_x = \sum_i \alpha_{x,i}$$

其中每个 $\alpha_{x,i}$ 对应一个指数大的"概率树"的一片叶子，因此是多项式时间可计算的。通常，$\alpha_{x,i}$ 可能是相位截然不同的复数，因此会彼此干涉并相消；然后 α_x 是最后仅存的。量子计算看上去比经典计算更强大的原因恰恰是，它似乎很难用随机抽样的方法估计这些仅存的概率幅。随机抽样对于（比如）一次典型的美国大选是奏效的，但估计 α_x 这件事更像是 2000 年的那场大选。

现在，令 S 表示所有接受基矢的集合，然后我们可以写出量子计算机的接受概率是

$$p_{\text{accept}} = \sum_{x \in S} \left| \sum_{x \in S} \alpha_{x,i} \right|^2 = \sum_{x \in S} \sum_{i,j} \alpha_{x,i} \alpha_{x,j}^*$$

其中 * 表示复共轭。但这只是指数多项式子的求和，而每一项在 P 中是可计算的。于是在 PP 中，我们可以判定是 $p_{\text{accept}} \leqslant 1/3$ 还是 $p_{\text{accept}} \geqslant 2/3$。

在我看来，理查德·费曼获得诺贝尔物理学奖，本质上就是因为他展示了 BQP 包含于 PP 中（图 10.1）。

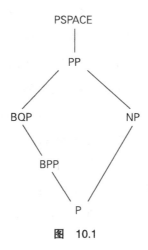

图　10.1

当然，人们真正最为迫切地想知道的是，是否有 BPP ≠ BQP，也就是说，量子计算是否比经典计算更强大。现在，我们有证据表明确实如此，其中最著名的便是用来解决质因数分解和离散对数的肖尔算法。我假设你们听说过这个算法，因为它是 20 世纪晚期重要的科学成就，也是我们首先要在这里讨论这些东西的原

因。如果你还没见过它，请参阅网上 500 000 多条关于它的初步介绍 [5]。

需要强调的是，甚至在肖尔算法之前，计算机科学家便积累了关于量子计算机比经典计算机强大的很多形式证据。的确，这些证据为肖尔算法的提出铺平了道路。

其中最主要的一个证据是西蒙算法 [6]。假设我们有一个函数 $f:\{0, 1\}^n \rightarrow \{0, 1\}^n$，它只能作为一个"黑盒子"为我们输出结果，即我们给它输入，然后得到输出。我们被告知存在一个"秘密异或面具" $s \in \{0, 1\}^n$，使得对于不同的 (x, y) 对，$f(x)=f(y)$，当且仅当 $x \oplus y = s$（这里 $\oplus$ 表示按位异或）。我们的目标是得到 s。问题在于，我们需要调用 f 多少次才能以较高概率得到答案？

一方面，从经典角度讲，我们容易得知 $\sim 2^{n/2}$ 次调用是充分且必要的。只要我们找到一个冲突（一对 $x \neq y$，使得 $f(x)=f(y)$），再加上我们知道 $s=x \oplus y$，然后就可以了。但直到我们找到冲突前，这个函数从根本上貌似都是随机的。特别地，如果我们在 T 个输入上调用函数，那么由一致限可得，找到冲突的概率至多只有 $\sim T^2/2^n$。因此，我们需要 $T \approx 2^{n/2}$ 次调用来以较高概率得到 s。

另一方面，西蒙给出了只用 $\sim n$ 次调用来得到 s 的量子算法。其核心想法在于在叠加态上调用 f，所以他对于随机的 (x, y) 对准备了如下形式的量子态

$$\frac{|x\rangle + |y\rangle}{\sqrt{2}}$$

使得 $x \oplus y=s$。然后，我们用量子傅里叶变换来从这些态中提取出 s 的信息。利用傅里叶变换提取"隐藏的周期信息"，这为肖尔算法提供了直接的启发，后者在阿贝尔群 $\mathbb{Z}_N$ 上，而非 $\mathbb{Z}_2^n$ 上做了同样的事情。有一个故事至今都很有名：西蒙在第一次将他的论文提交到一个会议上时遭到了拒绝——显然，肖尔是为数不多的能洞察其要点的人之一。

这次我还是不介绍西蒙算法的具体细节，你们要想了解的话可以参阅瓦奇拉尼的讲义 [7]。

所以，最重要的在于我们找到了这样一个问题——西蒙问题，且可以证明量子计算机能比经典计算机指数更快地解决这个问题。诚然，这一问题还有点儿牵

强，因为它依赖于一个神秘的用来计算有特定全局对称性函数 f 的"黑盒子"。由于这个黑盒子规则，西蒙问题显然没有证明 BPP≠BQP。它确实证明的是存在这样一个谕示，在这个谕示下 BPP≠BQP。这是我说此为量子计算机比经典计算机更为强大的形式证据的意思。

事实上，西蒙问题不是第一个导致 BPP 和 BQP 分割的谕示。正如肖尔的灵感源自西蒙，西蒙的灵感源自伯恩斯坦－瓦奇拉尼。在 1993 年左右那阵子的黑暗岁月里，伯恩斯坦和瓦奇拉尼设计了一个叫作 RFS 的黑盒子问题。他们可以证明，任何经典算法都需要至少询问"黑盒子"$\sim n^{\log n}$ 次来解决这个问题，而存在只用 n 次询问来解决这个问题的量子算法。

糟糕的是，如果想讲述得够严格的话，那么，像给出递归傅里叶抽样问题的定义，都需要添加更长的题外话。（如果你觉得西蒙问题是人造的话，那你真是啥也没见过！）不过基本的想法就是这样。假设我们可以用一个"黑盒子"去实现一个布尔函数 $f: \{0, 1\}^n \to \{0, 1\}$。我们已知存在一个"秘密字符串"$s \in \{0, 1\}^n$，使得对于所有 x，$f(x) = s \bullet x$（$\bullet$ 表示模 2 内积）。我们的目标是用尽量少的 f 的调用次数来得到 s。

换句话说，我们知道 $f(x)$ 就是输入串某个子集上的异或，而我们想要知道是哪个子集。

如果用经典的角度想，显然将 f 调用 n 次是充分且必要的：我们想要知道 n 个比特，而每次调用只能告诉我们其中一个！但是用量子的话，伯恩斯坦和瓦奇拉尼发现，只需调用一次便能知道 s。为了做到这一点，只需准备如下的态

$$\frac{1}{\sqrt{2^n}} \sum_{x \in \{0,1\}^n} (-1)^{f(x)} |x\rangle$$

然后对所有的 n 个比特运用阿达玛门。很容易验证答案是 $|s\rangle$。

伯恩斯坦和瓦奇拉尼做的是，从上述问题（叫作傅里叶抽样）开始，递归地描述这个问题。换句话说，他们得到了这样一个傅里叶抽样问题：为了知道比特 $f(x)$ 中的一个，你需要解决另一个傅里叶抽样问题，而要知道第二个问题中的一个

比特，你又要去解决第三个，以此类推。然后他们证明，如果这一递归深度为 d，那么任何解决这一递归傅里叶抽样问题的算法一定需要调用 ~n^d 次函数 f。作为对比的是，存在只需要 2^d 次调用来解决这一问题的量子算法。

你会问为什么是 2^d 次，而不仅仅是 $1^d = 1$ 次调用？因为每次递归时，量子算法需要对它产生的垃圾进行反算，来得到干涉效应。这使得每步都多乘一个 2 的因子，就像这样：

```
计算 {
        计算 {
                计算
                反算
        }
        反算 {
                计算
                反算
        }
}
反算 {
        计算 {
                计算
                反算
        }
        反算 {
                计算
                反算
        }
}
```

事实上，我的一个研究成果[8]表明，这种递归的反算是任何用来解决递归傅里叶抽样的量子算法所不可避免的特征。

所以，一旦我们有 n^d 和 2^d 这么一个差距，令 $d=\log n$，我们将得到，这个问题在经典计算机上调用 $n^{\log n}$ 次，而在量子计算机上调用 $2^{\log n} = n$ 次。诚然，这一差距不是指数和多项式的差距——它仅仅是"准多项式"和多项式的差距。但是这足以证明 BPP 和 BQP 可以由一个谕示分隔开来。

你可能想知道：既然我们有了西蒙和肖尔的算法，它们确实把经典和量子进行了指数分隔，那么为什么要在这个递归的考古遗迹里瞎晃悠呢？其实，量子计算中最大的公开问题之一便是 BQP 和多项式层级 PH（在第 6 章中定义）之间的关系——BQP 包含于 PH 吗？当然，这看上去不可能，但是回到 1993 年，正如伯恩斯坦和瓦奇拉尼问的，我们真能找一个谕示，使得对于这个谕示来说，$BQP \not\subset PH$ 吗？唉，20 多年里，不知在多少苦思冥想的学生幻想破灭后，这一问题的答案依旧是不能。但我们许多人都认为一个分割应该是可能的——而直到最近，递归傅里叶抽样依旧几乎是我们对于这一分割的唯一候选者。

最后，我在 2009 年想出了一个不同的候选问题[9]，叫作"傅里叶检测"。它不光给出了将 BQP 和 PH 分割开来的谕示，还给出了一个指数的分割（而不像递归傅里叶抽样似的分割）。唉，证明这一分割貌似需要一些经典复杂性理论的最新进展——具体是在常数深度电路下界（constant-depth circuit lower bounds）中——这超过了我们的所知。但是，作为傅里叶检测的一个结果，可能递归傅里叶抽样已经最终被超越了，剩下的只有它的历史价值。

量子计算和 NP 完全性问题

要是光看报纸、读杂志，你可能会觉得，一个量子计算机可以通过"并行尝试每一个可能的解"就能"在心脏跳一下的时间里解决 NP 完全问题"，然后马上挑出正确的那一个。

好吧，这大概是"门外汉"关于量子计算最常见的错误印象。请允许我详细解释一下。

　　显然，我们现在还不能证明量子计算机不能有效解决 NP 完全问题，即 NP$\not\subset$ BQP，因为我们连 P≠NP 都证明不了。我们对于如果 P≠NP 那么 NP$\not\subset$BQP 的证明也没有任何想法。

　　我们确实有的是本内特、伯恩斯坦、布拉萨尔和瓦奇拉尼的早期结果，即存在一个谕示，在这个谕示下 NP$\not\subset$BQP。更具体地说，是假设你在从 2^n 个可能解构成的空间中找唯一一个有效解，并假设你对一个候选的解能做的只是拿它去问"黑盒子"，让它告诉你这个解正确与否。那么为了得到这个有效解，你需要问这个盒子多少次呢？一方面，一般来说，最差情况下需要问 2^n 次（或者平均 $\sim 2^{n/2}$ 次）。另一方面，格罗弗给出的一个有名的量子搜索算法只需要问 $\sim 2^{n/2}$ 次 [10]。但早在格罗弗的算法之前，本内特等人已经证明它是最优解了！换句话说，任何在 2^n 那么大的大海中捞一根针的量子算法都需要至少 $\sim 2^{n/2}$ 步。所以至少可以说，对于"一般的"或者"无结构的"搜索问题，量子计算机对于经典计算机来说能给出某种加速（事实上是平方加速），但不会是像肖尔算法那样的指数加速。

　　你可能想问：为什么这个加速会是平方的，而非立方或者其他什么的？让我来尽量给出答案，且尽量不牵扯到格罗弗算法或者本内特等人最优化证明的具体细节。从根本上讲，我们得到平方加速的原因是，量子力学基于 2- 范数而非 1- 范数。一般来讲，如果有 N 个解，其中只有一个是正确的，那么询问一次后我们得到正确答案的概率便达到了 $1/N$，询问两次后便有了 $1/N$ 的概率，询问三次的概率为 $3/N$，以此类推。因此，我们需要 $\sim N$ 次询问来获得足够大（即接近 1）的概率猜出正确答案。但要是用量子力学，我们要对一组概率幅态矢也就是概率的平方根进行线性变换。所以我们这样考虑这个问题：询问一次后有 $1/\sqrt{N}$ 的概率幅得到正确答案，询问两次后有 $2/\sqrt{N}$ 的概率幅，询问三次后有 $3/\sqrt{N}$ 的概率幅，以此类推。所以经过 T 次询问后，我们得到正确答案的概率幅为 $T/\sqrt{N}$，概率便是 $\left| T/\sqrt{N} \right|^2 = T^2/N$。因此我们需要大约 $T \approx \sqrt{N}$ 次询问来得到接近 1 的概率。

　　好啦，看过我博客的人一定对这些关于量子计算机在无结构搜索问题上的限制有些厌烦了。所以我将冒昧地结束这一章。

量子计算和多世界

既然这本书从德谟克利特说起，那么我应该用一个深入的哲学问题来结束这一章。好，这个问题怎么样？——如果我们可以造出一个非平凡的量子计算机，它会显示出平行宇宙的存在性吗？

20 世纪 80 年代量子计算的奠基者之一戴维·多伊奇无疑认为答案是"会的"[11]。平心而论，他认为这一影响"仅仅"是心理层面的，因为对他来说，量子力学本身早已证明了平行宇宙的存在性！多伊奇喜欢问这样的问题：如果肖尔算法成功分解了一个 3000 位的整数，那么这个数字是在哪里被分解的？若不是来自某种比我们看到的宇宙指数大的"多重宇宙"（multiverse），我们用来分解这个数字需要的计算资源来自哪里？在我看来，多伊奇在这里默默地假设了质因数分解不在 BPP 中——不过没有关系，为了论证说明，我们当然允许他做这样的假设。

要说多伊奇对此的观点没有被广泛接受，那一点儿都不令人惊讶。很多人接受建造量子计算机的可能性，而且认同用来描述量子计算机的规则，却都不同意对这一规则最好的诠释是"平行宇宙"。对多伊奇来说，这些人都是"有智商的懦夫"——就像那些教士，他们同意哥白尼体系是实际有用的，同时却坚持认为地球并非真的绕着太阳转。

那么，这些"有智商的懦夫"是如何回应这一控告的呢？他们指出，用平行宇宙的观点看量子计算机本身就会有很多困难。尤其，那些被指责担忧这件事情的人会拿出"优选基问题"。这一问题基本是这样的：我们该如何定义一个平行宇宙和另一个之间的"分割"？你可以想象分割量子态的无限多种可能，但你不知道哪种更好！

我们还可以进一步论证：量子计算加速所依托的关键（事实上也是让量子力学与经典力学从根本上不一样的关键）在于正负概率幅之间的干涉。但是，不管多重宇宙的不同"分支"能在多大程度上对量子计算进行有效干涉，在这个程度上，它们就不像是分割开来的分支！我的意思是，干涉的整个意义就在于将不同分支混合起来，使得它们丢失了各自的个体特征。如果它们保持个体特征，那这也恰恰将是我们看不到干涉的原因。

当然，一个多世界支持者可能会回应说，为了通过干涉让它们丢失各自的特征，这些分支从一开始就应该在那里！这一论证将持续（也确实持续了）很长时间[12]。

在这个让人满怀忧虑的、迷人的、但最后或许没有意义的辩论中，与其选择偏袒其中一方，我更愿意拿一个没有争议的发现来结束这一章。本内特等人的下界告诉我们，就算量子力学支持平行宇宙的存在性，也一定不会是以大多数人认为的方式支持！正如我们已经看到的那样，量子计算机并非一个可以"并行地尝试所有可能性"，然后立马找到正解的器件。如果我们非要用平行宇宙的眼光看世界，那这些宇宙还得去"合作"——不光是这样，还得相互融合——来得到一个能以较大概率得到正确答案的干涉图案。

第11章
彭罗斯

这一章要讨论的是罗杰·彭罗斯反对人工智能可能性的论证，这些论证大多在他的名作《皇帝新脑》（*The Emperor's New Mind*）和《心之阴影》（*Shadows of the Mind*）中展开。我的这样一本书要是不讨论这些论证，反倒有些奇怪了。因为，不管你同意它们与否，它们都是数学、计算机科学、物理和哲学交叉处最显著的里程碑。现在才来讨论它们，是因为我们终于把该事先知道的东西——可计算性、复杂度、量子力学和量子计算——都学完了。

彭罗斯的观点很复杂，包括对量子态"客观坍缩"的推断，这来自至今未发现的引力量子理论。更具争论性的是，这一假设的客观坍缩通过对叫作微管（microtubules）的脑部细胞结构的影响，在人类智能中扮演着重要的角色。

但究竟是什么让彭罗斯从根本上产生了这些奇怪的推断？彭罗斯的论点的核心在于，根据与哥德尔不完备性定理相关的理由，人类智能不可能是算法。因此，我们必须寻找人脑功能中非算法的元素，而唯一听起来有道理的元素来源，便是新的物理（比如量子引力的物理）。这一"哥德尔论证"本身并非始于彭罗斯：哥德尔自己显然相信它的某种形式（尽管他从未将自己的观点发表），而艾伦·图灵在他著名的论文《计算机器和智能》中对它的反驳，更让它在 1950 年便足够有名。关于哥德尔论证的第一个详细书面介绍可能来自哲学家约翰·卢卡斯在 1961年写的一篇文章 [1]。彭罗斯最主要的创新在于，他十分严肃认真地对待这些论证，并详细地探讨了如果这些论证是有效的，那么这个宇宙和我们的大脑应该是什么样子的，或者更准确地说，它们可能像什么样子，然后便有了量子引力和微管等东西。

但刚开始，我们先简短地总结一下哥德尔论证本身，回答一下为什么人类智能不能采取算法形式。你们看是不是这样：第一不完备性定理告诉我们，在一个确定的形式体系 F，比如策梅洛－弗兰克尔集合论中，没有计算机可以证明这样的命题：

$$G(F) = \text{“该语句不能在 F 中被证明。”}$$

但我们人类却能“看到”G(F) 的真实性。因为如果 G(F) 是假的，那么它就是可被证明的，这样就荒唐了！因此，人类大脑可以做一些当今计算机全都不能做的事情。因此，意识不能归结为算法。

好，人们是怎么看这个论证的？

对，立刻会有两个问题：

- 为什么计算机要在一个确定的形式体系 F 中工作？
- 人类能够“看到”G(F) 的真实性吗？

事实上，我更倾向于将上述两个回应均总结为“限定情况”。回忆第 3 章所说，由第二不完备性定理可知，G(F) 与 Con(F)（声称 F 自洽）等价。进一步，这一等价性对于任何合理的 F 均能在 F 本身中得到证明。这给了我们两点暗示。

首先，它意味着，当彭罗斯声称人类可以“看到”G(F) 的真实性时，他真的只是在说人类可以看到 F 的自洽性！要是这样说，这个问题就变得更明显了：人类如何看到 F 的自洽性？到底哪些 F 是我们所谈论的——皮亚诺算术？ZF？ZFC？有更大基数公理的 ZFC？是所有人都能看到所有体系的自洽性，还是你需要成为彭罗斯那种水准的数学家才能看到更强的自洽性？那些被人们认为自洽而又被证明不自洽的体系又如何呢？甚至，（假如说）即使你确实看到 ZF 的自洽性了，你该如何让别人相信你看到了？别人该如何知道你不是假装的？

（策梅洛－弗兰克尔集合论模型就像 3D 点阵图像，有时候你真的需要斜着看……）

第二点暗示是，如果我们像彭罗斯实际给人类的自由度那样，也给计算机同样的自由度（假设基础形式体系自洽的自由度），那么计算机也可以证明 G(F)。

所以问题归结于此：人脑能否以某种方法窥视柏拉图的天堂，从而直接感知（比如）ZF 集合论的自洽性？如果答案是"不能"——如果我们只能用洗衣服、订购外卖等所用的不可靠的草原优化工具（savannah-optimized tools）来接近数学真实——那么，我们似乎应该给计算机同样的犯错的自由。但那样的话，人们先前声称的人脑和机器之间的区别将不复存在。

对此，可能图灵自己说得最好："如果我们希望机器是智能的，那么它就不能是没有过错的。有些定理说的正是这些。"[2]

所以我觉得，彭罗斯一点儿都用不着讨论哥德尔定理。我们会发现，哥德尔论证其实就是反对简化论（reductionism）的古老论证的数学重述："一个计算机当然可以说它感知到了 G(F)，但它其实一直是在操作那些符号！而我说我感知到了 G(F)，那我绝对是当真的！我感觉有什么东西就像是我自己！"

明显的反驳同样很古老："你怎么就肯定，没有什么东西感觉起来像是计算机自己？"

打开黑盒子

好，我们这样看：罗杰·彭罗斯是世界上最伟大的数学物理学家之一。有没有可能是我们误解了他的想法？

在我看来，彭罗斯的论证中听起来最有道理的版本基于"理解不对称"，即我们知道计算机的内部工作，却不知道人脑的内部工作。

我们可以如何利用这一不对称性？好，给定任何已知的图灵机 M，肯定可以构造一个让 M 出局的语句：

S(M)＝"图灵机 M 永远不会输出这个句子。"

有两种情况：要么 M 输出 S(M)，这样的话，它就说错话了；要么 M 不输出 S(M)，这样的话，就存在一个它永远不能同意的数学真理。

很明显，我们可以问，为什么我们不能对人类玩同样的游戏呢？

"罗杰·彭罗斯永远不会说出这句话。"

好，这里有一个容易想到的答案：因为我们可以通过检查 M 的内部细节得知，对它来说，输出意味着什么，的确，"M"就是适当的图灵机状态图的缩写。但我们能知道对"彭罗斯"来说，输出意味着什么吗？答案取决于我们所认为的大脑内部细节是怎样的，或者更准确地说，是彭罗斯的大脑！这导致了彭罗斯关于大脑"不可计算"的观点！

一个常见的误解是，彭罗斯认为大脑是一个量子计算机。而事实上，一台量子计算机要比他想要的弱得多！正如我们之前看到的那样，量子计算机看上去甚至不可能在多项式时间内解决 NP 完全问题。相比之下，彭罗斯希望从尚待发现的引力量子论中利用假设的坍缩效应，来让大脑解决不可计算的问题。

我曾经问过彭罗斯，为什么不进一步猜想大脑可以解决那些给定一个停机问题谕示下不可计算的问题，或者拥有给定停机问题谕示的图灵机的停机问题谕示下不可计算的问题，等等？他的回答是，是的，他也会猜想这一点。

我自己的观点一直是这样的，如果彭罗斯真的想要推断出计算机不可能模拟人脑，那么他不该讨论可计算性，而应该考虑计算复杂性。原因很简单，原则上我们总可以构造一张很大的查阅表，将一个人对于比如百万年来可能被问到的问题的反应全编码记下来，并依此来模拟一个人。如果我们想，还可以把这个人的声音、姿态、面部表情等都记下来。显然，这张表是有限的。所以，总是存在对人类的某种计算模拟——唯一的问题在于，它是否是有效率的！

你可能会反对说，如果人类可以活无限长或者仅任意长的时间，那这张查阅表不会是有限的。这是对的，却也没关系。事实是，人们经常需要在短短几分钟内互动（事实上，也许只是处理几分钟电子邮件或即时短信）后，才能判断出对方是否是真人。所以一定存在一个相对小的整数 n，使得通过交换至多 n 个比特，你就可以确信对方是真人，除非你想要退回到笛卡儿的怀疑论，对任何你在社交软件上遇到的人都要怀疑。

在《心之阴影》（《皇帝新脑》的"续集"）中，彭罗斯承认，一个人类数学家总可以被一个借助特大查阅表的计算机模拟。然后他说，这样一张查阅表不能完成一个"恰当的"模拟，因为可以说，我们没有什么理由相信，表中任何给定的陈述是真实的，而不是虚假的。这一观点的问题在于，它明显是从人们可能认为的彭罗斯的核心主张倒退得来的。该主张认为，一台机器甚至无法模拟人类智能，遑论将其表现出来！

在《心之阴影》中，彭罗斯提供了如下的关于意识的观点的分类。

A. 意识可以归约为计算（强人工智能支持者的观点）。

B. 当然，意识是可以被计算机模拟的，但模拟不会产生"真正的理解"（约翰·塞尔的观点）。

C. 意识甚至不能被计算机模拟，却有一个科学的解释（彭罗斯自己的观点，根据《心之阴影》）。

D. 根本就没有对意识的科学解释（世界上 99% 活着的人的观点）。

在我看来，彭罗斯因为这张查阅表不是"真正的"模拟而抛弃它，似乎是在从观点 C 倒退为观点 B。因为只要我们说，即使通过了图灵测试也不够好，还需要"撬开箱子"检查机器的内部运作，才能得知它是否在思考，那还有什么能区分观点 C 和观点 B？

不过，我将再一次竭尽全力看看我能否搞明白彭罗斯可能会说什么。

在科学中，你总是能想出一个理论来"解释"到目前为止你见过的数据——只要列出所有得到的数据，然后说那是你的"理论"！这里的问题就是过度拟合。因为你的理论并没有对原始数据进行任何压缩（即它需要跟写数据本身所需的相同位数来写下你的理论），所以你没有理由期望用你的理论来预测未来的数据。换句话说，你的理论是毫无价值的。

所以，当彭罗斯说这一查阅表不是"真正的"模拟时，他说的其实就是这个意思。我们当然可以简单地储存每一个可能的妙语或反语，写一个模仿本杰明·迪斯雷利或温斯顿·丘吉尔说话的计算机程序。但正是这种过度拟合让我们不能这样做！问题不在于我们是否可以用任何计算机程序模拟温斯顿爵士，而在于我们是否可以通过一个能写在可观测宇宙中的程序——一个要比他所有可能的会话列表短得多的程序——来模拟他。

好，这是我一直在说的观点：如果以上所述是彭罗斯的意思，那么他已经远远地离开了哥德尔和图灵的世界，而进入了我的"寓所"——计算复杂性王国。彭罗斯或其他任何人如何知道没有一个小的布尔电路来模拟温斯顿·丘吉尔？即使（因为论证）假设我们知道丘吉尔模拟器是什么意思，我们大概也不能证明这样的事情。你们也在声称有限问题的难解性："P 对 NP"神兽就那样躺在那里，没有一个凡人能从它 2^n 的巨颚下逃脱 [3]。

冒险说些显然的事

即使我们假设大脑确实在解决一个很难的计算问题，我们也不清楚为什么这样就可以让我们更好地理解意识。如果它一点儿都不像一个图灵机，那为什么它要像一个带有停机问题谕示的图灵机呢？

所有人都瞄着这一整块量子"肥肉"

让我们先把彭罗斯的想法抛在一边，问一个更一般的问题：量子力学应该对我们思考大脑有任何作用吗？

被诱导出的答案很自然：意识是神秘的，量子力学也是神秘的，因此二者一定有某种联系！哦，对了，或许应该不止这些，那就是，这两个神秘之物的起源似乎是一样的，即我们如何把别人对世界的描述和自身经历统筹起来。

当人们试图把问题说得更具体时，他们经常会落脚到这个问题上：大脑是一个量子计算机吗？呃，或许是吧，不过我至少能想到四点理由，说明它不是。

1. 那些被认为能被量子计算机显著加速解决的问题——对整数的质因数分解、佩尔方程问题、模拟夸克 - 胶子等离子体、估计琼斯多项式，等等——似乎不像是能让穴居人与其同伴相比生殖成功率变得更高的问题。

2. 即使人类能够受益于量子计算的加速，我也没有看到任何证据显示实际益处。有人说，高斯可以很快地对很大的整数分解质因数，但即便如此，这顶多能证明高斯的大脑是一个量子计算机，而不是任何其他人的。

3. 大脑环境炎热而潮湿，很难理解在那里该如何保持长程相干（更多相关内容请见书后注释[4]）。当然，有了当今对量子纠错的理解，这一点已不再是一击致命，但依旧是非常强的。

4. 正如我前面提到的，即使我们假设大脑是一个量子计算机，这似乎也并没有给我们解释意识带来更多的帮助。这可是我们通常希望这些猜想能够解决的问题啊！

好，这样吧，为了不让你们抱怨碰到了一个十足的偏老头（这可能是我个性的结果），好歹让我来告诉你们，如果我是一个量子神秘者，我会朝着哪些方向走。

在《皇帝新脑》的开始部分，彭罗斯介绍了我一直以来最喜欢的思想实验之一：隐形传输机（teleportation machine）。这台机器简单地扫描你的整个身体，将所有细胞结构编码为纯信息，然后用无线电波发送该信息，这样就能以光速带着你在星系中绕来绕去。当信息到达其目的地后，纳米机器人——瑞·库茨维尔（Ray Kurzweil）等人声称，我们将在不到几十年内制造出来这样的东西——用这些信息从最小的细节处重建你的身体。

我忘了说：既然我们显然不想要"两份"同样的你到处乱跑，那原先的那个你将被迅速、无痛的脑部枪击毁灭。那么，科学简化论的同胞们，你们谁想当以这种方式到达火星的第一人？

什么，你觉得恶心？你要告诉我，你是以某种方式被附加到目前居住在你大脑里的特定原子上的？我敢肯定你是知道的，不管怎么说，这些原子每隔几个星期就会被取代。所以原子本身不可能让你成为你自己，这只能是原子编码的信息样式。况且，只要信息在通往火星的安全道路上，有谁在乎原先的肉体硬盘？

所以，灵魂还是子弹？你挑吧！

要想跳出这一困境，量子力学确实提供了在经典物理中没有意义的第三种方式。

假设某些让你成为你自己的信息实际上是量子信息。那么，即便你是十足的唯物主义者，你依旧有不使用隐形传输机的绝佳理由：根据不可克隆定理，不存在上面所说的机器！

这不是说你不能以光速被隐形传送，而是说传送过程会跟前面所说的非常不一样：这个过程不包括复制你然后杀掉原先那个你。或者你可以以量子信息的形式被传送，或者（如果前者不太实际的话）你可以利用有名的量子隐形传态方案，它只能传送经典信息，但也需要传送者和接收者之间提前建立纠缠。无论是哪种情况，原先那个你将作为隐形传态过程的一部分，不可避免地消失。哲学上讲，这就像你从美国纽瓦克机场飞到洛杉矶国际机场，但不会遇到任何关于"是否要毁灭你还在纽瓦克的副本"这种深刻的形而上的困境。

当然，这套干净的解决方案只能在大脑存储量子信息的情况下有效。但重要的是，在这种情况下，我们不必想象大脑是一台量子计算机，或它在不同的神经元间保持纠缠，又或任何这类轻率的事情。因为在量子密钥分配中，我们需要的仅仅是独立的相干量子比特。

一方面，现在你可能会认为，在像大脑那样炎热、潮湿、退相干的地方，甚至没有一个单独的量子比特会生存很长时间。根据我所知甚少的神经科学知识，我倾向于同意这一点。尤其是，长期记忆好像确实被编码为突触强度（synaptic strengths），而且，这些强度完全是一个纳米机器人在原则上可以在不损坏原大脑的前提下扫描复制的经典信息。另一方面，试想（比如）你从现在起一分钟后，是打算扭动你的左手指还是右手指？这是由量子事件部分决定的吗？

好了，不管你对这样一个假设怎么想，很明显，你可以知道用什么来驳倒它。你只需要创建一个机器，扫描人的大脑，并可靠地预测从现在起一分钟后，哪个手指会扭动。正如我将在第 19 章讨论的，如今，功能磁共振成像实验在这方面已经开了一个头，但预测只会提前几秒，并且结果仅稍好于纯粹的猜测。

第12章
退相干和隐变量

为什么这么多伟大的思想家都觉得量子力学如此难以咀嚼呢？有人说，所有麻烦源自"上帝对宇宙掷骰子"——经典力学在原则上可以预测每一只麻雀的降落，而量子力学只能给出统计预测。

嗯，你知道吗？好有意思！如果非决定论是量子力学的唯一谜团，那么量子力学可一点儿都不神秘。如果愿意，我们可以想象宇宙在任何时候都确实有一个明确的状态，但某些基本定律（还有那些实践上的明显困难）阻止我们知道这整个状态。这种想象不会对我们的世界观产生任何实质性改变。是的，就算"上帝掷骰子"，那也是以一种普通到我们可以理解的方式，就连爱因斯坦都不会对它再持有异议。

量子力学中真正的麻烦不是一个粒子的未来轨迹是不确定的，而是过去的轨迹也不确定！或者更准确地说，"轨迹"这个概念是没有定义的，因为在你测量前，只有不断变化的波函数。最重要的是，由于量子力学的典型特征（正负概率幅之间的干涉），波函数不能像经典概率分布那样，仅仅被视为我们无知的产物。

现在，我想给你们讲讲退相干和隐变量理论。这是人们为了让自己对这些困难感觉舒服一些而讲给自己的两个故事。

精明务实的物理学家当然会问：既然量子力学很奏效，那么我们为什么要浪费时间让它感觉起来更舒服呢？看，如果你教的是量子力学的入门课程，而且你的课没有让学生整个星期地做噩梦、撕扯自己的头发、苦苦思索、眼睛布满血丝……那么你可能没有教清楚。所以啊，与其拒绝研究量子力学中的这种概念，与其把这个研究领域割让给贩售概念的迪帕克·乔普拉（Deepak Chopra）们和《我们到底知道多少？》（*What the Bleep Do We Know?*）这类电影 [①]，倒不如我们自己把它搞清楚，然后售票给游客。我的意思是，如果你要进坑，你最好跟在一个进过坑且能回来的人的后面。

进坑

好，现在我们考虑下述思想实验。设 $|R\rangle$ 为你看一个红点时脑中所有粒子的状态，$|B\rangle$ 为看蓝点时脑中所有粒子的状态。现在想象一下，在遥远的未来，有可能你的大脑会进入这两个态的相干叠加态：

$$\frac{3}{5}|R\rangle + \frac{4}{5}|B\rangle$$

至少对一个相信多重世界诠释的人来说，这个实验应该没什么稀奇的。我们有两个平行宇宙，一个是人们看到红点的那一个，另一个是看到蓝点的那一个。根据量子力学，你会发现自己在第一宇宙的概率为 $|3/5|^2 = 9/25$，而在第二个宇宙的概率为 $|4/5|^2 = 16/25$。这里有什么问题吗？

好，现在想象我们对你的大脑进行了某种酉操作，使得其状态变为

$$\frac{4}{5}|R\rangle + \frac{3}{5}|B\rangle$$

仍然是小菜一碟！现在你看到红点的概率是 16/25，而看到蓝点的概率为 9/25

[①] 迪帕克·乔普拉是主张身心调和、心灵意志主导一切的医学博士。他运用古印度的智慧来解决现代文明的疑难杂症。《我们到底知道多少？》是美国 2004 年的一部充满量子论、物质、真理等概念的电影。——译者注

（图 12.1）。

啊哈！但是，假如之前你看到的是红点，之后你看到蓝点的概率是多少？

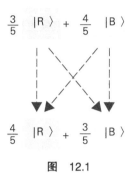

$$\frac{3}{5} |R\rangle + \frac{4}{5} |B\rangle$$

$$\frac{4}{5} |R\rangle + \frac{3}{5} |B\rangle$$

图　12.1

对一般的量子力学而言，这是一个毫无意义的问题！在某一时间测量，量子力学会给出得到某一结果的概率，仅此而已。它不会给你多重时间概率（multiple-time probability）或者转移概率（transition probability），也就是，将给定你在时刻 t 测量到电子"应该在" x 点（但你没有测量）作为条件，一个电子在时刻 $t+1$ 出现在 y 点的概率。通常的观点认为，如果你没有在时刻 t 实际测量电子，那么它在时刻 t 不在任何地方——它处在叠加态中。而如果你确实在时刻 t 测量了它，那么当然，这将是一个完全不同的实验。

但我们为什么要在乎多重时间概率？对我来说，这跟记忆的可靠性有关。问题是这样的："过去"有什么客观意义吗？即便我们不知道所有细节，是否必须有某些关于历史上发生了什么事情，关于世界沿着什么样的轨迹到达了现在状态的事实依据？还是说，过去只有通过现在的回忆和记录才能体现其"存在"？

在量子力学中，第二个观点当然更自然。但是，正如约翰·贝尔指出的那样 [1]，如果我们认真对待它，那么搞科学似乎会变得很难！如果过去和未来的状态没有逻辑联系——如果等到你读完这句话时，你发现自己同样可以出现在亚马孙雨林深处，你在那里旅行的所有记忆都被轻松植入，你阅读这本书的所有记忆都被轻松擦除——那么预测究竟有什么意义呢？

能跟得上吗？太好了！

你看，大家都很开心地嘲笑那些认为世界是在公元前 4004 年 10 月 23 日上午 9 时（大概是古巴比伦时间）窜出来的神创论者。我们都知道，那时地下已经有了化石，光也早就从遥远的恒星向地球飞来，等等。但如果我们接受了量子力学的这一图景，那么在某种意义上说，情况其实更糟糕：（你所经历的）世界可能在 10^{-43} 秒前也没有存在过！

故事一　退相干

对这些困难的标准回应是叫作退相干的强有力的概念。退相干试图解释为什么我们在日常生活中没有注意到这些"量子怪事"——为什么我们的经验世界是一个或多或少的经典世界。从退相干的角度看，确实有可能没有电子通过哪个狭缝的任何客观事实，但确实有关于你今天早上吃了什么早餐的客观事实：这两种情况是不一样的！

基本的想法是，只要量子状态所编码的信息"泄露"到外部世界，这个态局域地看就会像是经典状态。换句话说，对于一个局域的观察者而言，一个经典的比特和一个不可救药地与宇宙的其他部分相纠缠的量子比特没有任何区别。

那么举个例子，假设我们有一个处于如下状态的量子比特

$$\frac{|0\rangle + |1\rangle}{\sqrt{2}}$$

然后假设这个量子比特跟第二个量子比特纠缠到了一起，成为如下形式：

$$\frac{|00\rangle + |11\rangle}{\sqrt{2}}$$

如果我们忽略第二个量子比特，只看第一个，那么它将处于物理学家们所说的最大混合态：

$$\rho = \begin{pmatrix} \dfrac{1}{2} & 0 \\ 0 & \dfrac{1}{2} \end{pmatrix}$$

其他人就直接称之为经典随机比特。换句话说，不管你对第一个量子比特进行什么测量，你只能得到一个随机的结果。你永远不会看 |00〉和 |11〉两个波函数"分支"的干涉。为什么呢？因为根据量子力学，两个分支只有在所有方面都保持全同的时候才会发生干涉。但根本没有办法仅仅通过改变第一个量子比特使 |00〉和 |11〉全同。第二个量子比特总会暴露我们的梦中情人们的不同来历。

　　为了看到一个干涉图案，你需要对两个量子比特进行一次联合测量。但如果第二个量子比特是杂散光子，在通往仙女座星系的路上刚好路过你的实验，那该怎么办呢？的确，当你考虑所有那些可能会将自己与你那精致的实验纠缠在一起的垃圾的时候——空气分子、宇宙射线、热辐射……或者其他什么的，呃，我又不是一个实验物理学家——好像整个宇宙的其他部分总是在试图"测量"你的量子态，从而强迫它成为经典态！当然，即使你的量子态确实会坍缩（即与世界其他部分相纠缠），原则上你仍然可以挽回这个态——将宇宙中所有与你的态发生纠缠的颗粒聚集起来，然后将从坍缩的那一刻起发生的一切扭转过来。那就像女星帕米拉·安德森（Pamela Anderson）通过追踪地球上每一个可能包含她私人照片的计算机来试图挽救她的隐私那样！

　　如果我们接受这个图景，那么它将解释两件事情。

1. 最明显的是，它解释了为什么在日常生活中，我们通常不会看到物体和它们在平行宇宙中的分身之间的量子干涉。（除非我们恰巧生活在墙上有两个狭缝的黑屋子里。）基本上，这跟"覆水难收"是一样的道理。

2. 另外，这个图景也解释了为什么建造量子计算机如此困难：因为我们不仅要想办法防止错误被泄漏给我们的计算机，还要想办法不让计算机被泄漏给外部世界！我们正在与退相干这宇宙中最普遍的过程对抗。事实上，恰恰是因为退相干如此强大，量子容错定理 [2] 的出现才震惊了许多物理学家。

（容错定理大致是说，如果每个量子位、每个门操作的退相干速率低于一个常数阈值，那么在原则上有可能以比错误发生更快的速度纠正它们，并因此可以执行任意长的量子计算。）

如此一来，应该怎么看刚才的思想实验呢？我们在你大脑中放入看到一个蓝点和看到一个红点的相干叠加，然后问，你看到点改变颜色的概率是多少？从退相干的角度看，解决办法是说，该思想实验是完全荒谬的，因为大脑是一个大而笨重、不断泄漏电信号的东西，所以两个神经元放电模式的任何量子叠加都会在一纳秒里坍缩（即与宇宙的其他部分纠缠在一起）。

好吧，怀疑者们可能会反驳：但是，如果在不远的将来，你的整个大脑都能被上传到一个量子计算机上，然后让量子计算机处在看到一个蓝点和看到一个红点的叠加态上，那该如何？那么"你"（即量子计算机）会看到点改变颜色的概率是多少？

多年前，当我拿着这个问题去问约翰·普林斯基尔（John Preskill）时，他说，在他看来，退相干本身（一个近似经典的宇宙）就像我们所理解的主观体验的一个重要组成部分。因此，如果你人为地回避退相干，然后像以前那样问同样的关于主观体验的问题，那么这个问题本身将可能不再有意义。我猜，在那些说啥都充满哲学意味的物理学家中，他可能给了一个比较受欢迎的答案。

退相干和热力学第二定律

我们快要到隐变量那里了。不过首先，我想再说一件关于退相干的事情。

当我之前讨论量子态的脆弱性（破坏它们有多么容易，恢复它们又有多难）的时候，你可能已经被它与热力学第二定律之间的类似性震惊了。很显然，这只是一个巧合，对不对？啊不，不，不对。人们现在是这么认为的：退相干只是热力学第二定律的又一个例子。

让我们看看为什么是这样的。给定一个概率分布 $D=(p_1, \cdots, p_N)$，都有一个对

D "随机程度"的基本测度，叫作 D 的熵，表示为 $H(D)$。我把 $H(D)$ 的形式写在这里，以防你以前从来没有见过它：

$$H(D) = -\sum_i p_i \log p_i$$

作为一个计算机科学家，我会约定所有的对数操作均以 2 为底。此外，当 $p_i = 0$ 时，定义 $p_i \log p_i$ 为零。直观地说，$H(D)$ 衡量的是生成 D 的一个样品所需的随机比特的最小数目（如果你生成了大量的独立样本，那么就取平均。如果你想告诉你的朋友 D 里面的哪个元素被选了出来，它还度量了你需要发送给朋友的最小比特数），又一次，如果你告诉朋友的是大量的独立事件，那就取平均。比如，一个不具有任何随机性的分布的熵为零，而 N 个可能结果的平均分配具有的熵为 $\log_2 N$（因此，一次简单公正的抛硬币事件的熵是 $\log_2 2 = 1$）。"熵"是克劳德·香农（Claude Shannon）信息论的核心概念（信息论是他在 1948 年仅用一篇论文以几乎完备的形式提出的）[3]。不过熵的根源要追溯到 19 世纪 80 年代晚期的玻尔兹曼（Boltzmann）和其他热力学巨匠们。

不管怎样，给定一个量子混合态 ρ，其冯·诺伊曼熵（von Neumann entropy）被定义为在所有的酉变换 U 下，在标准基下测量 $U\rho U^{-1}$ 所得概率分布的熵的最小值。比如，每一个纯态的熵为零，而一个量子比特的最大混合态的熵为 1。

现在，如果我们认为宇宙总处于纯态，那么"宇宙的熵"刚开始为零，并将一直保持为零！另外，宇宙的熵并不是我们真正关心的，我们关心的是某个区域的熵。我们先前看到过，原本孤立的物理系统由于与外界的相互作用，往往倾向于从纯态演化为混合态，因此它们的熵会上升。从退相干的角度来看，这就是第二定律在起作用。

另一种理解退相干和第二定律之间关系的方式是对整个多重宇宙的"上帝鸟瞰"。一般来讲，波函数的不同分支可以相互干涉，分裂融合成纠缠的灌木模样（图 12.2）：

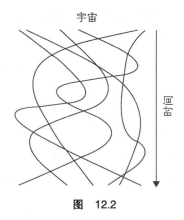

图　12.2

退相干理论说的是，在现实世界中，这些分支看上去更像一颗修剪得很好的大树（图 12.3）。

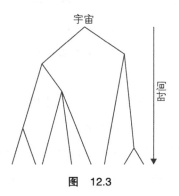

图　12.3

原则上讲，这棵树的任意两个分支都有可能相互冲突，从而导致"宏观干扰效应"，正如我的蓝点和红点的故事一样。但实际上，这在大尺度上是不可能的——要想冲突，两个分支在各方面都一定得相同。

请注意，如果我们接受了多重宇宙的这种大树图景，那么它立即会给我们一个定义"时间箭头"的方式——非循环地规定未来和过去之间的差别。也可以说，过去是"多重宇宙树"朝向根的方向，而未来是它朝向叶子的方向。根据退相干的图景，这实际上等价于说，未来就是熵增加的方向；并且还等价于说，过去是我们记得的方向，而未来是我们不记得的方向。

　　这种大树图景也可以让我们回答之前关于记忆可靠性的问题。根据大树图景，即使原则上我们不一定有一个独一无二的"过去"，但实际上通常是这样的：从多重宇宙的树根到我们目前的状态有一条独一无二的路径。同样，虽然在原则上，量子力学不提供多重时间概率——在我们正在经历的今天的条件下，我们明天要经历什么事情的概率——在实践中考虑这样的概率通常还是很有意义的，出于同样的原因，它们在经典世界中也非常有意义。换句话说，当涉及主观经验之间的转换时，实际上我们处理的不是酉矩阵，而是随机矩阵。

　　这个时候，眼尖的读者可能会注意到一个问题：当树"用完它用来扩张的空间"时，这些分支最终难道不会有冲突吗？答案是肯定的。首先，如果该希尔伯特空间是有限维的，那么很明显，平行宇宙只能岔开有限数量次，然后就开始彼此相撞。而即使在无限维的希尔伯特空间中，我们仍需要考虑每个宇宙具有某种有限的"宽度"（比如，回想一下高斯波包），所以，同样我们只能有有限数量的分裂。

　　退相干理论的答案是：对的，多重宇宙的分支最终会开始互相干涉，正如最终宇宙将达到热平衡。不过到那个时候，我们大概都已经死了。

　　顺便一提，我们的宇宙呈指数膨胀，即真空能量正在将星系互相推开。这一事实看上去可能在"修剪多重宇宙树"方面起到了重要作用，从而为我们在树枝开始彼此干涉前争取到了更多时间。这是我想要进一步理解的东西。

　　哦，对了，我还应该提一下我在这里完全搪塞过去的"深刻"问题：为什么宇宙要以这样一个低熵、未纠缠的状态开始呢？当然，人们可以尝试给出一个基于人择原理的回答，但还有其他答案吗？

故事二　隐变量

　　不管退相干的故事看上去多么漂亮，总有一些人仍然对它不够满意。其中第一个原因是，退相干的故事不得不引入很多看似与量子力学本身无关的假设：关于典型物理系统的行为、大脑的经典性，甚至主观经验的本质。第二个原因是，退相干的故事从来没有真正回答我们关于看到圆点颜色改变概率的那个问题，取而代之，这个故事仅仅在试图说服我们，这样的问题是毫无意义的。

因此，如果退相干的故事还是让你彻夜难眠，那么这个"量子大集市"还能提供些什么呢？好了，现在轮到那些隐变量研究者兜售他们的产品了 [4]。

隐变量理论的想法很简单。如果我们认为量子力学描述的是平行宇宙这片涌动的广袤海洋，它不断地分岔、合并、相互抵消，那么我们现在要在这片海洋上追踪一艘小船。我们认为这艘船的位置代表了给定时间点上"真正的""实在的"宇宙状态，而海洋则是一片"潜在场"（field of potentialities），四处猛烈冲击着这艘船。出于历史原因，该船的位置被称为隐变量。尽管在某种意义上，它是这种解释下唯一不被隐藏的部分。现在，我们的目标是为这艘船制定一套演化规则，使得在任何时间，船可能的所在位置的概率分布恰好是标准量子力学预测的 $|\psi|^2$ 分布。

通过构造，隐变量理论在实验上就跟标准量子力学没有什么区别了。因此，问题或许不会是它们是"真的"故事还是"假的"故事，唯一的问题是它们是"好的"故事还是"坏的"故事。

你可能会说：我们为什么要担心藏匿在量子力学壁橱里的这些不可证伪的妖精呢？好吧，我给你四个方面的原因。

1. 对我来说，理解量子力学的部分意义在于探索我们所能讲的关于它的故事有多大空间。如果不这样做，我们就可能做出这样的傻事：告诉别人某种故事不能讲，而事实上它却是可以讲的，反之亦然。（对此我们有大量的先例。）

2. 正如我们将要看到的，隐变量理论导致了各种各样复杂、非平凡的数学问题，其中一些仍是开放性的。说到底，这个理由难道不足以让我们来学些什么吗？

3. 在科学上，对隐变量的思考结出累累硕果：它让爱因斯坦、波多尔斯基和罗森想出了 EPR 实验，让贝尔想出了贝尔不等式，让西蒙·科亨（Simon Kochen）和恩斯特·施佩克尔（Ernst Specker）想出了科亨 – 施佩克尔定理，也让我想出了冲突下限（将在第 13 章中讨论）[5]。

4.隐变量理论将在讨论量子力学基础的其他方面时提供了很好的工具，比如非定域性（nonlocality）、语境性（contextuality）以及时间的角色。换句话说，你用一份价钱搞定了很多只小妖精！

在我看来，隐变量理论仅仅就是一个将酉变换转变为经典概率变换的规则。换句话说，它是一个函数，以一个 $N \times N$ 的酉矩阵 $U = (u_{ij})$ 和一个量子态

$$|\psi\rangle = \sum_{i=1}^{N} \alpha_i |i\rangle$$

作为输入，然后输出一个 $N \times N$ 的随机矩阵 $S = (s_{ij})$。（回忆一下，一个随机矩阵是一个每一列的和一致的非负矩阵。）给定在标准基下测量 $|\psi\rangle$ 得到的概率向量作为输入，S 应该输出在标准基下测量 $U|\psi\rangle$ 得到的概率向量。换句话说，如果有

$$\begin{pmatrix} u_{11} & \cdots & u_{11} \\ \vdots & \ddots & \vdots \\ u_{11} & \cdots & u_{11} \end{pmatrix} \begin{pmatrix} \alpha_1 \\ \vdots \\ \alpha_N \end{pmatrix} = \begin{pmatrix} \beta_1 \\ \vdots \\ \beta_N \end{pmatrix}$$

那么我们一定有

$$\begin{pmatrix} s_{11} & \cdots & s_{1N} \\ \vdots & \ddots & \vdots \\ s_{N1} & \cdots & s_{NN} \end{pmatrix} \begin{pmatrix} |\alpha_1|^2 \\ \vdots \\ |\alpha_N|^2 \end{pmatrix} = \begin{pmatrix} |\beta_1|^2 \\ \vdots \\ |\beta_N|^2 \end{pmatrix}$$

这就是一个隐变量理论重新给出量子力学预测的意思：这意味着，无论我们想要讲船的位置在不同时间的关联性的什么故事，船的位置在任何单个时间的边缘概率分布最好是量子力学给出的那一个。

好，一个显然的问题是：给定一个酉矩阵 U 和态 $|\psi\rangle$，满足上述条件的随机矩阵一定存在吗？

当然！因为我们总可以采用下面的乘积变换（product transformation）。

$$S_{\mathrm{prod}} = \begin{pmatrix} |\beta_1|^2 & \cdots & |\beta_1|^2 \\ \vdots & \ddots & \vdots \\ |\beta_N|^2 & \cdots & |\beta_N|^2 \end{pmatrix}$$

它仅仅是"将小船捡起来然后再随机地放下去"，没有体现出初始位置和最终位置间的任何关联。

"行不通"定理大荟萃

所以，问题不在于我们能否找到一个随机变换 $S(|\psi\rangle, U)$，将初始分布映射为最终那一个分布。我们当然可以找到它！问题是，我们能否找到一个随机变换满足"好"的性质。但我们想要什么"好"的性质呢？我现在要提出四种可能性，然后向你们证明……唉，它们中没有一个能被满足。我们将这个练习过一遍的意义在于，在这条路上，我们要学习大量关于量子力学如何不同于经典概率理论的东西。特别是，我们将了解贝尔定理、科亨-施佩克尔定理，以及其他两个据我所知还没有名字的"行不通定理"（no-go theorems）。

1. **相对于态矢的独立性**（independence from the state）：好吧，回忆一下手头的问题。我们有一个酉矩阵 U 和量子态 $|\psi\rangle$，想要得到一个随机矩阵 $S = S(|\psi\rangle, U)$，将测量 $|\psi\rangle$ 得到的概率分布映射为测量 $U|\psi\rangle$ 得到的概率分布。

我们可能希望 S 具备的第一个性质是，它只与酉矩阵 U 有关，与量子态 $S|\psi\rangle$ 不相关。然而，很容易看出这是不可能的。因为如果我们令

$$U = \begin{pmatrix} \dfrac{1}{\sqrt{2}} & -\dfrac{1}{\sqrt{2}} \\ \dfrac{1}{\sqrt{2}} & \dfrac{1}{\sqrt{2}} \end{pmatrix}$$

那么

$$U \begin{pmatrix} \dfrac{1}{\sqrt{2}} \\ \dfrac{1}{\sqrt{2}} \end{pmatrix} = \begin{pmatrix} 0 \\ 1 \end{pmatrix}$$

蕴涵

$$S = \begin{pmatrix} 0 & 0 \\ 1 & 1 \end{pmatrix}$$

因此

$$U \begin{pmatrix} \dfrac{1}{\sqrt{2}} \\ -\dfrac{1}{\sqrt{2}} \end{pmatrix} = \begin{pmatrix} 1 \\ 0 \end{pmatrix}$$

蕴涵

$$S = \begin{pmatrix} 1 & 1 \\ 0 & 0 \end{pmatrix}$$

因此，S 必然是整个 U 和 $S|\psi\rangle$ 的函数。

2. **时间分割下的不变性**（invariance under time-slicings）：我们想要我们的隐变量理论具备的第二个性质是在时间分割下的不变性。这意味着，如果我们连续进行了两种酉变换 U 和 V，将隐变量理论应用于 VU 的效果应该与将其分别应用于 U 和 V，然后将结果相乘的效果是一样的。（一般来说，从酉矩阵到随机矩阵之间的映射应该是"同态的"。）形式上，我们希望有

$$S(|\psi\rangle, VU) = S(U|\psi\rangle, V)\,S(|\psi\rangle, U)$$

但是再一次，我们可以证明这是不可能的——除了在 S 为乘积变换 S_{prod} 的简单情形下。这样的话，最初和最后时间之间的所有关联将被破坏。

要想证明它，首先你会发现对于所有的酉矩阵 W 和态矢 $|\psi\rangle$，我们可将 W

表示为 U 和 V 的乘积 $W=VU$，其中令 $U|\psi\rangle$ 等于某个固定的基矢（比如 $|1\rangle$）。然后运用 U 就相当于"擦除"了关于隐变量初态的所有信息。因此，如果我们再运用 V，这一隐变量的最终值肯定跟它的初值没有关系。但这意味着 $S(|\psi\rangle, VU)$ 等于 $S_{prod}(|\psi\rangle, VU)$。

3. **相对于基矢的独立性**（independence from the basis）：当我给出隐变量理论的定义时，你们中的一些人可能想知道，既然明明可以挑选其他任何基矢，为什么我们只关心在某些特定基矢下的测量结果？那么我举个例子，如果我们在甚至没有任何对位置的实际测量前就想要说一个粒子有一个"真正、实际"的位置，那么我们是否应该对粒子动量、自旋、能量和所有其他可观测的性质说同样的事情？是什么单单让位置变得比所有其他性质更加"真实"？

好吧，这些都是很好的问题。可惜，结果表明我们不能以任何"自恰"的方式给一个粒子的所有可能性质以确定的值。换句话说，我们不但不能定义所有粒子性质的转移概率，我们甚至不能在任何单独的时刻同时处理所有性质！

这是科亨 – 施佩克尔定理[6]的著名结论（虽说在数学上是简单的），它是在 1967 年由西蒙·科亨和厄恩斯特·施佩克尔证明的。形式上，定理的内容如下：假设对于 $\Re^3$ 上的每一组正交基 B，宇宙想"预计算"在那组基下会有怎样的测量结果。换句话说，宇宙想挑选 B 中三个向量中的一个，指定它作为"标记"向量，然后如果恰好有人在测量 B，就返回它。自然，标记的向量在不同的基下应该是"自恰"的。也就是说，如果两组基包含相同的向量，就像这样：

$$B_1 = \{|1\rangle, |2\rangle, |3\rangle\}$$
$$B_2 = \left\{|1\rangle, \frac{|2\rangle+|3\rangle}{\sqrt{2}}, \frac{|2\rangle-|3\rangle}{\sqrt{2}}\right\}$$

那么这一公共向量是一组基中的标记向量，当且仅当它也是另一组基中的标记向量。

科亨和施佩克尔证明这是不可能的。事实上，他们在$\mathfrak{R}^3$中显式地构造了一个有117组基的集合，使得这些"标记"向量不能以自恰的方式从这些基中被选出来。

书呆笔记：117这个常数在那以后被改进成了31[7]。显然，它是不是最优，依旧是一个开放性问题。在我见过的文献中，提到的最好下界是18。

结果便是，正如该领域的人说的那样，任何隐变量理论将必须是符合情境的。也就是说，它有时会不得不给你一个依赖于你测量所选那组基的答案，不保证你在包含相同答案的不同基下的测量能得到同样的答案。

练习：证明科亨 – 施佩克尔定理在二维情况下是错误的。

4. **相对论因果关系**（relativistic causality）：我们可能希望一个隐变量理论具备的最后一个性质与爱因斯坦狭义相对论的"精神"紧密相连。就我们的目的而言，我会把两件事情包含在它的定义中。

   (1) **定域性**（locality）。这意味着，如果在两个子系统 A 和 B 中有一个量子态 $|\psi_{AB}\rangle$，我们将一个酉变换 U_A 作用于 A 系统（即在 B 上作用单位矩阵），那么隐变量的变换 $S(|\psi_{AB}\rangle, U_A)$ 应该也只作用于这一系统。

   (2) **可交换性**（commutativity）。这意味着，如果我们有一个状态 $|\psi_{AB}\rangle$，我们仅对 A 系统进行一次酉变换 U_A，随后仅对 B 系统进行一次酉变换 U_B，所得的隐变量变换应该与先进行 U_B 后进行 U_A 是相同的。在形式上，我们希望

$$S(U_A|\psi_{AB}\rangle, U_B)\, S(|\psi_{AB}\rangle, U_A) = S(U_B|\psi_{AB}\rangle, U_A)\, S(|\psi_{AB}\rangle, U_B)$$

你可能听说过一个叫作贝尔不等式的小东西。事实证明，贝尔不等式并不可以完全排除满足上述两个公理的隐变量理论，但可以对贝尔证明的东西稍微加强一下。

那么什么是贝尔不等式呢？你在几乎所有的大众图书或网站上寻找答案的

结果，都会是一页接着一页的纠缠光子源（entangled photon sources）、斯特恩–格拉赫装置（Stern-Gerlach apparatuses）等，还配有说明详细的实验图。当然了，这是必要的，因为如果你把所有这些令人眼花缭乱的东西通通拿走的话，那么万一人们一下子抓住了重点怎么办？

然而，既然我不是物理科普协会的一员，那我现在要打破这个历史悠久的行业章程，直接告诉你这些概念要点。

我们有两个玩家——爱丽丝和鲍勃，他们在玩下面这个游戏。爱丽丝抛了一枚均匀硬币，然后基于该结果，她可能举手或不举。鲍勃抛另一枚均匀硬币，然后基于这次结果，他自己也选择举手或不举。两个玩家都想要实现的目的是，他们中恰有一人举手，当且仅当两枚硬币正面均朝上。如果满足上述条件，那么他们就算赢得比赛，否则他们就输了。（这是合作性而不是竞争性的游戏。）

现在有一个问题：爱丽丝和鲍勃都在密封的房间里（甚至可能在不同的星球上），且在游戏进行中完全不能互相沟通。

我们感兴趣的问题是：他们赢得游戏的最大概率是多少？

好，他们必然能在 75% 的时间里获胜。为什么呢？

没错，他们可以约定不管硬币朝哪面都从不举手！在这种情况下，他们会输的唯一情况就是两枚硬币均正面朝上。

练习：证明这是最优的。换句话说，爱丽丝和鲍勃的任何策略只能保证他们至多在 75% 的时间里获胜。

现在是见证奇迹的时刻！假设爱丽丝和鲍勃共享一个纠缠态：

$$|\phi\rangle = \frac{|00\rangle + |11\rangle}{\sqrt{2}}$$

爱丽丝拿着其中一半，鲍勃拿着另一半。这种情况下，存在一种策略能让他们赢得游戏的概率增加到

$$\frac{2+\sqrt{2}}{4} = 0.853\ldots$$

需要说明的是，持有状态 $|\Phi\rangle$ 不会让爱丽丝和鲍勃以比光速更快的速度互发信息——无论怎样都不会！但是它让他们能在 75% 以上的时间里赢得这个游戏。我们原本可能会天真地认为，这需要爱丽丝和鲍勃通过发送信息来"作弊"，但这显然不是事实——他们还可以通过使用纠缠来作弊！

这就是贝尔不等式。

但是这个愚蠢的小游戏与隐变量有什么关系呢？好，假设我们试图用两个隐变量来对爱丽丝和鲍勃对 $|\Phi\rangle$ 的测量进行模型化：一个在爱丽丝这边，另一个在鲍勃那边。而且，为保持相对论因果关系，假设我们要求爱丽丝这边的隐变量丝毫不会影响鲍勃那边的隐变量，反之亦然。在这种模型下，我们能给出的结果只能是爱丽丝和鲍勃能在 75% 的时间里赢得游戏。但是这个结果是错误的！

因此，如果我们想要与量子力学相协调，那么任何隐变量理论都需要允许宇宙中的任何两点之间的"瞬时沟通"。再次，这并不意味着量子力学本身允许即时通信（它不允许），或者我们能利用隐变量来发送速度比光快的信息（我们不能）。这仅仅意味着，如果我们选择使用隐藏变量来描述量子力学，那么我们的描述将涉及即时通信。

练习：将贝尔的论证推广，证明不存在满足上述定域性和可交换性的隐变量理论。

所以，我们从爱丽丝和鲍勃的抛硬币游戏中学到的是，任何用隐变量描述量子力学的尝试必然与相对论发生冲突。再一次，这些都是没有任何实验后果的，因为隐变量理论完全有可能违背相对论"精神"而仍然遵守其"字面意思"。事实上，隐变量迷们喜欢争辩说，他们是在探索相对论和量子力学本身之间的紧张的婚姻关系！

隐变量的例子

我知道你们在想什么：我们刚刚给了隐变量理论很大打击，其前景看上去非

常黯淡。但神奇的事情是, 即使面对各不相同的"四大行不通定理"的青面獠牙,
我们仍然可以构造有趣且数学非平凡的隐变量理论。我想给大家举三个例子来结
束这一章。

流理论

请记得隐变量理论的目标: 以一个酉矩阵 U 和状态 $|\psi\rangle$ 开始, 由此得到一个
随机矩阵 S, S 将初始的概率分布映射为最终的概率分布。在理想情况下, S 应该
以"自然""有机"的方式由 U 得出。因此, 举个例子, 如果 U 的 (i, j) 元为零,
那么 S 的 (i, j) 元也应该是零。同样地, U 或 $|\psi\rangle$ 的一个小的变化仅仅会导致 S 的
一个小变化。

现在, 我们甚至不能先验地知道是否存在满足以上要求的隐变量理论。所以,
我首先要做的是给你一个确实满足这些要求的简单、优雅的理论。

这个理论的基本思想是把概率质量 (probability mass) 流经多重宇宙看作油流
经管道。想象一下, 最初我们在每个基矢 $|i\rangle$ 上有 $|\alpha_i|^2$ 单位的"油", 而最终我们
想在每个基矢 $|i\rangle$ 上有 $|\beta_i|^2$ 单位的"油"。在这里, α_i 和 β_i 分别是 $|i\rangle$ 最初和最终
的概率幅。我们也要将酉矩阵 (i, j) 元的绝对值 $|u_{ij}|$ 想象为"油管"让油从 $|i\rangle$ 流向
$|j\rangle$ 的能力 (图 12.4)。

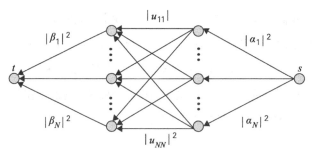

图 12.4

第一个问题: 在上述网络 $G(U, |\psi\rangle)$ 中, 对于任何 U 和 $|\psi\rangle$, 所有 1 单位的油
都可以由 s 流向 t, 且不超过任何管道的容量吗?

我证明了答案是肯定的 [8]。我的证明使用了 20 世纪 60 年代的一个叫作最大流最小割定理（max-flow/min-cut theorem）的基本结果。你们中曾经或现在是计算机科学专业的学生或许隐约记得本科课堂上讲过这一点。剩下的人呢？它真的值得你在一辈子中至少见那么一次。它不仅对诠释量子力学有用，也对互联网路由等这类东西有用。

那么最大流最小割定理说了些什么呢？好，假设我们有像在上图中那样的油管网络，有一个指定的"源"叫作 s，还有一个指定的"汇"叫作 t。每个管道有一个已知的"容量"，是一个衡量每秒有多少油可通过该管道的非负实数。最大流便是我们以尽量聪明的方式设计路线所得到的每秒可从 s 发送到 t 的最大油量。相反，最小割是恐怖分子通过炸毁总容量为 C 的石油管道，便可以防止任何油从 s 被发送到 t 的最小实数 C。

举个例子，图 12.5 中的最大流和最小割分别是多少呢？

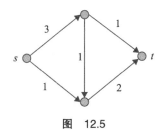

图　12.5

对，都是 3。

作为一个简单的发现，我断言，对于任何网络，最大流一定不会超过最小割。为什么呢？

没错，因为根据定义，最小割就是所有油最终都得通过的"瓶颈"的总容量！换句话说，如果把总容量为 C 的管道炸毁，就足以将从 s 流向 t 的油量减小到零，那么把相同管道放回的话，流量不会增加到 C 以上。

因此，最大流最小割定理说反过来也是对的：对于任何网络，最大流和最小割其实相等。

练习（留给那些从未见过最大流最小割定理的同学）：证明最大流最小割定理。

练习（很难）：运用最大流最小割定理，证明对于任意酉矩阵 U 和任何态 $|\psi\rangle$，存在一种将所有从 s 到 t 的概率质量放入前面所示的网络 $G(U, |\psi\rangle)$ 中的方法。

所以，我们现在得到备选隐变量理论了。即给定 U 和 $|\psi\rangle$，首先找一种"正则"的方式将所有从 s 到 t 的概率质量放入网络 $G(U, |\psi\rangle)$ 中。然后这样定义随机矩阵 S：$s_{ij} := p_{ij} |\alpha_i|^2$，其中 p_{ij} 是从 $|i\rangle$ 到 $|j\rangle$ 路线的概率质量的大小。（为简单起见，我将忽略 $\alpha_i = 0$ 时发生的事情。）

通过构造，这个 S 将 $|\alpha_i|^2$ 向量映射为 $|\beta_i|^2$ 向量。它还有一个很好的性质是，对于任何 i、j，如果有 $u_{ij} = 0$，那么也会有 $s_{ij} = 0$。

为什么？

对！因为如果 $u_{ij} = 0$，那么就不会有从 $|i\rangle$ 到 $|j\rangle$ 的概率质量。

练习（更难）：证明以某种方式选取"正则"最大流并满足下述条件是可能的：对 U 或者 $|\psi\rangle$ 的一个微小改变只会导致转移概率矩阵 p_{ij} 的一个微小改变。

薛定谔理论

前面讲的是关于隐变量理论的一个漂亮例子。我现在要展示一个我觉得更漂亮的例子。我当年开始考虑隐变量理论时，这实际上是我自己的第一个想法。后来我发现，薛定谔在一篇几乎被遗忘的 1931 年的论文中也有同样的想法 [9]。

具体说来，薛定谔的想法是通过求解一组耦合的非线性方程组系统来定义量子力学中的转换概率。麻烦的是，薛定谔不能证明他的系统存在一个解（更别说解唯一了）——这得等到 20 世纪 80 年代长泽正雄（Masao Nagasawa）的工作 [10]。幸运的是，我只关心有限维量子系统，这样的话一切都简单多了，我可以给出一个合理的关于方程可解的初步证明。

具体想法是什么呢？回忆一下，给定一个酉矩阵 U，我们想以某种方式把它"转换"成一个将初始分布映射为最终分布的随机矩阵 S。这基本上相当于求矩阵 P 的转移概率，即一个第 i 列的和为 $|\alpha_i|^2$，且第 j 行的和为 $|\beta_i|^2$ 的非负矩阵。（这正是我们之前所要求的，边缘概率应该是通常量子力学得到的那一个。）

既然我们最终要得到一个非负矩阵，合理的第一步可以是用 U 的绝对值来代替它的每一个分量：

$$\begin{pmatrix} |u_{11}| & \cdots & |u_{1N}| \\ \vdots & \ddots & \vdots \\ |u_{N1}| & \cdots & |u_{NN}| \end{pmatrix}$$

接下来呢？我们希望第 i 列的和为 $|\alpha_i|^2$，那就继续用我们能想出来的最为简单粗暴的方法，对于每一个 $1 \leq i \leq N$，将第 i 列和标准化为 $|\alpha_i|^2$！

现在，我们同样希望第 j 行的和为 $|\beta_i|^2$。我们该如何做？对的，对于每一个 $1 \leq j \leq N$，将第 j 行的和标准化为 $|\beta_i|^2$！

当然，在对行进行标准化后，一般来讲，第 i 列的和将不再是 $|\alpha_i|^2$。但那不是问题，我们就再将列标准化一次！然后我们再对（被标准化列搞砸了的）行进行标准化，然后再对（被标准化行搞砸了的）列进行标准化……永无止境。

练习（很难）：证明这一迭代过程对于任何 U 和 $|\psi\rangle$ 都是收敛的，其极限为一个转移概率矩阵 $P=(p_{ij})$——即一个第 i 列的和为 $|\alpha_i|^2$ 且第 j 行的和为 $|\beta_i|^2$ 的非负矩阵。

开放性问题（如果你有答案，请告诉我）：证明对 U 或者 $|\psi\rangle$ 的一个微小改变只会导致转移概率矩阵 $P=(p_{ij})$ 的一个微小改变。

玻姆力学

一些人也许想知道，我怎么还没有提到所有隐变量理论中最著名的那一个——玻姆力学（Bohmian mechanics）。答案是，为了讨论玻姆力学，我要引入无限维希尔伯特空间（要命！）、带有位置和动量的粒子（真要命！），以及我作为计算机科学家非常抵触的其他很多概念。

不过，我还是要告诉你玻姆力学是什么，以及它为什么不适合我的框架。1952 年，戴维·玻姆（David Bohm）提出了一个确定型的隐变量理论，从这套理论中，你不仅可以得到转移概率，而且这些概率全是 0 或者 1！他的方法是将 $\mathfrak{R}^3$ 中的粒子位置作为他的隐变量，然后规定，代表粒子在哪里的概率质量应该随波函数"流动"，使得一个概率为 ε 的构形空间区域总是映射到另一个概率为 ε 的构形空间区域。

对于一个一维空间的粒子，很容易写下来（唯一的）满足玻姆概率约束的关于粒子位置的微分方程。玻姆展示了如何将方程推广到任意数量的粒子以及任意的维度。

举个例子，图 12.6 是著名的双缝实验中玻姆粒子的运动轨迹。

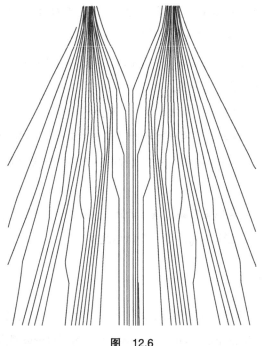

图 12.6

这个理论令人惊异的地方是，它是确定型的：一旦搞清楚任何时间宇宙中所有粒子的"实际"位置，你就已经搞清楚了它们此前和此后所有的"实际"位置。所以，如果你喜欢，你可以想象，在大爆炸的瞬间，上帝按照通常的 $|\psi|^2$ 分布在整个宇宙中播撒下粒子；但之后，他就打碎了自己的骰子，让所有粒子永远都开始确定型的演化。最后，这个假设会让你得到与量子力学的一般图像——上帝在一直不停地掷骰子——完全相同的实验预测。

在我看来，美中不足的是，这样的确定型只能在无限维希尔伯特空间，比如粒子的位置空间中奏效。我几乎从没见过文献中对此有过讨论，不过我可以用几句话来解释一下。

假设我们想要一个像玻姆力学一样的隐变量理论，但要对有限维度的量子态奏效。那么如果我们运用一个将状态 $|0\rangle$ 映射为

$$\frac{|0\rangle + |1\rangle}{2}$$

的酉变换 U 会发生什么事呢？在这种情况下，最初的隐变量确定为 $|0\rangle$；而后来一半概率为 $|0\rangle$，一半概率为 $|1\rangle$。换句话说，对 U 的运用使得隐变量的熵从 0 增加为 1。所以，要想决定隐变量以哪种方式演化，上帝显然需要掷一个硬币！

玻姆派的人也许会说：这里确定型有实效的原因是，我们的波函数是"简并的"，即它不满足玻姆微分方程所需的连续性和可微性条件。但在这个意义下，有限维希尔伯特空间中的每一个波函数都会是简并的！正因如此，如果我们的宇宙在普朗克尺度上是离散的，那么它也无法在玻姆力学的意义下成为确定型的。

第13章
证明

这一章，我们将从量子岛撤退，返回计算复杂性的安全领土。尤其，我们将看到在 20 世纪 80 年代和 90 年代，计算复杂性理论是如何改造数学证明这一千年历史概念，使其具有概率性、交互性和密码学特性的。但是，在打造完我们的新镰刀后，我们将回到量子岛收割庄稼。特别是，我会告诉大家为什么如果你们能看到一个隐变量的整个轨迹，就能有效地解决任何接受统计零知识证明协议（statistical zero-knowledge proof protocol）的问题，包括像"图同构"这样的问题。它们是否有有效的量子算法至今仍不得而知。

何为一个证明？

从历史上看，数学家对于"证明"有两种非常不同的见解。

第一种见解是，证明是一种诱使读者（至少是证明者）产生某种"结果正确"的确定性的直观感觉。按照这种观点，证明是一种内在的变化体验——一种让你的灵魂与柏拉图天堂的永恒真理接触的方式。

第二种见解是，证明是遵守一定规则的符号序列，或者更一般地，如果将此观点归结为我认为的它的逻辑结论，那么，证明是一个计算。换句话说，证明是一种物理的、机械的过程。如此一来，如果该过程终止于某个特定结果，那么你就应该接受给定的定理为真。自然，你对这个定理的确定性永远不会多于你对自己所掌管的机器定律的确定性。但是，根据莱布尼茨、弗雷格、哥德尔这样伟大的逻辑学家们的理解，关于证明的这种见解的弱点也正是它的强大之处。如果证明是纯机器式的，那么原则上，你只需转动机器的曲柄就能发现新的数学真理，而不需要任何的理解和洞察。正如莱布尼茨所想象的，法律纠纷会在某一天全部得到解决："先生们，让我们来计算吧！"

关于证明的这两种见解之间的紧张关系，在 1976 年得到了很大缓解。当时，肯尼斯·阿佩尔（Kenneth Appel）与沃尔夫冈·哈肯（Wolfgang Haken）宣布了对著名的四色定理的证明。该定理说的是，每一个平面地图可以用四种颜色着色，且没有任何两个相邻的国家着色相同。这一证明基本上是由计算机对成千上万种情况的暴力枚举组成的，没有可行的方式能让人类全面理解它。

如果四色定理的证明基本上是用蛮力解决的，那么，怎么能确定该证明尝试了所有情况？人类数学家需要给出的新技术贡献，正是将问题减少到有限多种情况——具体来讲，大概 2000 个——然后就可以让计算机检查了。后来，人们的信心有所增加，因为证明被另一个组复现了，而且这把所分情况的数量从约 2000 个减到了约 1000 个。

有人也许会问：你怎么知道计算机不会犯错？最简单的回应就是：人类数学家也会犯错误。我的意思是，罗杰·彭罗斯喜欢讨论与柏拉图式的真实的直接接触，但尴尬的是，有时候你以为自己已经取得了这样的联系，但第二天早上却发现自己错了！

我们知道计算机没有犯错，是因为我们相信计算机所依赖的物理学定律，而计算机自己在计算过程中没有被宇宙射线影响。但在过去的几十年里一直有一个问题：我们为什么应该相信物理学？每天，我们在生与死之中确认物理学，但对于像证明四色定理这样重要的事情，我们为什么要相信它？事实上，我们可以与证明的定义玩一玩，将它扩大到令人不安的范围。本章接下来的部分就要做这件事情。

概率证明

回想一下，我们可以将证明看作计算——一个纯粹的输出定理的机械过程。但如果是一个以 2^{-1000} 的概率犯错的计算呢？那还是一个证明吗？也就是说，BPP 计算是合法证明吗？好，如果我们能够使误差非常小，小到彗星突然将我们的计算机撞成碎片的概率也要比我们的证明出错的概率大，那么这时候，它肯定是合情合理的！

现在你还记得 NP 吗？即拥有（答案为"是"的）多项式大小证书且能在多项式时间内被验证的问题类。那么，一旦我们考虑随机算法，这个想法就会启发它本身将 NP 与 BPP "结合"起来，创造一个新的复杂度类，其中你可以得到一个答案为"是"的多项式大小的证书，同时你也可以使用一个多项式时间的随机算法来检查证书。嗯，这个混合类确实已经在 20 世纪 80 年代被拉斯洛·鲍鲍伊（László Babai）发明出来了。但是如果你不知道的话，你可能猜不到鲍鲍伊将这个类称作什么。你放弃猜想了？好吧，它叫作 MA，"梅林-亚瑟"（Merlin-Arthur）的缩写。鲍鲍伊在想象一个游戏，其中"梅林"，一个全能但不值得信任的证明魔法师，提供了一个多项式大小的证书。然后"亚瑟"，一个持怀疑态度的多项式时间国王，运行了一个随机算法来检查梅林的证书。更加正式地说，MA 可以被定义为一个这样的语言类 L，对于 L，存在一个梅林的多项式时间随机算法 V，使得对于所有的 x：

1. 如果 $x \in L$，那么至少存在一个证书 w，使得 $V(x, w)$ 确定接受；
2. 如果 $x \notin L$，那么不管 w 是什么，$V(x, w)$ 以至少 1/2 的概率拒绝。

事实证明，如果你将第 1 点中的"确定"替换为"以至少 2/3 的概率"，那么你将得到完全相同的类 MA。（这需要一页纸左右的证明，我们在这里不会去做。）你也可以证明，NP 和 BPP 包含于 MA，而 MA 包含于 PP，以及 $\sum_2 P \cap \prod_2 P$。

现在，我们一旦有了梅林和亚瑟这样的角色，就可以定义更多有趣的游戏。假设亚瑟给梅林提交的是梅林必须回应的随机挑战，那么你会得到一个新的类，名为 AM（"亚瑟 - 梅林"的缩写）。它包含 MA，但我们不知道它是否等于后者，而且还包含于 $\prod_2 P$。其实我应该告诉你，现在我们中大多数人猜测 NP = MA = AM；事实上，我们已经知道这是电路下界假设——类似于使得 P = BPP 的那些假设（见第 7 章）——的推论。但我们距离能够证明它还有很长的路要走。

你可能想知道，如果从梅林那里得到回答后，亚瑟接着问梅林一个问题，或者接着问三个或四个问题，会发生什么？你会觉得，梅林能够向亚瑟证明更多，对不对？错了！另一个出人意料的定理认为 AM=AMAM=AMAMAM…也就是说，问梅林任何常数数量的问题和只问他一个问题，给予亚瑟的能力是一样的。

零知识证明

我之前讲了讲随机证明，即有不确定性因素的证明。我们也可以推广证明的概念，让它包括零知识证明（zero-knowledge proofs）。对于所问的命题，这种证明让看到它的人除了得知命题为真以外，学不到任何东西。

直观上，这听起来是不可能的，但我会用一个例子来说明。假设我们有两个图。如果它们是同构的，这会很容易证明。但是，如果它们不是同构的，而你又是一个无所不知的精灵，你该怎么向别人证明？

这很简单：让你试图说服的那个人挑选两图中的一个，并随机重排，然后传给你结果。接着，那个人问："我挑的哪个图？"如果图是不是同构的，那么你应该能回答正确。否则，你就只能有 1/2 的概率回答正确。这样的话，如果重复测试少数次，你几乎必然会犯错。

这就是交互式证明系统（interactive proof system）的一个例子。我们做什么假设了吗？我们假设你不知道验证者从哪个图开始，你也无法通过访问其大脑状态来搞清楚。或者，就像理论计算机科学家会说的那样，我们假设你不能访问验证者的"私有随机比特"。

更有趣的是，验证者在无须学习任何东西的情况下就能确信图不是同构的！特别是，验证者变得相信一个命题，却不能因此说服别人相信同样的命题。

验证者除了被证明的东西的真实性以外，学不到任何东西，而拥有这一属性的证明就被称为零知识证明。是啊，你必须做更多的工作来定义"学不到任何东西"对验证者来说意味着什么。基本上，它意味着，如果验证者已经相信了这个命题，他就可以自己将整个协议模拟出来，而不需要证明者的任何帮助。

在一定的计算假设下（即单向函数存在），可以表明对每个 NP 完全问题而言，都存在零知识证明。这是戈德赖希（Goldreich）、米卡利（Micali）和威格德森在 1986 年的一个惊人发现[1]。

因为所有 NP 完全问题都可以互相归约（即它们是"不同形式的相同问题"），所以给出一个 NP 完全问题的零知识协议便足够了。而且事实证明，一个方便的选择是图的三着色（three-coloring a graph）问题：为每个顶点着红色、蓝色或绿色，使得没有任何两个相邻的顶点着色相同。这本书的内文是黑白双色的，但你可以发挥想象力，想象图 13.1 中有两个红色顶点、两个蓝色顶点和两个绿色顶点。

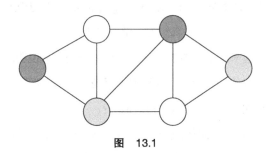

图 13.1

问题是，你如何说服别人一个图是可以三着色的，且不透露任何有关颜色的信息？

好吧，你可以这样。给定一个三着色，首先随机置换颜色，比如将每一个蓝色顶点改为绿色，将每一个绿色顶点改为红色，将每一个红色顶点改为蓝色（有 3!=6 种可能的排列）。接下来，向验证者发送编码所有颜色的加密信息。这些信息可以为你的颜色给出"数字保证"。更详细地说，该信息应该有如下性质：

1. 验证者不能读出它（即破解密码在计算上是不可能的）；

2. 但是如果你后来替验证者解密了信息，那么验证者就可以很容易地为自己检查你做的置换是否正确，即你没有把颜色换得和你先前保证的不同，从而来作弊。

有一个相关的技术事实，我就不加证明地假设了：给定任何单向函数，有可能实现这种交托（尽管可能是一种需要交互好几轮的方式）。如果你不愿意无条件地相信这个假设，那么只要你愿意用一个更强的加密假设，还是有很多更容易的方式来实现数字保证的。比如，如果你假设质因数分解很难，那么加密的信息就可以是很大的合数。并且，顶点颜色可以通过这些数字的质因数分解的各种属性被编码。然后，你就能通过发送这些合数来对这些颜色加以保证，并通过发送这些质因数分解来"收回保证"（即揭示这些颜色）。于是，验证者可以很容易地为自己检查它们确实是原来的质因数分解。

无论如何，给定加密的颜色之后，验证者能做点什么呢？很简单：他可以选择两个相邻顶点，要求你解密颜色，然后检查 (1) 解密是有效的，以及 (2) 颜色确实不同。需要注意的是，如果图不能三着色，那么，要么一定有两个相邻的顶点有相同的颜色，要么一定有一些顶点甚至没有被染成红色、蓝色或绿色。在这两种情况下，验证者将至少以 $1/m$ 的概率抓到你作弊，其中 m 是边数。

最后，如果验证者想要增强信心，我们可以简单地将协议重复很多次（但仍是多项式次数）。需要注意的是，每次你都要选择新的颜色排列以及新的加密。如果重复了（比如）m^3 次后，验证者仍然没有发现你作弊，那么他可以肯定你确实在作弊的概率是微乎其微的。

但是，这个协议为什么是零知识的呢？直观地讲，这是"显而易见"的：当你解密两种颜色时，验证者知道的仅仅是两个相邻顶点颜色不同。然而，如果它是一个有效的三着色，那么顶点就被着以不同的颜色——不是吗？好吧，更形式化一些，你需要证明验证者"学不到任何东西"，也就是说，对验证者自己而言，在多项式时间内采用任何多项式算法，他都只能从过程中推得一个与你们之间实际交换的信息序列分布不可区分的概率分布。可以想象，这需要一些技术。

我刚才给你看的那两个零知识的例子有什么区别吗？肯定是有的：三着色地

图的零知识证明关键在于，验证者不能在多项式时间内，凭自己对地图进行解密。（如果他能这么做，他就能够得知如何三着色了！）这被称为计算零知识证明（computational zero-knowledge proof），所有接受这种证明的问题被称为 CZK。相比之下，在证明图非同构问题时，验证者甚至不能用无限的计算能力作弊。这就是所谓的统计零知识证明（statistical zero-knowledge proof），在这个证明中，诚实的证明者和作弊的证明者给出的分布在统计意义上必须接近。所有接受这种证明的问题被称为 SZK。

显然 SZK⊆CZK，但是是严格包含吗？直观地说，我们会猜想 CZK 是一个更大的类，因为我们只需要一个对于多项式时间验证者是零知识的验证者，而不是可以无限计算的验证者。而且事实上，我们知道如果单向函数存在，那么就有 CZK = IP = PSPACE，换句话说，CZK "可能要多大就有多大"。另外，我们也知道 SZK 包含于多项式的层次结构中。（事实上，在一个去随机化的假设下，SZK 甚至在 NP∩coNP 中。）

PCP

概率性核对证明（probabilistically checkable proof，PCP）至今看上去还是一个不可能拿 "证明" 这样的概念去玩的游戏。它是以某种方式写下来的证明，让你这个懒惰的定级者只需在一些随机的地方打开它、检查它（在统计意义下）是对的就好。事实上，如果你想要以很高的自信（比如千分之一）相信证明是正确的，你永远都不需要检查超过 30 个比特。当然，难点是将证明编码，使得这一陈述变为可能。

举一个例子，可能更容易让大家看出这点。你们还记得图非同构问题吗？我们将证明，有一种对两个图非同构的证明，使得任何验证这个证明的人仅需查看常数个数的比特（诚然，证明本身会有指数那么长）。

首先，给定任何一对图 G_0 和 G_1，每个图有 n 个节点。证明者发送给验证者经过特殊编码的字符串，证明 G_0 和 G_1 是非自同构的。这个字符串是什么？好的，我们可以选择所有有 n 个节点的图的一个排序，所以称第 i 个图为 H_i。然后对于字符串的第 i 位，如果 H_i 同构于 G_0，证明者就写 0；如果 H_i 同构于 G_1，证明者就写 1；否则（如果 H_i 跟两者都不同构）就随便写 0 或 1。请问这个字符串如何证明 G_0 和 G_1 不同构？很容易：验证者掷一枚硬币来得到 G_0 或 G_1，然后将其随机置换，得到一个新的图 H。然后，她查询与 H 对应的证明比特，当且仅当查询到的比特和她原始的图匹配时，她才接受。如果 G_0 和 G_1 是不同构的，那么验证者总会接受；如果不是，那么她接受的概率至多为 1/2。

不过在这个例子中，这个证明是指数长的，而且只能对图非自同构问题奏效。我们有什么一般的结果吗？著名的 PCP 定理 [2] 认为，每一个 NP 问题都接受 PCP——再进一步，是多项式长度证明的 PCP！这意味着，每一个数学证明都可以被编码，使得原始证明中的任何错误都转化为在新证明中几乎无处不在的错误。

我们借助 3SAT 可以理解这一点。PCP 定理等价于，解决拥有如下承诺的 3SAT 问题的 NP 完全性：要么公式是可满足的，要么没有一个真值分配满足超过（比如）90% 的子句。为什么呢？因为你可以将某个数学语句是否有至多 n 个符号的证明的问题编码为 3SAT 实例。这样做的结果是，如果有一个有效证明，那么公式就是可满足的；如果没有，那么就没有分配满足超过 90% 的子句。所以，给定一个真值分配，你只需区分它满足所有的子句还是满足至多 90% 的子句。这可以通过检查几十个随机子句来完成，完全独立于证明的长度。

模拟隐变量理论的复杂性

我们在第 12 章中谈到，一个隐变量理论中一个粒子的隐变量的路径，但是找到这样路径的复杂性是多少呢？这个问题肯定至少跟量子计算一样难——因为一般来说，即使只是在任何一个时间点上采样一个隐变量的值，都将需要一次完整的量子计算。采样整个轨迹是更难的问题吗？

这里有另一种问这个问题的方式。假设在你死亡的时候，你的一生瞬间闪现在你面前——并且假设你可以在你的生命历程上进行多项式时间的计算。那么你可以计算什么呢？当然我们假设有一个隐变量理论是真的，以及虽然你还活着，但是你总可以让你自己的大脑处于各种非平凡的叠加中。

为了研究这个问题，我们可以定义一个名为动态量子多项式时间（Dynamical Quantum Polynomial-Time，DQP）的新复杂类。这个类的形式定义有点儿烦琐（详见我的论文[3]）。不过直观地看，DQP是这样一类问题：在某个满足"合理"假设的隐变量理论下，对整个隐变量的轨迹进行采样，对于这种"模型"来说，这类问题是有效可解的。

现在，你还记得SZK类——那类有统计零知识证明协议的问题吗？我的论文的主要结果就是SZK⊆DQP。换句话说，如果我们能衡量一个隐变量的整个轨迹，就能使用一台量子计算机来解决所有的SZK问题，包括图同构和其他许多尚不知是否有有效量子算法的问题！

为了解释清楚原因，你需要先知道，萨海（Sahai）和瓦丹（Vadhan）在1997年针对SZK发现了一个非常漂亮的"完全承诺问题"。该问题如下。

> 给定两个可有效采样的概率分布 D_1 和 D_2，它们的统计距离是近还是远（承诺这两种情况必取其一）？

这意味着，当考虑SZK时，我们可以忘掉零知识证明，而仅假设有两个概率分布，然后我们想知道它们是否接近。

不过，让我把问题变得更具体一些吧。假设你有一个函数 $f:\{1, 2, \cdots, N\} \to \{1, 2, \cdots, N\}$，并且要决定 f 是一对一的，还是二对一的（承诺两者必取其一）。这就是所谓的冲突问题（collision problem），它并不能抓住所有SZK问题的难度，但足够接近我们的目的。

现在，你需要调用 f 多少次来解决冲突问题？如果你使用的是经典概率算法，那么不难看出，$\sqrt{N}$ 次调用是必要且充分的。正如著名的"生日悖论"（如果你把23个人放在一个房间里，那么其中两个人生日相同的概率至少为50%），你会得到一个平方根的节省，而非简单上界，因为重要的是冲突发生的成对数量。但遗憾的是，如果 N 有指数那么大，正如我们所考虑的情况那样，那么 $\sqrt{N}$ 仍然完全行不通——一个指数的平方根仍是一个指数。

那么量子算法呢? 在 1997 年, 布拉萨尔、霍耶 (Høyer) 和特普 (Tapp) [4] 展示了如何将生日悖论中的 $\sqrt{N}$ 和格洛弗算法中与之不相关的 $\sqrt{N}$ 结合起来, 得到一个需要 $\sim N^{1/3}$ 次调用的解决冲突问题的算法 (这听起来就像个笑话)。是的, 量子算法确实对这个问题进行了一点点改进。但是, 我们做到最好了吗? 或者说, 是否可能有一个更好的量子算法, 可以用 (比如) $\log N$ 次甚至更少调用, 来解决冲突问题呢?

在 2002 年, 我证明了关于冲突问题量子调用复杂度的第一个非平凡下界 [5], 表明量子算法需要至少 $\sim N^{1/5}$ 次调用。后来施尧耘 [6] 将之改进到了 $\sim N^{1/3}$。这说明布拉萨尔、霍耶和特普的算法其实就是最优的。

回到我们的话题, 假设你能看到一个隐变量的整个轨迹。在这种情况下, 我断言, 你可以只用常数次 (独立于 N) 调用来解决冲突问题! 怎么做呢? 第一步是准备这个态

$$\frac{1}{\sqrt{N}} \sum_{i=1}^{N} |i\rangle |f(i)\rangle$$

现在, 测量第二个比特 (从下一刻开始, 我们就不再需要它), 然后只考虑第一个比特的结果状态。如果 f 是一对一的, 那么在第一个比特那里, 你会得到一个形式为 i 的经典态, 其中 i 是随机的。另外, 如果 f 是二对一的, 那么你会得到形式为 $\frac{|i\rangle + |j\rangle}{\sqrt{2}}$ 的态, 其中 i 和 j 是两个数字, 且 $f(i)=f(j)$。除非你能进一步测试, 来将这些态区分开。但很可惜, 只要一测量, 你就破坏了量子相干性, 然后, 这两种态在你看来就是全同的。

啊哈, 别忘了! 我们能看到一个完整的隐变量轨迹! 下面要讲的正是我们能如何利用这一点。从态 $\frac{|i\rangle + |j\rangle}{\sqrt{2}}$ 开始, 先对每个量子比特运用一个阿达玛门。这就产生了有指数多的基向量的一锅 "汤"。但如果再对每个量子比特运用一次阿达玛门, 我们将回到原来的态 $\frac{|i\rangle + |j\rangle}{\sqrt{2}}$。现在的想法是, 当我们对一切运用阿达玛

门时，粒子"忘记了"它是在 i，还是在 j。（在对隐变量理论进行一些很弱的假设后，便可以证明这一点。）然后，当我们观察这个粒子的历史时，就能了解到这个态的形式究竟是 i 还是 $\frac{|i\rangle + |j\rangle}{\sqrt{2}}$ 。因为在前者的情况下，粒子将总是返回至 i；但在后者的情况下，粒子会"忘记"，然后需要随机选择 i 和 j。像往常一样，通过将这一"杂耍"过程重复多项式次，我们可以让出错概率指数地小。（注意，这并不需要观察一次以上的上述隐变量轨迹，重复可以在单一轨迹上发生。）

能让上述方法奏效的隐变量理论假设是什么呢？第一个假设是，如果你有一堆量子比特，然后对其中之一运用阿达玛门，那么你应该只是在第一个量子比特不同的隐变量基础态矢之间进行了转变。

注意，这个假设与对隐变量理论中物理学家通常所指的"局域"的要求非常不同（而且比后者弱得多）。没有隐变量理论可以是局域的。那个名为贝尔的家伙已经证明过它了。

第二个假设是，隐变量理论对于酉矩阵和量子态的小错误是"巨大的"。在以一种合理方式定义了复杂度类 DQP 的时候，这种假设是必要的。

正如我们看到的，DQP 既包含 BQP，也包含图同构问题。但有趣的是，至少在黑盒子模型中，DQP 不包含 NP 完全问题。更形式地说，存在一个谕示信息 A 使得 $NP^A \not\subset DQP^A$。其证明让下面这种直觉得以形式化：虽然隐变量在量子大海里到处乱弹，但是，它能捞到针的概率也是微乎其微的。事实证明，在隐变量模型中，你可以使用 $N^{1/3}$ 次调用来搜索大小为 N 的无序列表，而不是从格罗弗算法得到的 $\sim \sqrt{N}$ 次，但这仍然是指数的。其结果是，即便是 DQP 也有严格的计算复杂度限制。

第14章
量子态有多大？

我将要讨论本章标题中所说的问题，不过要先说一些题外话。在科学中有一个传统的层级，其中生物学在顶层，化学在生物学下面，物理学在化学下面。如果物理学家们比较慷慨，那么他们会说，数学在物理学下面。然后，计算机科学在土地工程学或其他一些非基础科学的学科之上。

现在，我的观点稍微不同：计算机科学是斡旋于物理世界和柏拉图世界之间的东西。考虑到这一点，说它是"计算机科学"可能有点儿用词不当，它也许应该被称为"量化认识论"（quantitative epistemology）。它有点儿像在研究如同我们这样的有限生命学习数学真理的能力。我应该已经向大家展示过这一点了。

我们应当如何将其与"一台计算机的任何实际实现必须以物理学为基础"这样的见解相调和呢？物理学和计算机科学的顺序不会颠倒吗？

若是如此，我们通过类似的逻辑就可以说，任何数学证明都必须写在纸上，因此，物理学应该在数学的层级结构之下。或者可以说，数学基本上是一个研究特定种类的图灵机是否会停机的学科。所以，一切事物都建立在计算机科学之上，然后，数学只是某些特殊情况下的图灵机，用来枚举拓扑空间，或者做数学家关心的其他事情。但奇怪的是，物理学，尤其是量子概率形式的物理学，近年来正在从其知识层级上渗透下来，"感染"了"较低"层级的数学和计算机科学。这就是我一直以来对量子计算的看法：它作为物理学的一个研究内容，却没有待在自己应该待在的那个智力层级上！可以说，我对物理学的职业兴趣恰恰在于它渗透到"较低"层级上的程度——渗透应该不是随意的，它迫使我重新思考对这些层级的原有理解。

无论如何，让我们继续本章的主题。我认为，将量子力学的诠释加以分类会有所帮助，或者，至少能通过询问"量子力学在量子态指数性问题上的落脚点在哪里？"来重新理顺相关辩论。为了描述一百个或一千个原子的状态，你真的需要比在可观测宇宙中能写下的经典比特更多的信息吗？

粗略地讲，多世界诠释会说："当然。"这也是戴维·多伊奇明确支持的一点。如果舒尔算法所用的不同的宇宙（或波函数的成分）并非物理地存在，那么，那个被分解的数字在哪里呢？

我们也谈到过玻姆的力学，它也会回答"是"，但这个向量的一部分会比其他部分"更真实"。接下来还有曾被称为"哥本哈根诠释"的观点，不过它现在被称为"贝叶斯观点"（Bayesian view）、"信息论观点"（information-theoretic view），此外还有一大堆其他名字。

在贝叶斯观点中，一个量子态是一个指数长的概率幅向量，或多或少与一个经典概率分布是指数长的概率向量有着相同的意义。如果你拿出一个硬币，然后准备抛 1000 次，你就会得到一个包含 2^{1000} 种可能结果的集合。但我们不会就此决定，把所有这些结果都看作物理真实的。

在这一点上，我要澄清，我不是在谈论量子力学的形式，这件事情（几乎）每个人都同意。我问的是，量子力学是否描述了一个存在于物理世界中的、实际的、真正的"指数大小的客体"。所以，当你采纳哥本哈根诠释时，你就是认为指数长的向量"仅仅在我们的脑中"。

玻姆的观点是处于中间位置的奇怪类型。在玻姆的观点中，你在某种程度上差不多将这些指数多的概率看作真实的了。它们是导向场，但它们导向了一个"更真实"的东西。在哥本哈根诠释里，这些指数多的概率真的只在你的头脑中。或许，它们是对应于外部世界的某样东西，但不管它是什么，我们既不知道，也不能去问。克里斯·福克斯（Chris Fuchs）曾说，量子力学有一些物理背景——某些我们头脑之外的东西——但我们不知道这些背景是什么。尼尔斯·玻尔则倾向于说:"不准你问。"

既然有了量子计算,我们就能拿计算复杂性理论的知识库来解决这个问题吗? 我不想让你失望,但我们不能用计算复杂性理论来解决它。这个问题没有足够好地被定义。虽然我们不能宣布其中哪个观点是最终的胜利者,但我们能做的是让它们彼此开展"阶段性战役",然后看看哪一方是最后的赢家。对我来说,这是研究量子证明、建议、通信等问题的真正动机,就像我们将在本章中看到的那样。也就是说,我们想弄明白:如果有一个 n 量子比特的量子态,它更像 n 还是 2^n 的经典比特? 当然,在对量子态的形式描述中总有一种指数性,但我们想知道能有多大可能性真正找到它,或者把它根除。

在踏上解决这一问题的征途之前,我们需要配备一些复杂度类。我知道,我知道……我们拥有所有这些复杂度类,而且它们看上去有点儿深奥。我们使用这些缩写词来表达自己的想法,而不像在物理世界中那样,想出一些"性感"的名字,比如"黑洞""夸克"或"超对称性"。或许,这只是一个糟糕的历史意外。这就像那个关于囚犯们讲故事的笑话:一个囚犯喊了声"37",所有人都开始趴在地板上大笑,然后又有人喊了声"22",却没有一个人笑,因为故事已经被讲过无数次了 ①。有一些关于真实、证明、计算机、物理和可知极限的离奇古怪、令人费解的奥秘,但为了便于参考,我们用谜一样的三四个大写字母序列就把它们装备了起来。也许我们不应该这样做。

无论如何,我们都要这么做。就从 MA 的量子推广 QMA(量子梅林-亚瑟,Quantum Merlin-Arthur)开始吧。你可以把 QMA 当作由真理组成的集合,这样,如果你有一台量子计算机,那么你得到一个量子态,就会对答案深信不疑。更形式地讲,这是一个多项式时间量子算法 Q 能计算的问题的集合,使得对于每一个输入 x,都满足下述条件:

---

① 其实,只要喊出某人的编号,大家就知道他要讲什么故事——有的是笑话,有的并不可笑。——译者注

- 如果对于输入 x，问题的答案是"是"，那么存在某个由多项式个数量子比特组成的态 $|\varphi\rangle$，使得 Q 以大于 2/3 的概率接受 $|x\rangle|\varphi\rangle$；
- 如果对于输入 x，问题的答案是"否"，那么不存在任何由多项式个数量子比特组成的态 $|\varphi\rangle$，使得 Q 以大于 1/3 的概率接受 $|x\rangle|\varphi\rangle$。

我的意思是，$|\varphi\rangle$ 的量子比特数应该以 x 的长度 n 的多项式为界。你无法得到 2^n 个量子比特组成的一些态。如果可以，那么这将在某种程度上使问题简化。

我们希望有一个大小合理的量子态让你相信"是"的回答。所以当答案为"是"时，存在一个让你相信它的态；而当答案为"否"时，就没有这样的态。QMA 在某种意义上是 NP 的量子类比。回忆一下，我们有库克 - 莱温定理，它告诉我们，布尔公式的可满足性问题（satisfiability problem，SAT）是 NP 完全问题。还有一个量子库克 - 莱温定理（quantum Cook-Levin theorem）——这是一个伟大的名字，因为库克和莱温都是量子计算的怀疑者（莱温比库克更甚）。量子库克 - 莱温定理告诉我们，可以定义一个 3SAT 问题的量子版本，它被证明作为一个承诺问题（promise problem）是 QMA 完全的。

所谓承诺问题指的是，只有在输入肩负着某种承诺的时候，你才能得到正确答案的一类问题。如果你作为算法，已经被蹩脚的输入折磨够了，那么任何法院都会按你的喜好统治，你可以做任何自己想做的事情。决定承诺是否成立甚至可能是一个非常困难的计算，但那不归你管。对于某些复杂度类，我们不太相信它们有完全性问题，但它们有完全性承诺问题。QMA 就是这样一个类。我们需要一个承诺的根本原因是，1/3 和 2/3 之间存在间隙。也许你会得到一些输入，你会以不大于 2/3 且不小于 1/3 的概率接受。在这种情况下，就当作你做了违法的事情，所以我们假设不会给你这样的输入。

那么，这个量子 3SAT 问题是什么呢？它基本上是这样的：考虑 n 个量子比特滞留在一个离子阱里（嘿，我在试着引入一些物理学概念），现在我们描述一组测量，其中每个测量涉及最多三个量子比特。每个测量 i 接受的概率等于 P_i。这些测量不难描述，因为它们最多只涉及三个量子比特。然后，我们将 n 个测量加起来。

于是，这个承诺就是：要么存在一个态，让这个和非常大，要么对于所有态，这个和都非常小。接下来的问题就是要确定这两个条件中哪一个成立。这个问题在 QMA 中完全，就像 3SAT 在 NP 中完全一样。问题首先被基塔耶夫证明，后来被其他人改进 [1]。

一件真正有意思的事情伴随着这个问题来了：QMA 类有多强大？有没有什么真理让你可以在合理时间内用量子计算机验证，却不能用经典计算机验证？这是我们前面谈到的一个例子。当时，我们试图将针对量子态的现实看法和主观看法转化成它们之间的"阶段性战役"，然后看看谁才是赢家。

约翰·沃特勒斯得出一个成果 [2]。他给出了一个例子，其中似乎有一个指数长的向量确实能给你某种能力。该问题被称为群的非成员（group non-membership）问题。假设给你一个有限群 G，我们认为这个群是指数大的，所以不能用一个巨大的乘法表把它明确地给你，而是以某种更微妙的方式。我们把它假设成一个黑盒子群，这意味着我们有某种黑盒子，能为你执行群操作。也就是说，它能帮你做乘法，以及为群元素求逆。此外，我们还会给你一份这个群的多项式长的生成元名单。

该群中的每个元素都以某种方式被编码为一个 n 比特的字符串，虽然你不知道它是如何被编码的。关键在于，虽然有指数多的群元素，但只有多项式多的生成元。

所以，我们得到一个子群 $H \leqslant G$，它同样可以采用一个生成元列表的形式。现在的问题非常简单：给定一个群元素 x，问它是否在子群里。我是在抽象地以黑盒子的形式提出这个问题，如果你有某个特定的群的例子，那么你也可以把它实例化。比如，这些生成元可以是有限域上的矩阵，然后给定某个其他矩阵，问：你能否从你的生成元得到它？这是一个很自然的问题。

我们说，答案是"是"。然后，你能证明它吗？

你可以展示 x 是如何生成的。有一件事你需要说明（它不是很难）：如果 $x \in H$，那就应该有某种"短"方式来得到它。未必非要把你刚开始拥有的那些生成元乘来乘去，你也可以递归地生成新元素，然后把它们添加进列表，并利用它们来产生新元素，等等。

举例来说，如果我们从 Z_n 群（即模 n 的加群）开始，而且拥有某个单一起点的元素 1，我们就可以不停地让 1 自加。但是，假如想计算到 2^{5000} 的话，可能得花一些时间。然而，如果重复地将群操作运用到新元素上，迭代地构造 2=1+1、4=2+2 等，我们很快就会加到想要的任何元素。

是否总有可能在多项式时间内做到这一点内呢？事实证明，对于任何群，答案都是肯定的。方法是从你开始的那一个子群起，构建一串子群。这需要一点点时间去证明，但它也是鲍鲍伊和塞梅雷迪（Szemerédi）给出的一个定理，不管群是否可解，它都是成立的。

现在的问题是，如果 $x \notin H$ 该怎样？你可以证明给别人看吗？当然，你可以给他们一个指数长的证明，而且，假如你有指数长的时间，你就能证明它。但这是不可行的。我们仍然不知道该如何处理这一点。哪怕给了你经典证明，并允许你通过量子计算来检查它，对于这种情况，我们确实也只有一些猜想而已。

沃特勒斯证明了，如果给定一个由所有该子群元素叠加起来的量子态，就可以证明这一非成员属性。现在，这种状态可能很难准备。为什么呢？

它是指数大的，但也有其他易于制备的指数大叠加态，所以那不能是整个答案。该问题被证明是一个"反算垃圾"（uncomputing garbage）。

我们知道如何在一个群上随机游走，因此也就知道如何对群里的一个随机元素抽样。但在这里，我们被要求做得更多。我们必须找到群元素的相干叠加态。准备一个形为 $\sum|g\rangle|$ 垃圾 $_g\rangle$ 的态并不难，但是，你如何摆脱那些垃圾呢？问题就在这儿。基本上，这些垃圾将成为随机游走，或者你为得到 g 而采用的任何过程。然而，你如何忘记自己是如何得到这个元素的呢？

不过沃特勒斯说的是，假设有一个无所不知的证明器，并假设该证明器能准备好那个态，并把它送给你，那么，你就可以验证一个元素不在子群 H 中。我们可以分两步做到这一点。

1.验证我们真的得到了我们需要的那个态（对于现在我们就假设这一点成立）；
2.通过对态 $|H\rangle$ 使用受控左乘

$$\frac{1}{\sqrt{2}}\left(|0\rangle|H\rangle+|1\rangle|xH\rangle\right)$$

证明 $x \notin H$。紧接着，做一个阿达玛变换，然后测量第一个量子比特。更具体地说，左边的那个量子比特扮演控制比特的角色。如果 $x \in H$，那么 xH 就是 H 的一个轮换。所以我们会得到额外的干涉（光会既通过 x 狭缝，也通过 xH 狭缝）。如果 $x \notin H$，那么 xH 就是一个陪集，因此与 H 不共享相同元素，因此，$\langle H|xH \rangle = 0$，所以我们测量的是随机比特。我们可以将这两种情况区分开来。

你还需要证明，这种状态 $|H\rangle$ 确实是我们原先得到的。为此，我们将做一个像之前做过那样的测试。在这里，在子群 H 上进行经典随机游走，选出元素 x；然后，如果 $|H\rangle$ 真的是整个子群的叠加，那么 $|xH\rangle$ 仅仅会被 x 移位；而如果 $x \notin H$，那么我们就得到了其他东西。你需要证明，这不仅是一个必要的测试，还是充分的测试。这基本上就是沃特勒斯证明的东西了。

这就给出了一个例子，其中看上去有一个量子态，可以对你有所帮助，仿佛你真的可以找到态的指数性一样。这或许不是一个惊人的例子，但它确实说明问题。

一个明显的问题是，在量子证明似乎可以帮上忙的所有这些情况中，如果给定一个经典证明，然后通过量子计算验证，你能否做得一样好？难道我们真的是因为具有量子状态而获得了更多能力？还是因为有一个量子计算机做验证？我们可以把这个问题转化为，问：是否 QMA=QCMA？其中 QCMA 就像 QMA 一样，除非证明必须是一个经典证明。格雷格·库博伯格（Greg Kuperberg）和我合写过一篇论文 [3] 来尝试直接处理这个问题。我们发现一件事（至少在这场特殊战斗中）貌似对量子态的现实性观点不利：如果正规隐子群问题（normal hidden subgroup problem，现在这个问题是什么还不重要）可以在量子多项式时间内解决，而且看上去也可以，然后，如果我们做一些我们询问过的所有群论学家都觉得合理的假设，那么群的非成员问题确实是在 QCMA 中。也就是说，你可以将证明去量子化，然后用经典证明替换它。

另外，我们证明，存在一个量子谕示 A，使得 QMA^A≠QCMA^A。这是一个非常容易说明的事情。首先，什么是量子谕示？量子谕示只是我们想象 QMA 和 QCMA 机器都可以访问的量子子程序。经典谕示作用在计算基组上（可能在一个量子态中叠加着），而量子谕示可以作用在任何一组基上。为了说明我们所使用的谕示背后的想法，假设我们得到了某个 n 量子比特的酉操作 U；此外，假设你得知，要么 U 是单位矩阵 I，要么存在一些你不知道的"标记状态"$|\psi\rangle$，使得 $U|\psi\rangle$ $=-|\psi\rangle$，也就是说，U 具有一些你不知道的对应于特征值为 -1 的特征向量。接下来的问题就是，判定这里面哪些条件成立。

不难看出，这个问题作为一个谕示问题，是在 QMA 中的。它为什么在 QMA 中呢？因为证明器仅需给验证器 $|\psi\rangle$，接着验证器就会计算 $U|\psi\rangle$，然后证明——是的，$U|\psi\rangle=-|\psi\rangle$。这也没什么大不了的。

我们证明的是，这个问题作为一个谕示问题，并不在 QCMA 中。所以，即使你既有这个酉变换 U 的来源，也有某个多项式长的字符串将你引向你不知道的负特征向量，你还是需要指数多的询问来找到 $|\psi\rangle$。

这在另一个方向上给出了 QMA 可能比 QCMA 更强大的证据。如果它们在能力上是等同的，那么这就必须使用量子非相对化技术来证明，即一个对量子谕示的存在很敏感的技术。我们目前并不确切了解这种技术，除了一些同样是经典非相对化的技术之外，不过，后者似乎不适用于这个问题。

这里确实有另一个元问题：量子和经典的谕示之间到底有没有区分？也就是说，是否存在只能用量子谕示来回答的问题？我们能用一个经典的谕示把 QMA 和 QCMA 分隔开吗？格雷格·库博伯格和我试了一阵子，不过还是不行。后来，安迪·鲁托莫斯基（Andy Lutomirski）提出了一个候选问题[4]，他（和我）都猜想这个问题应该可以给出这样的分隔，但没人能证明它。如果你可以的话，那真是太好了。

好，所以这就是量子证明。我们还可以尝试其他方法来回答"能从一个量子态中提取多少东西"这个问题。霍尔夫定理（Holevo's theorem）针对的问题是：如果爱丽丝想给鲍勃发送一些经典信息，而且她可以使用量子信道，那么她能从中受益吗？如果量子态是这些指数长的向量，那么我们凭直觉可能会认为，假如爱丽丝可以发送某个 n 量子比特的态，也许她就可以利用它给鲍勃发送 2^n 个经典比特。我们可以从一个简单的计算论证中得到它。n 个量子比特的任何一对彼此内积几乎为 0 的量子状态的数量，都是 n 的双指数的（doubly exponential）。为了阐明这样的状态，你需要指数多的比特。因此，我们可能希望得到一些信息的指数压缩。可惜的是，霍尔夫定理告诉我们，这是不可能的。你需要 n 个量子比特来可靠地传输 n 个经典比特，而且仅需要一些常数因子来表示你愿意容忍一定的错误率，但是，比起用一个经典概率编码所能得到的，你没法做得更好了。

有一个直觉在向我们招手：你只能测量一次。你提取信息中的每一个比特，都会使得希尔伯特空间的维数减半。当然，在某种意义上，你可以编码超过 n 个经典比特，但不能可靠地找回它们。

这个定理实际上是在 20 世纪 70 年代便为人所知的，思想领先于它的时代。

直到最近几年，才有人问了一个非常自然，而且与之密切相关的问题：如果鲍勃不想找回整个字符串呢？霍尔夫定理认为不可能得到整个字符串。但是，如果鲍勃只想找回一个比特，而爱丽丝事先并不知道是哪一个呢？爱丽丝能否创造一个量子态 $|\psi_x\rangle$，使得对于鲍勃想知道的任何一个比特 x_i，仅在适当的一组基上测量 $|\psi_x\rangle$，他就能知道这个特定的比特？在鲍勃知道了 x_i 后，他就破坏了这个态且不能知道更多的任何东西。但这没关系。爱丽丝给鲍勃传送了一本量子通信簿，而鲍勃只想看一个数字。事实上，安德里斯·安贝尼斯、纳亚克（Nayak）等人的证明 [5] 表明，这仍然是不可能的。他们证明的是，为了让每一个量子比特都能被读出，从而编码 n 个这样的量子比特，你至少需要 $\dfrac{n}{\log n}$ 个量子比特。

也许，你能有一些小小的节省，但肯定不是一个指数的节省。不久之后，纳亚克证明，实际上，如果想编码 n 个比特，你将需要 n 个量子比特。如果愿意损失一两个对数因子的话，我可以很容易地展示，为什么这是霍尔夫定理的一个后果。这个证明为真，恰恰表明了这是一个已经让我得到很多好处的技术，但可能还有更多好处。

由反证法，假设我们有这样的协议，可将 n 个比特可靠地编码为不大于 $\log n$

的量子比特, 且任何一个比特都能在随后以较高的概率被找回——比如说, 至多有三分之一的错误概率吧。那么, 我们能做的是拿一堆这个态的副本。我们只想降低错误概率, 因此, 用比如 $\log n$ 个副本的张量积。给定这个态, 鲍勃可以对每个副本运行原始协议以获得 x_i, 然后取其中的多数。将某个足够大的整数乘以 $\log n$, 就能把错误概率压低到至多 n^{-2}。因此, 对于任何特定的比特 i, 鲍勃就能输出一个 y_i, 使得 $\Pr[y_i = x_i] \geq 1 - n^{-2}$。现在, 既然鲍勃能做到这一点, 那还有什么他能做的呢? 他可以不断重复这一点, 然后变得贪婪。我要运行这个程序, 并得到 x_1; 但现在, 因为给定了这个态, 所以我几乎能肯定地预测出测量的结果。你可以证明, 正因如此, 你没有得到大量信息, 而这个态也仅仅是轻微地被测量干扰了。这就是关于量子测量的一个一般事实。如果你能肯定地预测结果, 那么这个态将一点儿都不会受测量的干扰。换一种说法, 我们在这里讨论的其实就是物理学家亚基尔·阿哈罗诺夫 (Yakir Aharonov) 及其合作者所说的 "弱测量" (weak measurement)。

所以, 这就是我们要做的。我们已经知道 x_1, 而这个态只被损坏了一点点。当我们再次运行该协议时, 我们又仅在很小的损失下知道了 x_2 是什么。由于小损失加上小损失还是小损失, 所以我们就能发现 x_3 是什么, 以此类推。这样一来, 我们可以用比霍尔夫所说的界少的量子比特收回所有原始字符串。在此基础上, 可以说, 我们不可能有这样的协议。

我们为什么要关心这些呢? 好吧, 也许我们并不关心。但我可以告诉你, 这个东西是怎么出现在我的雷达屏幕上的。现在, 我们不再问有关量子证明的问题, 而去讨论一个与之密切相关的概念, 它叫作量子建议 (quantum advice)。我们将借此引入一个类, 名为 BQP/qpoly——给定一个多项式大小的量子建议态, 一个量子计算机可以有效解决的问题的集合。建议和证明之间有什么区别呢? 正如第 7 章讨论的, 建议仅取决于输入长度 n, 但绝对值得信赖; 而证明取决于实际输入, 但需要进行检查。

因此, 建议的好处是你可以信任它, 但缺点是, 它不是专为你想去解决的具体问题而准备的, 所以未必那么有用。因此不难想象, 让量子计算机解决 NP 完

全问题，也许是困难的，但那仅是在量子计算机必须在某个全零初始态下运行的情况下。或许某些非常特殊的态诞生于宇宙大爆炸，此后一直围在一些星云周围（不知何故，没有退相干）；然后，如果我们搭乘着宇宙飞船发现了这些态，它们显然无法预见我们要解决 SAT 的哪个具体实例，但它们有可能预见到，我们可能希望解决 SAT 的某个实例。是否可能存在这样一个通用 SAT 求解态 $|\psi_n\rangle$，使得给定大小为 n 的任何布尔公式 P，我们都可以执行一些 $|\psi_n\rangle$ 上的量子计算，以此弄清 P 是否可满足？我们现在真正要问的是：是否有 NP⊂BQP/qpoly？

关于 BQP/qpoly 的能力，我们有什么可说的呢？我们可以改写沃特勒斯关于量子证明的结果，来适应量子建议的设置。回到群的非成员问题上，如果大爆炸预见我们想要在哪个子群里测试成员关系，但不知道我们想测试哪个元素，那么它可以为我们提供由 H 中所有元素叠加而成的 $|H\rangle$ 态，然后是我们想在 H 中测试成员关系的一切元素。我们可以做到这一点。这表明，群的非成员问题的一个版本是在 BQP/qpoly 中的。

我之前没有提过，但我们可以证明 QMA⊆PP[6]，所以 QMA 的能力显然受到某种限制。可以看到，在最坏的情况下，你要做的就是搜索所有可能的量子证明（所有可能的 n 量子比特的态），然后再看是否有一个能让我们的机器接受的态。你能做得比这更好，而这正是 PP 的界的来源。

那么 BQP/qpoly 呢？你能看到这一复杂类的能力的任何上限吗？也就是说，你能看到任何能说明它无法做到的阐述方式吗？

甚至，我们知道 BQP/qpoly 不等于任何语言（包括不可计算语言）的集合 ALL 吗？比如，你得到了指数长的经典建议字符串。好，然后不难看出，无论什么样的问题，你都能就此解决。为什么？因为设 $f\colon \{0, 1\}^n \to \{0, 1\}$ 是我们要计算的布尔函数；然后，设"建议"为这个函数的整个真值表；接下来，我们只需看看真值表上相应的条目，就解决了我们想要解决的规模为 n 的任何问题——停机问题，甚至但凡你想得到的任何问题。

另一个例子，考虑由格雷戈里·蔡廷（Gregory Chaitin）定义的著名常数

Ω[①]。简单来说，Ω 是在一个给定的图灵通用编程语言下"随机生成的计算机程序"在空白输入上停机的概率。从技术上讲，为了让概率被很好地定义，编程语言应当是"自定界的"（self-delimiting），这意味着，你永远不能在一个有效程序的末尾添加更多比特，来得到另一个有效程序。Ω 二进制展开的字符串几乎拥有神一般的智慧：它们用被称为"最大程度有效"的方法，编码了很多数学问题的答案（哥德巴赫猜想、黎曼猜想等）。如果这样的东西被当作"建议"提出来，那就太疯狂了！（但要注意，从实际考虑，想从建议中提取有趣的信息，比如哥德巴赫猜想为真或假等，需要巨大的计算量，并且我们几乎可以肯定，这完全不切实际。实际上，Ω 可能看上去跟均匀随机字符串没什么区别。不过，它还是个厉害的家伙！）

直观地看，说 BQP/qpoly = ALL 似乎有点儿令人难以置信，因为得到多项式那么多的量子比特还真的不像是得到指数那么多的经典比特。现在的问题是，这个需要描述一个量子态的指数多经典比特的"大海"，能在多大程度上决定我们得到的东西呢？

我想我要切入正题并告诉你了，多年前在一个研讨会上，哈里·比尔曼（Harry Buhrman）问过我这个问题。对我来说，很明显 BQP/qpoly 不是一切，然后他让我来证明这一点。最终我意识到，你可以用多项式大小的量子建议所做的任何事情，都可以用多项式大小的经典建议去做，前提是你可以进行一次测量，然后对结果进行后续选择（postselection）。也就是说，我证明 BQP/qpoly⊆PostBQP/poly。特别是，这意味着 BQP/qpoly⊆PSPACE/poly[7]。（后来在 2010 年，安德鲁·德鲁克和我 [8] 又进一步改进了这个结果，假设 BQP/qpoly 不仅直接等于 BQP/poly，结果表明实际上 BQP/qpoly⊆QMA/poly，这在某种程度上给出了 BQP/qpoly 就经典建议类而言"最优"的上界。关于这一点，我在这里不会说更多了。）结果就是，你可以通过量子建议得知的任何东西，也可以通过一个同等规模的经典建议得知，前提是，你愿意花指数多的计算工作量来提取建议想要告诉你的东西。

---

① 蔡廷曾经写过关于 Ω 的大众科普读物，有兴趣的读者可以参考。

我在这里不妨用两分钟给出 BQP/qpoly⊆PSPACE/poly 的有希望的证明。我喜欢格雷格·库博伯格描述这个证明的方式。他说,如果我们有一些量子建议,并希望通过后续选择,采用经典建议模拟它,那么我们做的其实就是用"达尔文训练集"(Darwinian training set)作为输入。我们已经有了采用经典建议的机器,然后想仅采用经典建议向这台机器描述某个量子建议集。要做到这一点,我们要考虑一些测试输入 $X_1, X_2, \cdots, X_T$。顺便一提,我们的经典建议机器并不知道真实的量子建议态 $|\psi\rangle$。开始时,经典的建议机器猜测量子建议态是最大混合态,因为没有先验知识的任何量子态都有同样的可能性成为建议态。然后,X_1 是算法的一个输入,使得如果用最大混合态代替量子建议,那么该算法会以大于三分之一的概率产生错误答案;如果算法仍然猜测到了正确答案,那么测量将建议态变成某个新的状态 ρ_1。为什么把这个过程描述为"达尔文的"呢?在经典建议的下一部分,X_2 描述的是,给算法某个输入,使得如果状态 ρ_1 被用来代替实际的量子建议,它将以大于三分之一的概率产生错误答案。如果在用 X_1 和 X_2 作为输入运行时,算法仍然产生两个正确答案,那么尽管得到错误答案的概率很高,我们仍使用估计所得的建议态 ρ_1 来产生经典建议 X_3 的下一部分。基本上,我们不断重复下面这句话,来告诉自己经典建议机器的量子态是什么:"就算你以前通过了所有科目的考试,这里还有一个新的考验让你失败。去学习吧,孩子。"

问题的关键在于,如果我们假设 $|\psi_n\rangle$ 是真正的量子建议,那么由于我们可以将最大混合态分解为我们想要的任何一组基,因此,我们就可以把它想象成自己正在努力了解的真实建议态和一堆与之正交的东西的混合物。每一次,我们以大于三分之一的概率给出一个错误答案,就像我们砍掉了这个空间的另外三分之一。紧接着,我们进行后续选择。我们也知道,如果从真实的建议态开始,那就会成功,所以这个过程会在某个地方走出低谷;我们最终会筛掉所有谷壳,用尽那些让算法失败的例子。

所以,在这种情况下,量子态没有表现得如同指数长的向量一样。它们表现得更像编码了某个多项式那么多的信息,尽管这么提取你想知道的东西可能比采用经典形式要快指数那么多。我们再一次得到了模棱两可的答案,但这是预料中的事。我们知道，量子态处于概率分布和指数长字符串之间的某个奇怪的中间范围。我们很高兴看到，这个直觉是如何表现出来的——尽管只在某些具体情况中。我想，这就是吸引我研究量子复杂性理论的东西。从某种意义上说，这与玻尔和海森堡所争论的东西相同，但我们现在能以一个更具体的方式问问题——有时甚至还能回答问题。

第15章
量子计算十一诘

在第 14 章中，我们讨论了量子态是否应被看作指数量级长的态矢，并且引出了复杂性类 BQP/qpoly 以及量子建议等概念。事实上，我在上一次并未谈及我关注这些问题的主要原因：这关乎我们是否应该期望量子计算在根本上是可能的。有人理所当然地认为，量子计算一定是不可能的，比如列昂尼德·莱温 [1] 和奥德·戈德赖希 [2]。他们的一个观点是，利用超过宇宙中粒子数的比特数来描述 200个粒子的状态，这样的世界简直不可思议。对他们而言，这意味着有些东西必然会崩溃。因此，我喜欢研究量子证明和量子建议的力量的部分原因在于，这能帮助我们回答一个问题：是否真的应该把量子态看作对指数量级信息的编码？

我们来看一看十一条反对意见。

1.（量子计算）仅在论文中奏效，尚未在实践中实现。

2. 违反了扩展的邱奇 – 图灵命题。

3. 不够像"真实的物理"。

4. 小的概率幅是非物理的。

5. 指数级别大的量子态是非物理的。

6. 量子计算机仅是效率提高的模拟计算机。

7. 量子计算机不像我们曾经见过的任何事物。

8. 量子力学仅是某种更深刻理论的近似。

9. 去相干总是比容错阈（fault-tolerance threshold）更糟糕。

10. 对于经典计算机，我们不需要容错。

11. 误差不是独立的。

我将自己能想到的反对量子计算可行性的论点全都写了下来。我们将逐一对它们进行讨论。我首先想说的是，我的观点总是非常简单：完全可以想象，出于某些根本原因，量子计算是不可能的。但若果真如此，这也将是我们迄今所能经历的最振奋人心的事情。这将比证明量子计算的可行性有意思得多，因为它将改变我们对物理学的理解。相较而言，生产一台能进行 10 000 位整数质因数分解的量子计算机是个相对无聊的结果——根据现有理论的预期，这个结果是可以得到的。

我喜欢思考这些诘问，有两个原因：首先，我喜欢论辩；其次，我发现通常做出新成果的最好方式是找到某些在我看来明显有误的理论，然后再构建反面论证。错误的命题是研究思路的丰富源泉。

那么有哪些质疑的声音呢？我听到最多的话便是前文中列出的第一条："没错，它在形式上确实很奏效，但那是在论文中。在真实世界里，这根本不可能。"人们确实这样说，也确实把这作为一种论点。在我看来，这里的谬误不在于人们抱有"在真实世界中不奏效"的想法，而在于量子计算即便在真实世界中不奏效，也仍可以"在论文中奏效"。当然，一个理论想要"奏效"，还需要满足一些假设。于是，问题就转化成了这些假设是否被清楚地陈述。

我很庆幸地发现，我不是第一个指出这种谬误的人——伊曼努尔·康德（Immanuel Kant）曾写下一整篇论著《论俗语：在理论上可能正确，但在实践中行不通》[①] 来推翻这句话。

第二条论点认为量子计算违反了扩展的邱奇 - 图灵命题，即"所有在物理世

---

① 原名为 *On the Common Saying: That may be right in theory but does not work in practice*，中译本可参考《康德著作全集（第 8 卷）》第一版，277-321 页，中国人民大学出版社，李秋零主编。——译者注

界中可以有效计算的事物，都能在标准图灵机内用多项式时间计算完成"。因此，量子计算是不可能的。换言之，我们知道量子计算不可能（假设 BPP ≠ BQP），是因为我们知道 BPP 定义了有效计算的上限。

因为有这么一个命题，而量子计算违背了这一命题，所以如果你对这一命题确信无疑，那么量子计算就一定是不可能的。另外，假如将质因数分解换作 NP 完全问题，在我看来，这一论点看上去还有点儿道理，因为我觉得一个能有效解决 NP 完全问题的世界不太像是我们的世界。而对于像质因数分解和图同构这样的 NPI 问题 ①，我不想站在任何先验性的神学立场上。但图 15.1 能大致说明我认为的最有可能的情形。

图　15.1

上面就是我针对第二条论点说的话。第三条质疑是："我对所有关于量子计算的文章都心存怀疑，因为其中没有太多我在学校中学到的真实的物理学。这里有太多西变换，而没有足够的哈密顿量。这里全是纠缠，但我的导师甚至告诉过我别去想这些纠缠，因为它们只是一些稀奇古怪的哲学上的东西，跟氦原子的结构

---

① 　NP intermediate，指在复杂性类 NP 中，却既不在 P 也不在 NP 完全中的问题。——译者注

没有半点关系。"说什么好呢？诚然，这个论点成功地表明了，除了人们多年来讨论量子力学的方式之外，我们如今又有了一种不同的方式。尽管如此，提出这一论点的人实际上还附加了一条论断：这种讨论量子力学的新方式是错误的——这一点是需要单独论证的。我不知道对这一条质疑是否还需要回应更多。

第四条质疑是："指数级小的概率幅显然是不物理的。"这是利奥尼德·莱温提出的又一个论点。考虑一个拥有 1000 个量子比特的态，其中每个分量拥有 2^{-500} 量级的概率幅。我们甚至都不知道，有没有一个物理定律能在小数点后约 12 位成立，而你却要问我精确到小数点 100 多位后的情况。有必要去想它是否有任何意义吗？

对第四条质疑最简单的反驳就是，若果真如此，那么我是否可以拿一个经典硬币去投掷 1000 多次。这样一来，出现任意一个特定序列的概率都是 2^{-1000}。这要比我们所能测量的所有常数都小得多。而这是否意味着，概率论"仅仅"是某种更深刻理论的近似？或者说，如果我将硬币投掷太多次，概率论是否就会崩溃？

我认为，问题的关键在于概率幅是线性演化的，从这个意义上讲，它类似于概率。这里会出现负号，因此存在干涉。但或许，如果仔细想想概率论为什么站得住脚，我们就可以说，原因不仅在于我们总处于一个确定论的状态，只是不知道这个状态具体为何，而且在于这种线性性质是某种更普遍的属性。线性能够防止小误差不断蔓延。如果我们有很多小误差，这些误差就仅仅会相加，而不会相乘。这就是线性。

第五条质疑回到了我们之前讨论过的内容："显然，量子态是一种很奢侈的东西，你不能拿来 2^n 个比特，然后把它们压缩成区区 n 个量子比特。"事实上，我曾就此与保罗·戴维斯（Paul Davies）争论过，他提出了这一论点，并通过全息原理（holographic principle）说明，有限时空中所能储存的比特数有一个有限的上界。如果有 1000 量子比特的量子态，那么就需要 2^{1000} 比特储存。戴维斯还认为，我们违背了全息上界（holographic bound）[3]。

我们对此该如何回应呢？首先，一般来说，这种信息不能被读出——无论我们是否认为它"就在那里"。这是霍尔夫定理等结论的内容。在某种程度上，你或许可以把 2^n 个比特制备成一个量子态，但你能从中可靠地读出的比特数只有 n。

简单地讲，全息上界告诉我们，能储存在有限区域内的最大比特数正比于这一区域的表面积，比例差不多是每普朗克面积 1 比特，即 1.4×10^{69} 比特每平方米。为什么这个最大比特数与表面积成正比，而非与体积成正比？这就是让爱德华·威滕（Ed Witten）和胡安·马尔达西那（Juan Maldacena）等人辗转难眠的深刻问题。一个比较"笨"的回答是：如果你试图把越来越多的比特压缩到一定的体积区域（比如一个立方体硬盘）中，那么在某一点，你的立方体硬盘会坍缩，并形成一个黑洞。一个二维光驱也会坍缩，但一维光驱就不会。

事情是这样的：似乎所有比特都很靠近黑洞的事件视界（event horizon）。为什么它被称为事件视界呢？因为当你站在黑洞之外时，你永远看不到任何东西坠落并穿过事件视界。换言之，因为时间延缓，所有坠落的客体都会诡异地冻结在事件视界的边缘——就像芝诺悖论讲的那样，不断接近，却永远不会到达。

接下来，如果你想保持酉，不想在某事物坠入黑洞时，让纯态演化为混合态，你可以说，假如黑洞以霍金辐射（Hawking radiation）的形式蒸发，那么这些比特就会像鱼鳞一样被剥离，然后飞回外太空。这又是一个没有被真正理解的问题。人们把全息上界（理所当然地）看作引力量子理论为数不多的线索之一，但除非在某些特殊模型体系下，至今未有实现这一上界的具体理论。

关于这一点，还有一件有趣的事。在经典的广义相对论中，事件视界并没有扮演十分特别的角色。你甚至能毫无察觉地穿过它——当然，你最终会知道自己穿过了它，因为你会被吸入奇点。但当你穿过事件视界的时候，并不会感到任何特别之处。换言之，从信息角度来看，这意味着当你穿过事件视界时，你会在它附近遇到很多比特。是什么让事件视界在信息储存上显得如此特殊？这很奇怪，我希望能理解它（更多讨论见第 22 章）。

事实上，这里有一个有意思的问题。全息原理说，你在一定时空区域内只能储存这么多信息，但"储存这些信息"是什么意思呢？你是否必须能随机访问这些信息？你是否必须能访问自己想要的任意比特，并在合理时间内得到结果？如果这些比特被储存在一个黑洞里，显然，要是事件视界表面有 n 个比特，那么它们大概需要 $n^{3/2}$ 量级的时间以霍金辐射的形式蒸发。于是，重获这么多比特所需的时间量级是多项式的，这还不算十分高效。黑洞不该作为硬盘的第一选择。

第六条质疑是："量子计算机仅是效率提高的模拟计算机。"这话我也听过不止一次了，比如，诺贝尔奖得主罗伯特·劳克林（Robert Laughlin）在他的畅销书《不同的宇宙》（ *A different Universe* ）中就表达过这种观点。这是在物理学家中比较流行的看法。我们知道，模拟计算机并没有那么可靠，它可能会因为一些很小的错误而出毛病。人们不禁要问：既然概率幅是连续可变的量，那么量子计算机会有多少不同？

但是，对此质疑的回应从 1996 年左右便已广为人知，它被称为阈值定理（threshold theorem）。简单来说，阈值定理说的是，如果你能让每量子比特、每时间段的错误概率足够小（比某个常数还小，传统上估计为 10^{-6}，但也可以像 0.1 或 0.2 那么大），你就可以实现量子容错（quantum fault-tolerance），让你的计算永远摆脱因错误累积而导致的崩溃。在经典计算中，类似的容错定理是约翰·冯·诺伊曼在 20 世纪 50 年代证明的。但在某种意义上说，该定理直到最后也没有用武之地，因为可靠性极佳的晶体管的出现，让错误不再是人们担心的事情。20 世纪 90 年代中期，一些物理学家猜想，量子计算机的"模拟"特性让量子容错变得不可能。具体地说，直觉上，既然量子力学中的测量是一个破坏性的过程，那么，不管是为了查看是否发生错误，还是为了复制量子信息来防止后面出错而进行测量，恰恰是测量这一过程破坏了你本想保护的信息。但是，这一直觉后来被证明是错误的：一些聪明的方法只会测量"错误综合征"，而且在不测量或破坏"合法的"量子信息的情况下，就能告诉你是否发生了错误，以及如何修复。让这类测量变得可能的，正是量子力学的线性性质——这是挑破成千上万关于量子力学如何运作的错误直觉的一柄长矛！

模拟计算机有类似的阈值定理吗？没有，而且不可能有。关键在于一个重要的性质，它是离散理论、概率论和量子理论所共有的，但模拟或连续理论却不具备。这一性质就是对小误差的不敏感性。再说一遍，这确实是线性的结果。

注意，如果我们想要一个弱一点儿的阈值理论，就可以考虑一个需要 t 时间步长的量子计算，每个时间步长的错误可以是 $1/t$。然后，阈值定理就可以很容易地被证明。如果有形如 $U_1U_2\cdots U_{100}$ 的酉矩阵乘积，每一步就可能会损坏 $1/t$（这里是 $1/100$），接下来就会有这样的乘积式：

$$(U_1+U'_{1/t})(U_2+U'_{2/t})\cdots (U_{100}+U'_{100/t})$$

同样，因为线性，这些错误加起来也不会太多。伯恩斯坦和瓦奇拉尼发现，量子力学对于多项式分之一的错误有种自然的抵抗性 [4]。"原则上"，这已经可以作为问题的答案了；接下来要做的"仅是"展现如何针对更大、更现实的错误进行容错，而非仅针对多项式分之一的错误。

现在讨论第七条质疑。它是被米歇尔·迪阿科诺夫（Michel Dyakonov）等人提出来的 [5]。他们是这样论证的：所有我们有经验的体系都会很快地去相干，因此，认为我们"就是能"设计出与自然界中任何我们有经验的体系都不相像的体系，听起来毫无道理。

核裂变反应堆在很多方面与出现在自然界中的任何体系都不像。太空飞船是不是也如此？一个物体通常不会利用推进器来逃离地球，我们从没见过自然界中有什么东西这样做过。经典计算机不也是这样吗？

还有人理所当然地认为：量子力学一定是某种仅对少量粒子适用的近似理论；当你考虑更多粒子时，其他理论应该会来接管。问题在于，确实有实验检测了在粒子数很大的情况下，量子力学是否正确，比如蔡林格（Zeilinger）研究小组对巴克球的实验。此外，超导量子干涉仪（superconducting quantum interference device，SQUID）实验在 n 个量子比特上制备了"薛定谔猫态"$|0...0\rangle + |1...1\rangle$，其中，根据你想要的自由度，$n$ 可以有 10 亿那么大。

尽管如此，我想再次强调：如果发现量子力学崩塌了，这将是尝试建造量子计算机的过程中最令人振奋的可能结果。况且，除了做实验来看发生了什么，你还能怎样发现这些东西？令人惊讶的是，我经常遇上这样一种人（尤其是计算机科学家），他会问我："啥？你希望靠发现你的量子计算机不可能实现，来获得诺贝尔奖吗？"对他们来说，量子计算机不会实现是如此显而易见，甚至一点儿都不有趣。

也有人说："不，不，我想提出一个单独的论证。我不相信量子力学会崩溃，但即便如此，量子计算同样可以是根本不可能的，因为这个世界上有太多的去相干。"这些人声称去相干是一个根本问题。也就是说，错误永远超出容错阈值，或者说，一些讨厌的小粒子总会出现，然后把你的量子计算机搞得不再相干。

第十条质疑听起来更微妙："对于经典计算机，我们不需要付出这么多努力。"你只是自然而然地得到容错的效果。电压要么比一个较低的阈值低，要么比一个较高的阈值高，这足以给出两个容易分辨的状态——可以被视为 0 和 1。我们不需要费老大劲儿去得到容错的效果。举个例子，在现代的微处理器中，甚至都不需要太多冗余和容错，因为这些组件已经足够可靠，甚至不需要太多防护措施。接下来，这一论证会指出，原则上你可以利用这一容错机器进行通用量子计算，但这里需要引起警惕：你为什么需要这些纠错机器？你不觉得这很可疑吗？

我的回应如下。对于经典计算机，我们不需要容错机器的唯一原因就是它的组件太可靠了，但我们至今还不能搭建可靠的量子组件。在经典计算的早期，这些可靠的经典组件是否存在并不是很明确。冯·诺伊曼证明了阈值定理的一个经典对应，但人们发现并不需要它。而冯·诺伊曼这样做是为了回应那些怀疑者，后者声称，总会有些东西在你的 JOHNNIAC（约翰·冯·诺伊曼积分器和自动计算机，即 John von Neumann Integrator and Automatic Computer 的简写）里面生根发芽——昆虫会飞进机器——这些东西会给经典计算能力施加一个物理极限。仿佛，历史在重现。

我们已经能看到一些暗示——事情最后可能会怎样发展。人们已经开始关注非阿贝尔任意子（non-abelian anyons）这类提议。其中，量子计算机是自然容错的，因为对它来说，唯一会导致错误的过程是让量子计算机进行非平凡的拓扑变换。这些提议表明，有一天，我们终将建造出如同经典计算机那样拥有"自然"纠错能力的量子计算机。

我本想列出整十条质疑，但我还写出了第十一条。提出第十一条质疑的人理解了容错原理，却认为错误是独立的这一假设有问题。这一观点认为：从一个量子比特到另一个量子比特的错误不相关或仅仅弱相关，这一假设是荒唐的。相反，这些错误是相关的，尽管可能是以某种非常复杂的方式相关。为了理解这一观点，你需要切换到怀疑论者的思维模式：对他们来说，这不是一个工程问题，而是先验地说量子计算不可能实现。问题在于，如何让这些让量子计算不奏效的错误相关起来。

对于这一点，我最喜欢丹尼尔·戈特斯曼（Daniel Gottesman）在反驳莱温时给出的回应。莱温认为，这些错误将通过某种超乎想象的预谋而关联起来。戈特斯曼说，假设这些错误是以这种"恶魔般"的形式相关起来的，并且，大自然竟然如此煞费心机地抹杀量子计算，那么，你为什么不把它反过来，用这种大自然使用的恶魔般的进程来获得更多的计算能力？或许，你甚至可以解决 NP 完全问题呢！看上去，大自然费尽心思就是为了让量子比特相关起来，借此扼杀量子计算。

换句话说，你的错误不光需要以某种恶魔般的方式相关，还需要以某种不可预测的恶魔般的方式相关。否则一般来说，你还是可以处理这个问题。

总而言之，我认为与怀疑者们的辩论不光有趣，而且极为有用。出于某些根本原因，量子计算或许是不可能的。然而，我还是在等待一个论点，能在真正意义上刺激我超常的想象。人们喜欢反对这个、反对那个，但他们没能得到一个关于这个世界的纯粹是想象中的可替代的图景，在这个图景中，量子计算不会是可能的。这是我渴望得到的东西，是我找了很久但依旧没有结果的东西[①]。

作为本章的结束，我想提出一个问题，请大家在进入下一章之前思考一下：如果我们看到 500 只乌鸦全是黑色的，那么是否应该期待见到的第 501 只乌鸦也是黑色的？如果是，为什么？为什么"见到 500 只黑色乌鸦"会成为你得出这一结论的依据？

[①] 我在自己的博客上写了一篇关于量子计算怀疑论的文章：《新年快乐！答复迪阿科诺夫先生》（"Happy New Year! My response to M. I. Dyakonov"）。

第**16**章
学习

第 15 章最后留下的问题被称为休谟归纳问题（Hume's problem of induction）。

问题： 如果你观察到了 500 只黑色的乌鸦，你根据什么推测你观察到的下一只乌鸦也将是黑色的？

很多人会运用贝叶斯定理（Bayes's theorem）寻找答案。然而，我们为此要做一些假设，比如，假设所有乌鸦都来自同一个分布。如果不假设未来与过去的分布是一样的，我们将很难确定任何事情。这类问题催生了许多下述这类哲学争论。

假设你看到一堆翡翠，它们全部都是绿色的。这似乎为"翡翠是绿色的"这一假设提供了支持。但紧接着，我们可以定义一个词——"绿蓝色"①，它的意思是："在 2050 年前是绿色的，此后是蓝色的。"这一证据同样支持之前的假设，即翡翠也可以是绿蓝色的，而不是绿色的。这就是所谓的"绿蓝悖论"。

如果你想钻得"更深"一些，那么可以考虑"gavagai"悖论。假设你想学习一门语言，而且你是一位正在探访亚马孙部落的人类学家。当地人讲的是一种你不知晓的语言。或者，假设你是这个部落的一个婴儿。不管怎样，你正在这个部落里学习这门语言。然后，假设有一只羚羊跑过，一位部落成员指着它大喊："gavagai！"由此，你很自然地得出结论："gavagai"一词在他们的语言中指的是

---

① 原文"grue"为英文单词"green"（绿色）与"blue"（蓝色）的组合。——译者注

"羚羊"。这看上去挺合理的。但你怎么知道这个词指的不是羚羊的角？或者，它可能是那只刚路过的羚羊的名字。更糟糕的是，它的意思还可能是在一周中特定某天路过的某只特定的羚羊！这位部落成员用这个词来指代的情况可以有任意多种。因此我们得出结论：我们没办法学习这门语言，即便在这个部落里生活无穷多的时间。

有一个笑话：一个星球上生活的全是相信反归纳（anti-induction）的人："如果太阳在过去的每一天中都升起，那么我们今天应该期待它不会升起。"结果，这些人都忍饥挨饿，生活在贫苦之中。有人访问了这个星球，问他们："嘿，你们怎么还在用这种反归纳哲学啊？你们让自己生活在可怕的贫穷中！"

"唉，因为它从来没有好使过呀……"

我们要在本章讨论学习的效率。我们已经见识过这些似乎表明"学习不可能"的哲学问题了，但我们也知道，"学习"确实发生了。所以，我们想给出一些解释，来说明它是如何发生的。在一定程度上，这属于哲学问题。但在我看来，围绕这个问题的图景因为近年来兴起的计算学习理论（computational learning theory）而发生了改变。这一点并没有被足够地重视。即使（比如）你是一个物理学家，了解一下这方面的理论也是非常好的，因为它会给你一个框架，这个框架会决定你该在何时期待出现一个能预测未来数据的假设。而且，这个框架与更知名的贝叶斯框架不同，却与之相关，在某些情况下也可能更有用。

我认为任何方法——无论是贝叶斯主义、计算学习理论或其他理论——都有一个共性：我们从不会将所有逻辑上可能的假设放在平等的位置上考虑。如果你有 500 只乌鸦，每只都可能是白色或黑色的，那么原则上，你需要考虑 2^{500} 种可能的假设。如果乌鸦还可能是绿色的，那么将有更多的假设。但实际上，你永远不会等可能地考虑所有假设。你总是将自己的注意力限制在这些假设的一个微不足道的子集上——一般来说，是那些"足够简单"的情形，除非有证据迫使你去考虑更复杂的假设。换句话说，你总在不自觉地使用"奥卡姆的剃刀"（Occam's Razor）——尽管我们并不清楚这是不是奥卡姆的本意。

这样做为什么有效？从根本上讲，这是因为宇宙本身并不是最大复杂化的。

你可能会问：宇宙为什么不是最大复杂化的？也许有一个人择的解释，但无论答案是怎样的，我们都有一个坚定的信念，即宇宙是相当简单的，否则科学将无从谈起。

但这些都是空谈或胡话。我们真的能说清，在我们考虑的假设数量与我们预测未来时能有多大把握之间，有怎样的权衡取舍吗？莱斯利·瓦利安特（Leslie Valiant）在1984年形式化了一种方法[1]，称为PAC学习（PAC learning），其中PAC表示可能近似正确（probably approximately correct）。我们不会预测未来要发生的一切，甚至不会有把握地预测大多数情况，但在极高概率下，我们会尽量让大多数预测正确。

这听起来像是纯粹的哲学，但实际上，你可以把这方面内容与实验联系起来。比如，这一理论已被用于神经网络和机器学习这类实验中了。有一次，当我在写一篇关于PAC学习的论文时，我想搞明白这一理论实际上是如何被使用的，于是我在谷歌学术搜索（Google Scholar）上查了一下。到本书出版的时候，瓦利安特的这篇论文已被引用了大约4000次。由此推断，很可能会有更多的相关论文。

那么PAC学习是怎么一回事呢？我们有一个可能有限、也可能无限的集合 S，称为我们的样本空间（sample space）。举例来说，假设我们是在努力学习一门语言的婴儿，有人跟我们说了一些符合语法规则或不符合语法规则的句子作为例子。基于此，我们需要想出一个规则，来判定一个新句子是符合语法的，还是不符合语法的。在这里，我们的样本空间就是可能句子的集合。

一个概念（concept）是一个布尔函数 $f:S \rightarrow \{0, 1\}$，它将样本空间中的每个元素映射为0或1。我们之后可以将"概念为布尔的"这一假设移除，但为了简单起见，目前我们会使用它。在上述例子里，这个概念是我们正在努力学习的语言；给定一个句子，这个概念告诉我们它是不是符合语法的。然后，我们就可以有一个概念类，记为 C。这里，C 可以被看作这样一套语言：小宝宝在来到这个世界之前，在根据人们实际讲的语言收集任何数据之前，便先验地认为它是"可能的"语言。

现在，我们对于这些样本有某个概率分布 D。在婴儿学语的例子里，这就像婴儿的父母或小伙伴选择要说的话所服从的分布。婴儿不必知道这个分布是什么，我们只是得假设它存在。

目标是什么？给定从分布 D 中独立抽取的 m 个实例 x_i；而对于每个 x_i，给定 $f(x_i)$。也就是说，我们知道被给定的每一个例子是否符合语法。利用这一点，我们想要输出一个假设语言 h，使得

$$\Pr_{x \sim D}[h(x) = f(x)] \geqslant 1 - \varepsilon$$

其中"～"表示 x 是从分布 D 中抽取的。也就是说，给定从分布 D 中抽取的实例 x，我们希望假设 h 与观测 f 有差别的可能性不超过 ε。我们做这件事有把握吗？没有吗？哦，为什么没有？

你可能会不幸地得到一些不好的样本，比如，一遍又一遍地获得相同样本。如果作为小婴儿，你能接触到的唯一一句话就是："好可爱的宝贝！"那么，你就不会有任何依据来判定"我们认为这些真理是不言而喻的"这句话是否也是一个句子。事实上，我们应该假定可能的句子是指数量级的，但婴儿只听到了多项式量级的句子。

所以，我们只需以 $1 - \delta$ 的概率抽取样本，输出一个 $\varepsilon-$ 好的假设。现在，我们可以给出瓦利安特论文中的基本定理了。

定理：以 $1 - \delta$ 的概率抽取样本，输出的假设 h 与从 D 中抽取的未来数据有 $1 - \varepsilon$ 的概率能实现观测值相同，为满足这一要求，仅需找到一个任意假设 h，使其与

$$m \geqslant \frac{1}{\varepsilon} \log\left(\frac{|C|}{\delta}\right)$$

个从 D 中独立抽取的样本相同。

这一下界的关键之处在于，它是可能观测假设数 $|C|$ 的对数。即使有指数多的

假设，这个下界仍然是多项式的。我们为什么会问：验证学习算法的测试集所服从的分布 D 与抽取训练样本所服从的分布为什么是一致的？

如果你学习的实例空间只是样本空间的有限子集，那么你就完了。

这好比说，课堂上没讲到的东西就不能出现在考试中。如果你从别人那里听来的句子仅符合英语语法，而你想得到一个法语语法的假设，那是不太可能的。我们需要一些"未来与过去类似"的相关前提。

一旦你做出了这样的前提，那么根据瓦利安特的定理，借助有限的观测数以及合理数量的样本，你就可以学习了。你确实不再需要其他的前提了。

这与贝叶斯派的一个信条不同，后者认为，如果你的先验知识不同，那么你会得出完全不同的结论。贝叶斯主义者从所有可能假设的一个概率分布出发，当你获得越来越多的数据时，你可以利用贝叶斯法则更新这个分布。

这是一种方法。但计算学习理论认为，这不是唯一的方法：你不需要从任何关于假设概率分布的前提出发；你可以提出一个关于假设的最坏情况前提（这是我们计算机学家很乐意做的事——当一个悲观主义者，哈哈），然后你可以说，只要以高概率抽取样本，无论样本分布如何，你都愿意从概念类中学习任何假设。换句话说，你可以牺牲掉贝叶斯理论中的假设的概率分布，代之以样本数据的概率分布。

在很多情况下，这其实更可取：全部问题在于，你不知道真正的假设是什么，于是，你为何要假设一些特殊的先验分布呢？为了运用计算学习理论，我们不必知道假设的先验分布是什么。我们只需要假设存在一个分布。

证明瓦利安特定理非常简单。给定一个假设 h，如果对于超过 ε 比例的数据，该假设都跟 f 不一样，那我们就称之为"不好的"假设。然后，对于任何特定的不好的假设 h，鉴于 $x_1, \cdots, x_m$ 是独立的，于是有

$$\Pr[h(x_1) = f(x_1), \cdots, h(x_m) = f(x_m)] < (1-\varepsilon)^m$$

这为不好的假设对样本给出正确预测的概率设定了一个上界。那么，存在一个不好的假设 $h \in C$ 与所有的样本数据观测一致的概率是多少？我们可以使用一

致限：

$$\Pr[\,存在一个不好的\ h，对于所有样本，它均与\ f\ 一致\,] < |C|(1-\varepsilon)^m$$

我们令其为 δ，然后求解 m，便可以得到

$$m = \frac{1}{\varepsilon}\log\left(\frac{|C|}{\delta}\right)$$

证毕。

　　这给了在有限观测集下得到一个好的假设所需样本数的一个下界，但对于无限的概念类，该怎么办？比如，如果我们想在平面上学习一个矩形，该怎么办？我们的样本空间是平面上的点集，概念类是平面上所有矩形的集合。假设给定 m 个点，而且对于其中的每一个点，我们都被告知它是否属于"秘密矩形"（图 16.1）。

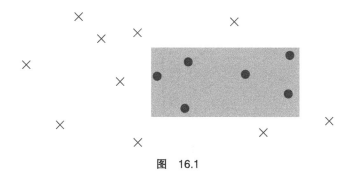

图 16.1

　　好吧，可能的矩形有多少个呢？有 $2^{\aleph_0}$ 种可能性。所以我们不能运用之前的定理！不过，给定矩形里的二三十个随机点，以及不在矩形里、但在它附近的二三十个随机点，直觉上来看，我们似乎对于矩形在哪里会有一个合理的推测。我们能有一个更一般的学习定理，来处理概念类为无限时的情况吗？能。但我们首先需要一个概念，叫作打散（shattering）。

　　对于某个概念类 C，如果对于 $s_1, s_2, \cdots, s_k$ 的所有 2^k 种可能分类，存在某个函

数 $f \in C$，使得 f 能将这些点按照类分开，那我们就称样本空间的一个子集 $\{s_1, s_2, \cdots, s_k\}$ 被 C 打散。然后，我们将概念类 C 的 VC 维定义为被 C 打散的最大子集的大小，记作 $VCdim(C)$。

矩形概念类的 VC 维是什么呢？我们需要最大的点集，使得对于每个点"在"或"不在"矩形中的每种可能设定，总有某个仅包含我们想要的点、却不包含其他点的矩形。图 16.2 说明了对于 4 个点该如何做。另外，对于 5 个点就没有办法做到。（证明交给你做练习了！）

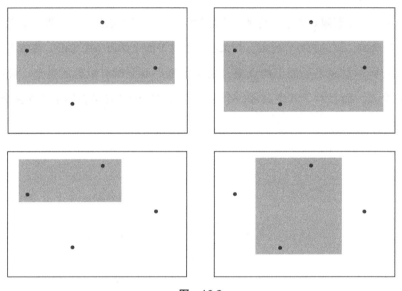

图 16.2

下一个定理的一个推论是：当且仅当概念类的 VC 维是有限的时，我们可以用有限多的样本进行 PAC 学习。

定理（布鲁默、埃伦托伊希特、豪斯勒和瓦尔穆特，1989）[2]：为了得到一个假设 h，使其以 $1-\delta$ 的概率解释从分布 D 中抽取的占 $1-\varepsilon$ 比例的未来数据，仅需输出 C 中与

$$m \geq \frac{K}{\varepsilon}\left(VCdim(C)\log\left(\frac{1}{\varepsilon}\right) + \log\left(\frac{1}{\delta}\right) \right)$$

个从 D 中独立抽取的样本点观测一致的任意 h。进一步，它还是紧的（取决于对 ε 的依赖）。

这个定理要比上一个定理难证明，证明它得用掉整整一章，因此我在这里就把它跳过去了。然而，这一证明背后的直觉就是奥卡姆剃刀。如果 VC 维是有限的，那么在观测一定数量的比 VC 维大的样本后，已观测数据的熵应该大概与 VC 维差不多。你在观察了 m 次后，已经看到的东西的数目可能小于 2^m，否则会有 $VC\dim(C) \geqslant m$。进一步可得，描述这 m 次观察需要的比特数小于 m。这意味着，你可以提出一个解释以往数据的理论，并使用比数据本身更少的参数。

如果你能做到这一点的话，那么从直觉上来讲，你就应该能预测下一次观察。另外，设想你有一个（比如）高能物理学的假设理论：不管粒子加速器下一次发现了什么，还是会有某种方式（我不知道是什么）来蜷缩额外的维度或者其他东西，来重现这些观测结果——好吧，在那种情况下，你就会有一个概念类，其 VC 维至少与你试图解释的观测一样多。这样的话，计算学习理论也不能让你实现目标，即你无论得到了什么假设，都能预测下一次的观测。

上述讨论的结论是，过去数据的可压缩性和未来数据的可预测性之间的这种直觉性权衡取舍，是可以被形式化及证明的；给定合理假设，奥卡姆剃刀就是一个定理。

假如我们想学习的东西是一个量子态呢？比如某个混合态 ρ？我们可以有一个测量 E，其结果有两个。在量子力学中，最一般的测量类型被称为半正定算子测量（positive-operator valued measurement，POVM）。POVM 是一个普通的"投影"测量（我们此前讨论过这类测量），除了一点，即在测量之前，你可以对正在被测量的状态 ρ，连同一些额外的独立于 ρ 的"附属态"，进行任意的酉变换。就目前而言，你所需知道的一切就是：如果你有一个双输出态 POVM M，它作用在一个 n 维混合态 ρ 上，你就完全可以用一个 $n \times n$ 的埃尔米特矩阵 E 来表征 M 了，且 E 的所有特征值都属于 $[0, 1]$。进而，M "接受" ρ 的概率就是 $\mathrm{tr}(E\rho)$（其中 tr 表示 trace，意为"迹"，指主对角线上元素的总和），而 M "拒绝" ρ 的概率是

$1-\mathrm{tr}(E\rho)$。

现在，如果给定某个态 ρ，那么我们能做的就是预测在该态上进行的任何测量结果。也就是说，针对任何双输出态 POVM 测量 E，估计接受概率 $\mathrm{tr}(E\rho)$。不难看出，这与量子状态层析（quantum state tomography），即重现密度矩阵 ρ 本身，是等价的。

然而，ρ 是什么？它是一个拥有 4^n 个独立参数的 $2^n \times 2^n$ 矩阵所表示的某一个 n 量子比特状态。对一个 n 量子比特状态进行量子层析，所需的测量数随着 n 呈指数增长。事实上，这对实验来说已经是一个严峻的现实问题了。想学习一个 8 比特的状态，你可能需要以 65 536 种不同方式来设定你的探测器，并且，每种方式都要测量数百次，才能有一个合理的测量精度。

好吧，我再说一遍：这对实验者来说是一个现实问题。但这是否也是一个概念问题呢？一些量子力学的怀疑论者们认为的确如此。我们在第 15 章里看到，对量子计算的一个根本质疑就是，它涉及操作这些指数长的向量。对怀疑者来说，这注定是一种荒唐的描述物理世界的方式：要么当我们尝试做这件事时，量子力学被打破；要么一定还有什么东西是我们没考虑到的，因为在对 n 个粒子的描述中，显然不能有 2^n 个"独立参数"。

现在，如果你需要对量子态进行指数多的测量，才能知道足够多的测量结果来预测未来，那么，这倒不失为一种将上述论点形式化并使其更具说服力的方法。毕竟，我们在科学研究中的目标是提出假设，使其能简明地解释过去的观测，从而让我们能预测未来的观测。我们也许还有其他目标，但至少要做到这一点。所以，如果要表征 500 个量子位所需的测量，比你能在宇宙年龄范围内做的测量数目都多，那么这似乎是作为科学理论的量子力学自身的问题了。其实在这个问题上，我倾向于赞同怀疑者的意见。

我在 2006 年写了一篇论文，试着用计算学习理论回应上述论证 [3]。我们来看看，瓦奇拉尼是如何解释我的结果的。他说，假设你是一个孩子，试图学习一个规则来预测一个给定的对象是不是一把椅子。你看到一堆对象上标记着"椅子"或"不是椅子"，然后基于此，想出了一些一般性的规则，如"椅子有四条

腿""你可以坐在上面"等，这些规则在大多数情况下都很有效。不可否认，如果
（比如）你在一个现代艺术馆里，那么这些规则可能会失效，但我们并不担心。在
计算学习理论中，我们只想预测你在未来将实际进行的大部分观测。如果你是一
个"俗人"，不会去什么现代艺术馆，那么你就不必担心那里会有什么长得像椅子
的东西了。我们需要将学习者的未来意图考虑进来，而出于这个原因，我们将量
子状态层析的目标放宽到预测取自某概率分布 D 的大多数测量结果。

更形式地讲，给定 n 个量子比特的混合态 ρ，测量 $E_1, E_2, \cdots, E_m \sim D$，以及对于
任意 $j \in \{1, 2, \cdots, m\}$ 所估计的概率 $p_j \approx \text{Tr}(E_j\rho)$，目标是得到一个假设状态 σ，使其
以至少 $1-\delta$ 的概率满足

$$\Pr_{E \in D} \left[\,|\,\text{tr}(E\rho) - \text{tr}(E\sigma)\,| < \gamma\right] \geq 1 - \varepsilon$$

对于这个目标，有一个定理为所需样本测量的数量设定了一个下界。

定理： 固定误差参数 ε、δ 和 γ，并固定 $\eta > 0$，使得 $\gamma\varepsilon \geq 7\eta$。称 $E = (E_1,$
$E_2, \cdots, E_m)$ 为测量的一个"好"的训练集，如果任何满足 $|\text{Tr}(E_i\sigma - \text{Tr}(E_i\rho)|$
$\leq \eta$ 的假设态 σ 同样满足

$$\Pr_{E \in D} \left[\,|\,\text{tr}(E\sigma) - \text{tr}(E\rho)\,| > \gamma\right] \leq \varepsilon$$

那么，存在一个常数 $K > 0$，只要 m 满足

$$m \geq \frac{K}{\gamma^2\varepsilon^2}\left(\frac{n}{\gamma^2\varepsilon^2}\log^2\frac{1}{\gamma\varepsilon} + \log\frac{1}{\delta}\right)$$

对于从 D 中抽取的 $E_1, E_2, \cdots, E_m$，E 就会以至少 $1-\delta$ 的概率成为一个好的
训练集。

值得注意的是，这个下界对于量子比特的数量 n 来说只是线性的。所以它告
诉我们，如果只想预测绝大多数的测量结果，我们需要的尺度对于量子比特数来

说并不是指数多的。

这个定理为什么是对的？想想布鲁默等人的结果：如果样本数目随着概念类 VC 维线性增长，你就可以用它来进行学习。对于量子态的情况，我们处理的不再是布尔函数。你可以将一个量子态考虑成一个实值函数，它将一个双态测量 E 作为输入，并将一个在 [0, 1] 中的实数作为输出（即测量接受的概率）。也就是说，ρ 接收了一个测量 E，并返回 $\text{Tr}(E\rho)$。

我们能将布鲁默等人的结果推广到实值函数吗？幸运的是，有人已经帮我做了这件事，他们是阿隆（Alon）、本 – 戴维（Ben-David）、切萨 – 比安基（Cesa-Bianchi）、豪斯勒（Haussler）和巴特利特（Bartlett）等很多很多人。

接下来，我们回顾一下第 14 章提到的安贝尼斯、纳亚克等人提出的随机存取码的下界：即有多少经典比特能够被可靠地编码为 n 量子比特的状态。给定一个 m 比特的经典字符串 x，假设我们想要将 x 编码为 n 量子比特态，并且，我们选择的任何 x_i 比特在之后都能以至少 $1-\varepsilon$ 的概率被恢复。安贝尼斯等人证明，若是以这种方式将经典比特打包成量子比特，那么我们就省不下什么东西了。也就是说，n 必须是 m 的线性函数。由于这是一个下界，因此我们可以把它看作对量子编码方案的限制。但我们也可以反过来想，然后说：这实际上是很好的，因为它反映了当量子态被视为概念类时，其 VC 维的上界。粗略地讲，这个定理告诉我们，一个被考虑为概念类的 n 量子比特态的 VC 维至多是 $m=O(n)$。为了更形式化，我们需要 VC 维的一个实值类比（称为"肥打散"维，"fat-shattering" dimension——别问我为什么这么叫）以及一个定理，该定理认为，我们可以利用数量随其"肥打散"维呈线性增长的样本，来学习任何实值概念类。

那么，想真正地找到这个态，还有什么要考虑的吗？即便在经典情况下，我也完全忽略了寻找一个假设的计算复杂度。我说过，假如你不知怎么地找到了一个与数据相符合的假设，那么你就搞定了，就可以解释未来的数据；但是，你该如何真正地找到这个假设呢？就这件事情而论，在量子情况下，你又该如何写下答案？将这个状原原本本地写下来，也得用指数多比特！但是，事情也许并没有那么糟。因为即使在经典的情况下，也得用指数多的时间来找到你的假设。

这告诉了我们，在这两种情况下，如果你在意计算和表征的效率，那就得把问题限定在一些特殊情况下。本章介绍的关于样本复杂度的结果只是学习理论的开始。它们回答了第一个问题，即信息论的问题，告诉我们只要用线性数量的样本就够了。而关于如何找到和表征这一假设，则构成了该理论的其他绝大部分问题。迄今为止，在量子世界中很少有关于这部分学习理论的广为人知的结果。

然而，我可以告诉你一些在经典情况下的已知结论。也许有点儿令人失望，许多已知结论都是以困难结果的形式呈现的。比如，对于一个多项式大小的布尔电路概念类，我们相信，找到一个电路（或等价地说，一个简短而高效的计算机程序）来输出你已看到的数据，是一个计算困难问题——即使假设这样的电路存在。当然，我们既不能真正证明这个问题没有多项式时间的算法（这意味着证明 $P \neq NP$），也不能拿我们现有的知识证明它是 NP– 完全的。我们真正知道的是，这个问题至少与对单向函数求逆一样难，后者将打败几乎全部的现代密码学——大家记不记得，我们在第 8 章中讨论密码时，曾提到过单向函数，即容易计算却很难求逆的函数？正如我们讲过的内容，以及此后霍斯塔德、因帕利亚佐、莱温和卢比在 1997 年证明的 [4]，我们可以从任何一个单向函数出发来构造伪随机发生器，它将 n 个"真正"随机的比特映射为（比如）不能由任何多项式时间算法区分开的 n^2 个比特。而戈德赖希、戈德瓦塞尔（Goldwasser）和米卡利在早些时候已经证明 [5]，从任何伪随机数发生器出发都可以构造一个伪随机函数族（pseudorandom function family）：一族布尔函数 $f: \{0, 1\}^n \to \{0, 1\}$ 可以由小电路计算，但不能通过任何多项式时间算法与随机函数区分。这样一族函数会立刻导致一个难以计算的学习问题。

因此，基于密码假设，我们可以证明，一般来说，"找到一个假设来解释你所看到的数据"这类问题可能是困难的。把这一结果稍作调整，我们可以说，如果总可以有效地发现一个与你的测量结果一致的量子态，那么在量子攻击下，就不会有单向函数是安全的。这句话的意思是，我们似乎必须放弃从广义上解决这些学习问题的希望，而不得不仅仅处理一些特殊情况。在经典情况下，我们可以有效地学习一些特殊的概念类，比如恒定深度的电路或奇偶函数。我希望在量子世界里也有类似的东西。

思考题

除了前文提到的矩形学习难题，还有一个乌鸦难题，这是卡尔·亨佩尔（Carl Hempel）提出的。比如，我们想测试自己最喜欢的假设，即所有乌鸦都是黑色的。我们该怎么做？我们到田野里去，找到一些乌鸦，然后看看它们是不是黑色的。我们也可以把假设对换，这在逻辑上是等价的："所有不是黑色的东西都不是乌鸦。"这意味着，我在办公室里足不出户就能做鸟类学研究了！我只需要看一些随机的对象，当对象不是黑色时，就看看它们是不是乌鸦。我一直这么做，然后，我收集的数据将越来越能确认"所有不是黑色的东西都不是乌鸦"，这就证实了我的假设。于是问题来了：这种方法是否有效？关于这个问题，你可以假设我不会去田野、森林或其他任何地方去观察鸟。

第17章
交互式证明、电路下界及其他

第 16 章是以一个问题结束的：我能在办公室里足不出户地做鸟类学研究吗？

我想知道，所有的乌鸦是否都是黑色的。老方法是，我得到外面去，找一群乌鸦，然后看看它们是不是黑色的。更现代的方法是，我看看房间里所有非黑色的东西，然后注意到，它们都不是乌鸦。在这种方法中，我变得越来越确信，所有非黑色的东西都不是乌鸦，或者说，所有乌鸦都是黑色的。我能否用这种方法来成为鸟类学领域的领军人物？

如果你回答："如果你只是坐在办公室里，那么你得不到非黑色东西的随机抽样。"那么我得指出，就算去野外，我也得不到所有乌鸦的随机抽样。

这让我想起一件没什么关系的事：有这么一个游戏，给你四张卡片，并保证每一张卡片的一面有一个字母，另一面有一个数字；如果你看到的卡片情况如图 17.1 所示，那么你应该翻转哪些卡片来测试这个规则：所有一面是 K 的卡片，其另一面是 3 ？

手中的牌：

图 17.1

显然，如果你把这道题拿给别人做，绝大多数人会做错。为了测试 K⇒3，你需要翻转 K 和 1。此外，你也可以给出一个完全等价问题，题目中，酒吧的保镖需要知道是否有 21 岁以下（在加拿大是 19 岁以下）① 的人在饮酒；这时，他们被告知谁在喝酒，谁不在喝酒，谁超过了 21 岁，谁还没有到法定年龄。有趣的是，在这种题设下，大多数人都能做对。你需要询问在喝酒的客人，以及未成年的客人。这一问题与卡片问题是完全等价的，但如果你以抽象的方式把它说给人们听，很多人就会回答（比如）你需要翻转 3 和 Q，而这是错误的。所以，人们针对日常生活问题的逻辑推断能力似乎是与生俱来的，但他们必须被精心调教过，才能把同样的能力运用在抽象的数学问题上 [1]。

不管怎么说，关键在于非黑色的东西要比乌鸦多得多，所以，如果有一个配对（乌鸦，非黑色），那么我们将更有可能通过对乌鸦进行随机抽样，而非对非黑色的东西进行随机抽样来找到它。因此，如果我们对乌鸦抽样，并且未能找到一个不是黑色的乌鸦，那么我们会更有信心去说"所有的乌鸦都是黑色的"这句话，因为我们的假设要比对乌鸦抽样更容易被证伪。

交互式证明

自 20 世纪 80 年代起，"交互式证明"一直是理论计算机科学和密码学研究的核心对象。因为这本书以量子计算为核心，所以我想以一种非常规的方式开始讨论交互式证明。我来问这么一个问题：量子计算机是否可以被经典计算机有效地模拟？

我曾经和爱德华·弗雷德金（Edward Fredkin）聊过一次，他说，他认为整个宇宙是一台经典计算机，因此一切都能以经典方式被模拟。他没说量子计算是不可能的，但换了个非常有趣的说法：BQP 必须等于 P。尽管量子计算机已经有了大整数分解算法，且它们比已知的经典算法都快，但这并不意味着不存在我们尚未知晓的经典快速分解算法。此外，戴维·多伊奇有一个我们已讨论多次的观点：如果肖尔算法不涉及"平行宇宙"，那么它是如何分解数字的呢？ [2] 如果不利用这

---

① 美国和加拿大分别禁止 21 岁和 19 岁以下的人出入贩售烟酒的酒吧。——译者注

些指数多的平行宇宙，数字又是在哪里被分解的呢？我想，你可以这样评论多伊奇的观点（当然，这不是唯一的评论）：他预设不存在一个有效的经典模拟。我们相信，大自然无法使用多项式的经典资源来进行同样的计算，但我们不确定，也不能证明这一点。

为什么我们不能证明这一点？关键在于，如果你能证明 $P \neq BQP$，那你也就能证明 $P \neq PSPACE$。物理学家会认为，这些类显然是不等的——这甚至不需要证明，但那是另一回事了……至于说能不能换个方向，转而证明 $P = BQP$，我想有人已经试过了。我不知道是否应该说出来……我自己在这上面也花了一两天。至少，把 BQP 放在 AM 中应该是很好的，或者作为前期工作，把它放在多项式层级中。很遗憾，我认为我们目前对高效计算的理解程度还不足以很好地回答这些问题，更别说带上量子了。

现在的问题是，如果 $P \neq BQP$、$P \neq NP$，等等，为什么没人能证明这些东西呢？人们对此给出了一些解释，其中一种解释是相对化（relativization）。我们可以给 P 类的计算机和 BQP 类的计算机相同的谕示。也就是说，它们在每步计算中可以实现相同的功能。如此一来，将存在一个使它们相等的谕示，以及一个使它们不相等的谕示。比如，使它们相等的谕示可能是一个 PSPACE 谕示，后者把一切都挤压成与 PSPACE 本身相等；使它们不相等的谕示可能是西蒙问题的谕示，或者某种寻找类似周期、量子计算机可解决但经典计算机不可解决的问题。

如果两个类是相同的，那么从直观上来看，如何给予它们更多能力，使它们变得不同呢？关键是要认识到，当我们把一个谕示给一个类时，这并不作用于类本身，而是作用于这个类的定义。举个例子，虽然我们认为在现实世界中 $P = BPP$，但很容易构造一个谕示 O，使得 $P^O \neq BPP^O$。显然，如果谕示作用在类上，那么对两个相同类的操作将给出两个仍然相同的结果。但这不是我们在做的事情，也许记号容易造成混淆。打个比方：奥巴马曾是美国总统，这是事实；但如果当初是罗姆尼赢得大选，那么他便是总统，这也是事实。但是，我们不能简单地将第一句话代入第二句，然后得出这样的结论，即如果罗姆尼赢得大选，那么他便是奥巴马。

因此，相对化带来的信息是，用来解决 P 与 NP 问题或者复杂性理论中大部分重大问题的任何技术，都必须对这些谕示的存在保持敏感。这听起来不是什么大事，但问题是，几乎所有的现有技术都对谕示的存在不敏感。我们很难想出一个技术对此是敏感的，而这（对我来说）正是交互式证明的有趣之处。这是一个我可以清晰、明白地展示的例子，说明我们的技术不会相对化。换句话说，我们能够证明某样东西为真，而如果你给一个谕示，它就不会为真。你可以将之视为放在门里的那只脚（the foot in the door），或者，我们所深陷的洞中那个遥远的光点。透过交互式证明的结果，我们可以看出一点儿分离证明最终的样子——如果我们有一天能得出它来的话。对于证明像 P≠NP 这样的式子来说，交互式证明技术显得太弱了，否则你肯定早已听说过它。不过，我们至少可以使用这些技术得到一些非相对化的分离结果。我会讲一些这类例子。

P 与 BPP 问题怎么样？人们的共识是，P 与 BPP 实际上是相等的。我们从因帕利亚佐和威格德森 [3] 那里可以知道，如果能够证明存在一个在 2^n 时间内可解，且需要 2^{cn} 大小的电路的问题（其中 $c > 0$），那就可以构造一个非常好的伪随机数发生器，它不能被任何固定多项式大小的电路区分真伪。一旦你拥有这样一台发生器，你就可以用它"去随机化"任何概率多项式时间算法。你可以把伪随机数发生器的输出作为算法的输入，而你的算法无法区分它和真正的随机字符串。因此，概率算法能以确定型的方式被模拟。我们似乎真的看到了经典随机性和量子随机性之间的差异。经典的随机性貌似真的可以用一个确定型算法来有效地模拟，而量子"随机性"却不能。人们由此产生了一种直觉：对于一个经典的随机算法，你总可以"把随机性扔出去"，即把该算法视为确定型的，把随机比特看作其输入的一部分。然而，如果我们想模拟量子算法，"把量子扔出去"又是什么意思？

让我们看一个非相对化的例子。假设有一个 n 变量布尔公式（如我们在 SAT 中所使用的那些），它是无法满足的。我们想要一个表明它不可满足的证明。也就是说，我们想确定这 n 个变量的所有设定都不会让我们的公式为真。这是我们之前在 coNP 完全问题的例子里看到过的。麻烦的是，我们没有足够的时间遍历每一个可能的设定，来看看它们对不对。在 20 世纪 80 年代，有个问题是这么问的：

"如果某个超级智能外星人来到地球，并能够与我们互动，会发生什么？"我们不相信外星人和它的技术，但我们希望它能以我们不必相信它的方式，来为我们证明该公式不可满足。这可能吗？

在计算复杂性理论中，每当我们不知道如何回答一个问题时，总会满足于找到一个"谕示"，直接告诉我们答案是"是"还是"否"。举个例子，假如我们想确认以下猜想：给定一个计算某函数 f 的布尔电路，不存在多项式时间的算法能够以对电路的描述为输入，然后能可靠地发现 f 中某些特定类型的模式或规律。（请注意，很多现代密码学的内容就是基于这种猜想的！）麻烦的是，在通常情况下，若不先在第一步证明 P≠NP，就没办法证明这种猜想！另外，我们在很多时候可以证明一个较弱的命题：只要多项式时间算法仅把 f 当作黑盒子来访问，就不可能发现问题的模式或规律。也就是说，我们可以证明，如果算法只能挑选不同的 x，然后问一个魔术子程序 $f(x)$ 的值，那么它将需要指数多的时间来访问该程序。

这就像物理学家们在做微扰计算时一样。你这样做，是因为你能这么做，是因为对于你真正感兴趣的东西，它至少提供了一个一致性验证。（如果连黑盒子版本的命题也被证明是假的，那么你的"真"猜想将陷入深渊！）

福特纳（Fortnow）和西普塞在 20 世纪 80 年代晚期做了相关研究 [4]。他们说："好吧，假设你有一个指数长的字符串，然后有个外星人想要让你相信，这个指数长的字符串全都是 0，即哪里都不存在 1。"那么，这个证明者能够证明这一点吗？让我们想想会发生什么。

该证明者可能会说："该字符串全部为 0。"

"好吧，我不信。给我一个理由。"

"你看，这里是 0，这里也是 0，还有这里……"

好，现在只剩下 $2^{10\,000}$ 个比特没有检查了。然后外星人说："相信我吧，它们都为 0。"证明者没什么能做的事情了。福特纳和西普塞基本上就是形式化地证明了这一明显的直觉。考虑在你和证明者之间的任何信息协议，如果你相信他，就以说"是"结束，否则就说"否"结束。接下来，随便挑选该字符串中的一位，偷偷将其更改为 1；可以肯定的是，整个协议照旧运行。你仍然会说，字符串全部为 0。

与往常一样，我们可以定义一个复杂度类 IP，在这组问题中，你可以通过与证明者交互来确定答案为"是"。我们之前讨论过像 MA 和 AM 这样的类，你在其中有常数个交互。在 MA 中，证明者给你发送一条消息，然后你执行一个概率计算来进行检查。在 AM 中，你将消息发送给证明者，接着证明者给你发送一个消息，而后你再执行一个概率计算。事实证明，对于任何常数个交互，你得到的都是同一个类 AM。然后，让我们大方地允许多项式那么多的交互。由此产生的类是 IP。而福特纳和西普塞正是给出了一种构造谕示的方法，相对于这一谕示，coNP ⊄ IP。他们证明，相对于这一谕示，你无法通过与证明者进行多项式次数的交互来验证公式不可满足。根据该领域的标准模式，我们当然不能无条件地证明 coNP ⊄ IP，但是，这给了我们一些证据：它告诉我们该期望什么是真的。

炸弹来了 [5]：在"真实"的、非相对化的世界里，我们如何证明一个公式是不可满足的？我们必须以某种方式利用该公式的结构。这里要利用已经明确给定的布尔公式，而不只是某个抽象的布尔函数。具体该怎么做？假设这是一个 3SAT 问题，由于 3SAT 是 NP 完全问题，因此该假设不失一般性。这里有一堆（n 个）子句，我们想要确认没有办法满足所有的子句。

现在我们要做的是把这个公式映射到有限域上的多项式，这一招叫作算术化（arithmetization）。基本上，我们要把这个逻辑问题转化为代数问题，这样我们就会有更多手段来处理问题。具体方法是，我们把一个 3SAT 实例重写为次数为 3 的多项式，即 1 减去 1 分别减这 3 个赋值的乘积，即子句 (x OR y OR z) 变为

$$1-(1-x)(1-y)(1-z)$$

请注意，只要 x、y 和 z 只能取 0 和 1（对应"假"和"真"），该多项式就完全等同于我们在开始时使用的逻辑表达式。但现在，我们能做的是重新诠释这一多项式，把它放到更大的域上。我们选择某个足够大的质数 N，然后把该多项式放在 GF_N 上（有 N 个元素的域）。记该多项式为 $P(x_1, \cdots, x_n)$。

如果公式是不可满足的，那么无论你选择怎样的 $x_1, \cdots, x_n$，该公式中总会有一

些子句不可满足。因此，之前全部乘起来的次数为 3 的多项式之一将会是 0，于是，乘积本身也将是 0。所以，公式不可满足等价于将 $x_1, \cdots, x_n$ 取遍 2^n 种布尔赋值，得到的 $P(x_1, \cdots, x_n)$ 之和为 0。

当然，问题在于，这似乎并不比我们之前做的事情容易！我们有指数多的求和，还必须确保它们每一个都为 0。但现在，我们可以让证明者帮个忙。假如我们仅有全为 0 的字符串，而且证明者仅告诉我们这个字符串全为 0，那我们不会相信他。但现在，我们已经把一切放在一个更大的域上，所以我们就能利用更多的结构。

现在我们能做什么呢？我们让证明者做的是，为我们把变量 $x_2, \cdots, x_n$ 的 2^{n-1} 种可能赋值情况相加，留下 x_1 不固定。因此，证明者发送给我们的是一个以 x_1 为变量的一元多项式 Q_1。由于开始时我们的多项式有 poly(n) 的自由度，因此证明者可以发送多项式数量的系数来做到这一点。他可以把这个一元多项式发送给我们。然后，我们要确认 $Q_1(0) + Q_1(1) = 0$（全都要模 N）。我们该怎样做？证明者已经给了我们整个多项式的声明值，所以我们不如就从域里随机地选定 r_1。现在，我们希望验证 $Q_1(r_1)$ 等于它应该等于的值。忘掉 0 和 1，我们只是要去这个域的其他地方转转。因此，我们把 r_1 发送给证明者。然后，证明者发送了新的多项式 Q_2，其中第一个变量固定为 r_1，但 x_2 不定；继而，$x_3, \cdots, x_n$ 所有可能的布尔值都被加起来（像之前一样）。我们仍不确定，证明者尚未对我们撒谎，或者是不是发送了一些乱七八糟的多项式。所以，我们该怎么办呢？

检查 $Q_2(0) + Q_2(1) = Q_1(r_1)$，随机挑选下一个元素 r_2，并将其发送给证明者。对此，他会给我们发送一个多项式 $Q_3(X)$，这是取遍 $x_4, \cdots, x_n$ 所有可能的布尔值；然后将 $P(x_1, \cdots, x_n)$ 相加后的结果 x_1 设定为 r_1，x_2 设定为 r_2，x_3 未定；接着，检查并确保 $Q_3(0) + Q_3(1) = Q_2(r_2)$；我们继续随机挑选 r_3，并把它发送给证明者……如此进行 n 次迭代后，我们会到达最后一个变量。当进行最后一次迭代时，我们该做些什么呢？到那时，我们不再需要证明者的帮助，可以自己去计算 $P(r_1, \cdots, r_n)$，然后直接检查它是否等于 $Q_n(r_n)$。

这一路上，我们做了一大堆测试。我的第一命题是，如果没有满足的分配，且证明者没有对我们撒谎，那么这 n 个测试肯定都没有问题。第二命题是，如果有一个满足的分配，那么这些测试中至少有一个出错的概率非常大。为什么呢？我是这么想的：证明者就像童话故事《侏儒怪》（*Rumpelstiltskin*）中的那个女孩，随着时间推移，证明者被困在越来越大的谎言中，直到谎言变得非常荒谬、可笑，我们就可以识破它们。这就是实际发生的事情。为什么呢？比如，对于第一次迭代，证明者应该给我们的正确多项式为 Q_1，但证明者实际发送的是 Q_1'。问题在于，这些多项式的次数都不太大。最终多项式 P 的次数顶多是子句个数的 3 倍。我们可以很容易地把域再变大一些，让多项式的次数 d 比域的大小 N 大很多。

提一个简单的问题：假设有两个次数为 d 的多项式 P_1 和 P_2，它们可以在多少个点上相等（假设它们不等）？先考虑它们的差 P_1-P_2，由于这也是次数最高为 d 的多项式，由代数基本定理可知，它至多有 d 个不同的根（假设它不恒为 0）；因此，两个不等的多项式最多可以在 d 个地方相等，其中 d 是多项式的次数。这意味着，如果这些多项式定义在大小为 N 的域上，我们在这个域里选择一个随机的点，就能得到两个多项式在该点上相等的可能性的上界——至多为 d/N。

回到刚才的协议，我们假设了 d 比 N 小得多，于是 Q_1 和 Q_1' 在该域中一些随机元素上相等的概率要比 1 小得多。所以，当我们随机选出 r_1 时，$Q_1(r_1)=Q_1'(r_1)$ 的概率最多为 d/N。仅在非常不走运的时候，我们才会选出让它们相等的 r_1，所以我们可以继续下去，并假设 $Q_1(r_1) \neq Q_1'(r_1)$。不难想象，证明者现在已经稍稍汗颜了。他试图说服我们相信他的谎言，但也许他仍然可以搞定一切。但接下来，我们要随机选一个 r_2。再一次，他可以圆谎的概率将最多是 d/N。每次迭代都一样。所以，他可以圆下所有谎言的概率最多为 nd/N。我们可以选择足够大的 N，这样一来，这一概率会比 1 小得多。

为什么不在正整数的集合上执行这个协议？因为我们没有产生随机正整数的方法，而我们还得做到这一点。因此，我们只能随便挑一个非常大的有限域。

因此，该协议告诉了我们 coNP⊆IP。事实上，它给了我们更强的结论。

经过一番标准论证，我们知道 IP 再疯狂也大不过 PSPACE。你可以证明，你能用交互式协议做的任何事情都可以在 PSPACE 中模拟。我们可以让 IP 更大吗？

我们之前试图证明的是，$P(x_1, \cdots, x_n)$ 中各项相加的和为 0，但如果我们试图证明和为某个其他的常数（无论是多少）的话，整个证明过程是一样的。

换句话说，在梅林的帮助下，亚瑟可以数出满足 $P(x_1, \cdots, x_n)=1$ 的布尔字符串 $x_1, \cdots, x_n$ 的数目，而不是仅能判断该数目是否为 0。更正式地说，亚瑟可以解决复杂度类 #P（读作 "sharp-P"）中的任何问题。#P 是由瓦利安特在 1979 年定义的 [6]。

好，现在说点题外话。不同于我们迄今见过的其他复杂度类，#P 不是由答案非是即否的判定问题组成的，而是由函数组成的。设一个将二进制字符串映射到非负整数的函数 f，如果存在一个多项式时间算法 V 和多项式 p，使得 $f(x)$ 等于让 $V(x, w)$ 接受的 $p(n)$ 比特字符串 w 的数目，那么就说函数 f 在 #P 中。简单来说，#P 是所有能被表述为"数出一个 NP 问题的解的个数"的问题所构成的类。假如我们问："在已知的这些复杂度类中，#P 适合放在哪里？"我们就会遇到一个"苹果和橘子不可比"的问题：如何将一个函数构成的类与一个语言构成的类作比较？但在实践中经常使用的一个简单解决方案是考虑 $P^{\#P}$，即由所有能被可访问 #P 谕示的 P 图灵机判定的语言所组成的类。

不想偷懒的读者不妨做做下面的练习：

> 证明 $P^{\#P}=P^{PP}$，其中 PP 是第 7 章中定义的"投多数票"的类。（也就是说，在某种程度上，#P 的能力已经隐藏在 PP 中。）

在 1990 年证明的一个非常重要的结果——户田定理（Toda's theorem）认为，$P^{\#P}$ 包含整个多项式层级 PH。如果你直观上感觉，一个计数的谕示好像不该如此明显地强大，那么，好吧，它本来就不该是明显的！户田定理震惊了所有人。遗憾的是，我没时间在本书中讨论户田定理的证明 [7]，但在后文中，我还会时不时用到该定理。

无论如何，就复杂度类而言，我们先前的讨论意味着 $P^{\#P} \subseteq IP$：在一个交互式协议中，梅林可以让亚瑟相信任何 #P 问题的解，乃至任何 $P^{\#P}$ 问题（因为亚瑟可以用梅林来代替 #P 谕示）。根据户田定理，这意味着 IP 包含 PH。

在这个"LFKN 定理"问世后，一些人通过电子邮件进行了讨论。又过了一个月，沙米尔发现 IP＝PSPACE，也就是说，IP 实际上"到顶"了 [8]。我不会复述一遍沙米尔的结果，但大家要知道，这意味着如果一个超级智能外星人来到地球，他可以证明国际象棋中白方或黑方是否有赢的策略，或者双方赢的可能性一样。他当然可以玩弄我们、打败我们，而我们仅仅知道，他是一个更好的棋手。然而，这个外星人可以把国际象棋变为在某个超大有限域上给多项式求和的游戏，借此证明给我们看，哪一方有必胜策略。（技术说明：这仅适用于限制了合理移动次数的国际象棋游戏，比如在游戏中采用"50 步规则"。）

对我来说，这已经非常违反直觉了。就像我说的，它让我们一瞥用来证明 P≠NP 这类非相对化结论的技术。很多人认为，关键要以某种方式把这些问题从布尔形式转化为代数形式，而问题是如何做到这一点。不过我可以给你看看，这些技术如何能让你得到一些新的下界——嗯哼，甚至一些量子电路下界。

命题一：假设有多项式大小的电路，可以计算满足一个布尔公式的所有分配的数量，那就应该有办法向他人证明解决方案的数量是多少。你知道为什么可以从交互式证明的结果推出来吗？好，请注意，如果想让验证者相信一个布尔公式可满足分配的数量，证明者自己并不需要具有比计算分配数量更多的计算能力。毕竟，证明者必须一直计算这些指数大的和！换句话说，#P 的证明者可以被用于 #P 中。如果你有一个 #P 谕示，那么你也能被称为证明者。利用这一事实，伦德（Lund）等人指出，如果 #P⊂P/poly，也就是说，如果有 n 的多项式大小的电路能用来计算大小为 n 的公式的解的数量，那么 $P^{\#P}$＝MA。因为在 MA 中，梅林可以提供亚瑟解决 #P 问题的多项式大小的电路，然后亚瑟只需验证它行得通。为此，亚瑟只需运行之前的交互协议，但他要扮演验证者和证明者两个角色，并使用电路本身来模拟证明者。这就是自验证程序（self-checking programs）的一个例子。你不必相信可用于计算公式解数目的电路，因为你可以在交互协议中把它放在证明者的角色上。

现在我们可以证明 PP，即由在概率多项式时间内可解的错误无界的问题组成的类，不具有线性大小的电路。这一结果最初是由维诺德贞德兰（Vinodchandran）指出的 [9]。这是为什么呢？好，有两种情况。如果 PP 甚至连多项式大小的电路都没有，那么我们就大功告成了。但是，如果 PP 确实有多项式大小的电路，那么 $P^{\#P}$ 也有，这是基本事实 $P^{\#P}=P^{PP}$ 告诉我们的（你可能会喜欢证明它）。进而由 LFKN 定理，我们有 $P^{\#P}=MA$，因为 PP 被夹在了 MA 和 $P^{\#P}$ 之间，所以 $P^{\#P}=MA=PP$。利用一个很直接的对角线论证，我们能够证明（稍后我们会去证），$P^{\#P}$ 不具有线性大小的电路。因此，PP 也不具有线性大小的电路。

事实上，我们能得到更强的结论：对于任何固定的 k，我们可以在 $P^{\#P}$ 中，甚至在 PP 中找到一个语言 L，使得 L 不能被大小为 $O(n^k)$ 的电路判定。这与另一种表述截然不同：PP 中只有一个语言不具备多项式大小的电路。想证明后者真是难乎其难！如果你给我一个（多项式的）界，那么我可以找到一个 PP 问题来打败你的界所限制的电路，但这个问题或许能被具有更大多项式界的电路解决。想打败更大的多项式界，就得构造一个不同的问题，并一直这样进行下去。

现在让我们回过头，把刚才落下的步骤补一下。我们想证明对于固定的 k，$P^{\#P}$ 没有大小为 n^k 的电路。大小为 n^k 的电路一共有多少种可能呢？应该有大概 n^{2n^k} 种。现在，我们能做的是观察大小为 n^k 的所有电路的行为，借此定义一个布尔函数 f。将大小为 n 的所有可能输入排序为 $x_1, \cdots, x_{2^n}$。如果至少一半的电路接受 x_1，就令 $f(x_1)=0$；如果至少一半的电路拒绝 x_1，就令 $f(x_1)=1$。这会消灭至少一半大小为 n^k 的电路（也就是说，使它们至少在一个输入上计算 f 时失败）。现在，对于那些以 x_1 为输入得到"正确答案"的电路，它们大多会接受还是拒绝 x_2 呢？如果大多数接受，那么令 $f(x_2)=0$；如果大多数拒绝，则令 $f(x_2)=1$。再一次，这会消灭剩下电路中的至少一半。我们继续这一达尔文式的过程，每次定义一个新变量对应的函数值，我们就会消灭大小为 n^k 的剩余电路中的至少一半。在 $\log_2(n^{2n^k}) + 1 \approx 2n^k\log(n)$ 步后，我们会消灭所有大小为 n^k 的电路。此外，构建 f 的过程包含了多项式个数的计数问题，其中每一个我们都可以在 $P^{\#P}$ 中解决。所以，最终结果是一个在 $P^{\#P}$ 中的问题，但根据其构造方式，我们知道（对于我们选择的任何固定的 k）没有大小为 n^k 的电路接受它。这是相对化论证的一个例子，因为我们没有注意这些电路是否有任何谕示。若想让这种论证从 $P^{\#P}$ 走到更小的 PP 上，我们需要使用一些非相对化的作料，即 LFKN 交互式证明的结果。

但是，这真的给了我们一个非相对化的电路下界吗? 也就是说，存在这样的谕示，使得 PP 相对于该谕示具有线性大小的电路吗? 几年前，我构造了这样一个谕示 [10]。这表明，维诺德贞德兰的结论是非相对化的——事实上，这是复杂性理论中极少有的无可争议的非相对化分离结果之一。换句话说，相对化这一困难（证明 P≠NP 道路上主要的困难之一）只能在某些非常有限的情况下被克服。

新进展

不管怎样，上述是我在 2006 年第一次写本章时的情况。在那以后，有了一些令人振奋的新进展。首先在 2007 年，拉胡尔·桑塔南 [11] 改进了维诺德贞德兰的结果，证明了对于任何固定的 k, PromiseMA（所有具有梅兰 – 亚瑟证明协议的承诺问题构成的类）没有大小为 n^k 的电路。

紧接着，在桑塔南的结果的启发下，阿维·威格德森和我 [12] 发现了阻碍复杂度理论进展的新困难，我们称之为代数化（algebrization）。基本上，代数化是对贝克、吉尔和索罗维最初相对化工作的延伸。当研究相对于某个谕示 A 的复杂度类的问题时，我们不是让这些复杂度类直接访问 A，而是访问 A 的 "低次数多项式拓展"。这种更强大的谕示访问类型赋予了我们一些额外的能力; 特别是，它可以让我们基于算术化来模拟所有标准的非相对化结果。因此，比如，尽管（正如我们前面讨论的）对于每个谕示 A, IP^A=PSPACE^A 不一定是真的，但我们可以证明 PSPACE^A⊆IP^~A，其中 ~A 表示一个大的有限域上的低次数多项式，它在仅限于布尔输入时恰好等于 A。因此，IP=PSPACE 定理确实是 "代数化" 的，即使它没有相对化。另外，阿维和我也证明，对于大多数著名的开放性问题——不仅包括 P 与 NP，也包括 P 与 BPP、NEXP 与 P/poly，等等——任何解决方案都需要 "非代数化技术"，这些技术对于代数谕示不成立，就像 IP = PSPACE 定理对于普通谕示不成立一样。结果就是，用于交互式证明的突破性技术只能带领我们走到这里了: 当然，它们躲开了相对化障碍，但不过是冲进了在几步外等着的更 "广义" 的相对化障碍罢了。

有没有能避免相对化和代数化障碍的下界技术呢？有的。事实上，它们已经存在了几十年。在 20 世纪 80 年代初，弗斯特（Furst）、萨克斯（Saxe）和西普塞[13]，以及奥伊陶伊[14] 也独立发现了用于确定恒定深度电路大小下界的革命性技术：比如 AND、OR 和 NOT 门的深 O(1) 层的 AC^0 电路（其中每个 AND 和 OR 门都能拥有任意个数的输入）。弗斯特等人和奥伊陶伊证明，对于判断 n 比特奇偶性这样的特定函数，AC^0 电路必须有指数多的门。他们的技术十分具有组合风格（观察真正的单个门的行为），所以他们回避了相对化的障碍。自那以后，某些其他下界也沿着这条路被证明了，特别是拉兹博罗夫（Razborov）[15] 和斯莫伦斯基（Smolensky）[16] 针对具有执行模 p 算术能力的 AC^0 电路的结论（其中 p 是某个固定的质数）。

可惜的是，在 1993 年，拉兹博罗夫和鲁季奇（Rudich）指出 [17]，几乎所有"组合风格"的下界都碰到了一个被他们称为自然证明（natural proofs）的障碍——在某些方面，这是对相对化障碍的补充。我来总结一下：组合下界技术是通过"展示某些（如判断奇偶性的）函数对于小电路是难的"来进行运作的，因为在某种可有效计算的意义上，这些函数"看上去是随机函数"，而任何小电路计算的函数必须看上去是非随机的。然而，任何这种类型的论证都可以改头换面，被用于区分"真"随机函数和伪随机函数。讽刺的是，解决我们想证明的同类问题，这本就很难！弗斯特和奥伊陶伊等人的论证能奏效，是因为 AC^0 电路太弱，以至于无法计算伪随机函数——事实上，AC^0 中伪随机性的不可能性可作为证明伪随机性下界时的一个推论。但是，我们不能期望拿任何类似的论证来证明更强大的电路复杂度类，比如 P/poly 的下界（正如我们所有人都相信的，假设这些类确实有伪随机函数的话）。（或者用口号来讲：证明计算困难如此之难，恰恰是因为计算困难这一事实！）此外，瑙尔（Naor）和莱因戈尔德（Reingold）证明 [18]，在关于加密的合理假设下，即使是 TC^0 类，即由拥有多数逻辑门（majority gates）的常数深度电路组成的类，也能够计算伪随机函数。所以，拉兹博罗夫和鲁季奇的自然证明障碍似乎真的只是把球踢得比 AC^0 "稍微"高了一点儿。

如果想避免自然证明这一障碍，你需要一些技术，并"集中火力"攻打你想

证明为难的函数 f 的某个特殊性质上——f 与随机函数不能共享这一性质。"对角化"就是一个需要"集中火力"到特殊性质上的明显例子，"对角化"就是我们前面用来证明 $P^{\#P}$ 不具有线性大小电路的技术。（回想一下，我们的证明利用了 #P 机器可模拟任何可能线性大小的电路的能力，以及避免被任何一个电路模仿的能力。）遗憾的是，虽然这类技术避开了自然证明的障碍，但它们恰恰是那些无法避开相对化障碍的例子！我的意思是，没错，如果你给它们交互式证明技术的话，它们就可以避开相对化，但即便如此，它们仍避不开代数化障碍。

于是有了一个明显的问题：是否有电路下界能够同时避免相对化、代数化和自然证明这三大障碍？在我看来，第一个有说服力的例子是来自瑞安·威廉姆斯在 2010 年取得的突破性结果 $NEXP \not\subset ACC^{0}$[19]。这里 NEXP 是指非确定型指数时间，而 ACC^{0} 是 AC^{0} 的一个小小的拓展，它允许以任何数字为基底的模运算（回想一下，如果 AC^{0} 被拓展到允许模一个特定质数的算术，那我们就已经知道了下界）。你可能注意到了，这个结果与我们相信为真的命题相比，似乎弱得可怜！然而，它确实是一个里程碑，因为它躲开了所有的已知障碍。（严格地讲，我们并不知道自然证明这一障碍是否适用于 ACC^{0}，但如果适用的话，那么威廉姆斯的证明可以躲开它！）为了完成这件事，威廉姆斯不得不使用一个"洗碗槽"：对角化、从交互式证明中得到的启发以及关于 ACC^{0} 函数中非平凡结构的众多已有结论。

有没有第四个障碍，就连威廉姆斯的新结果也躲不开呢？好吧，我不知道！我想说的是，在一般情况下，在我们能想到一种给定技术的障碍之前，至少需要两个成功应用该技术的例子，这跟需要至少两个点来确定一条线的原因基本是一样的。

不论是哪种情况，现有下界能够让我们明确一件事：即使要证明的东西比 $P \neq NP$ 弱得多，我们也需要很深的思想深度。所以，每当我的收件箱又收到一个 $P \neq NP$ 的证明时，我都能非常淡定。（它们确实每个月至少出现一次！）这不仅因为我之前见过太多失败的尝试了，还因为我会问自己，这该如何推广？如何归入？如何建立在我们已知的 P 与 NP 问题的小小子问题的非平凡解之上？

许多人担心，若想在电路下界方面取得进展，就得让这一领域的数学复杂性壮大好几个数量级。无论如何，这就是柯坦·穆尔穆雷的 GCT 纲领的主张[20]。该纲领试图利用代数几何、表示论和那些黄皮书① 里已经写过的全部内容，来处理电路下界问题。GCT 本身就是一个完整的话题，甚至稍稍开始解释它，就能让我跑偏得很远。这么说吧，就个人而言，我觉得 GCT 就像"计算机科学领域的弦论"：一方面，它实现了惊人的数学联系，以至于你一旦看到它们，就会觉得这个纲领一定走在正确的道路上；另一方面，如果你根据这一纲领解决了多少最初想解决的问题（不是用纲领本身的内部问题）来评断它，那么它可能还没实现最初的愿望。

量子交互式证明

我们还在等待更好的经典电路下界，但现在，还是让我绕回来讲一点儿关于量子交互式证明系统的内容吧。我想说的第一件事是，即使是经典交互式证明系统的结果（我们已经看到的结果），也可以用来获取量子电路的下界。举个例子，稍微修改一下我们对于 PP 没有大小为 n^k 的电路的证明，就可以证明 PP 甚至没有大小为 n^k 的量子电路。不错！但这只是一道小菜。接下来，让我们试着在某些东西上加上量子，来得到不同的答案。

我们可以定义一个复杂度类：量子交互式证明，简称 QIP。这与 IP 是一样的，但现在，你是一个量子多项式时间的验证者，并且，你与证明者交换的不是经典消息，而是量子信息。比如，你可以给证明者发送 EPR 对的那一半，你自己持有另一半，你也可以玩任何其他类似的游戏。

当然，这个类至少与 IP 一样强大。如果你愿意，你可以限制自己只使用经典信息。由于 IP＝PSPACE，我们也知道 QIP 必须至少与 PSPACE 一样大。基塔耶夫（Kitaev）和沃特勒斯也利用半正定编程（semidefinite programming）论证了 QIP⊆EXP[21]。2006 年，当我第一次写这一章的时候，这其实是我们所知道的关于 QIP 大小的全部。但在 2009 年，贾殷、纪（Ji）、乌帕德亚雅（Upadhyay）和沃

---

① 指 *Graduate Texts in Mathematics*（GTM），Springer 出版社出版的一个数学基础系列图书，封面均为黄色。——译者注

特勒斯取得了一个突破[22]，他们发现 QIP 甚至可以在 PSPACE 中进行模拟，从而 QIP＝IP＝PSPACE。最终，人们发现量子交互式证明系统与经典交互式证明系统具有完全相同的能力。令人大跌眼镜的是，经典系统可以模拟 PSPACE，而在量子情况下，PSPACE 可以模拟量子系统！这还挺有趣的。

那么，量子交互式证明系统会不会在某些方面与经典系统存在一些有意思的不同之处呢？没错，基塔耶夫和沃特勒斯证明存在一个惊人的事实[23]，它还在 QIP＝IP＝PSPACE 定理的证明中起到了至关重要的作用：任何量子交互式协议都可以经过三轮模拟。在经典的情况下，我们必须把整个"侏儒怪"游戏玩一遍——不断地问证明者一个又一个的问题，直到我们最终揭露他在撒谎。我们需要问证明者多项式那么多的问题。但在量子的情况下，我们不再需要这么做。证明者向你发送消息，你回复一条；然后证明者再向你发送一条消息，就完成了。这就是你要做的全部。

我在此不会证明为什么这是真的，但我可以给你一些直觉。基本上，证明者制备了一个长成这样的态：$\sum_r |r\rangle|q(r)\rangle$，其中 r 是在经典交互式协议中需要使用的所有随机比特序列。比如，我们拿着解决 coNP 或 PSPACE 的经典协议，想经过三轮量子协议来模拟。基本上，我们把证明者在整个协议中要使用的所有随机比特都抓到一起，然后把这些随机比特的所有可能设定都叠加起来。那么 $q(r)$ 又是什么？这是你发给证明者 r 时，他给你发回的消息序列。现在，证明者仅取第 q 部分和第 r 部分记录，并发送给你。当然，验证者可以检查 $q(r)$ 是给定信息 r 的有效序列。这有什么问题吗？这为什么不是一个很好的协议？

叠加可以在可能的随机比特的子集之上！我们怎么知道，证明者不是从他能撒谎成功的那些字符串里抽取一些 r 来做叠加的？验证者需要面对这一挑战。你不能让证明者来选择它们。不过，我们如今是在量子世界中，情况可能会好一些。你在经典世界里设想一种能验证一个比特是随机的方法，这或许能行。而在量子世界里，的确存在这样的方法。比如，如果你拿到这样一个态

$$\frac{|0\rangle+|1\rangle}{2}$$

那么你可以旋转它，然后验证它。假如你在标准基上测量，那么得到 0 和 1 的概率基本一样。更确切地说，如果在标准基上的结果本就是随机的，那么你旋转之后接受的概率为 1；如果结果远远不是随机的，那么你就会以足够大的概率拒绝。

但麻烦的是，我们的 $|r\rangle$ 与 $|q(r)\rangle$ 量子比特是纠缠在一起的。所以，我们不能仅将阿达玛门作用在 $|r\rangle$ 上，这么做，我们将一无所获。然而事实证明，验证者可以在正被模拟的协议中随机选择第 i 轮（比如共有 n 轮），然后要求证明者反算第 i 轮后的任何事情。一旦证明者这样做，他就消除了纠缠。然后，验证者就可以在阿达玛基上检测第 i 轮的比特真的是随机的。如果证明者在某一轮作了假，没有发送随机的比特，那么验证者就能以与轮数成反比的概率检测到他在撒谎。最后，你可以并行地重复整个协议，达到多项式次，来增加你的信心。（我跳过了一大堆细节，我的目标只是给你一点儿直觉。）

让我们比较一下量子情形和经典世界。在经典世界里，你有了 MA 和 AM。在亚瑟和梅林之间，所有具有较大常数轮数的证明协议全都塌在了 AM 中。如果你允许多项式那么多次的轮数，那么你就到 IP 了（相当于 PSPACE）。在量子世界里，你有 QMA、QAM，然后有 QMAM（与 QIP＝PSPACE 相同）。还有另一个类 QIP[2]，它不同于 QAM 的地方是，亚瑟可以把任意字符串发给梅林（甚至在量子情况下），而不是仅有随机字符串。在经典情况下，AM 和 IP[2] 是一样的，但在量子情况下，我们不知道是否会这样。

这就是我们的交互式证明之旅。我来为下一章内容留一道题。

上帝抛一枚等概率的硬币。如果硬币背面朝上，他将造一间住着一个红发人的房间。如果硬币正面朝上，他就造两个房间：一间里的人有红头发，另一间里的人有绿头发。假设你知道这就是全部情况，然后你睡醒了，发现房间里有一面镜子。你的目标是推测出硬币哪面朝上。如果你看到自己有绿头发，那么你马上就会知道硬币哪面朝上。但难点在于：如果你看到自己有红头发，那么硬币正面朝上的概率是多少？

这一章要讨论的是人择原理（anthropic principle），以及当你需要思考自己存在的可能性时，应该如何运用贝叶斯推理（Bayesian reasoning）。这好像是一个很奇怪的问题，但也是一个有趣的问题，你可以这样定义它：这是一个"有主张"要比"有定论"容易得多的问题。然而，我们至少可以试着弄清原委，也可以得到一些有趣的结果。

很多对理性思考感兴趣的人认为，应该将他们的生活建基在一个核心命题上——尽管在实践中，他们一般不会这么做——这就是贝叶斯定理。

$$P[H|E] = \frac{P[E|H]P[H]}{P[E]} = \frac{P[E|H]P[H]}{\sum_{H'} P[E|H']P[H']}$$

如果你跟哲学家们讨论，你会发现他们往往知道这个数学事实。（开个玩笑！）作为一个定理，贝叶斯定理是无可非议的。该定理告诉你，若给定某个事实 E，如何更新假设 H 为真的概率。

公式中 $P[E|H]$ 一项描述了在假设 H 成立的条件下，你能观察到事实 E 的可能性。等号右侧的项 $P[H]$ 和 $P[E]$ 则比较棘手。前者描述的是假设 H 在独立于其他任何事实的情况下为真的概率，而后者描述的是该事实被观察到的概率，它是对所有可能假设的平均（并对假设为真的概率加权）。在此，你从一开始就做了一个

承诺，即这样的概率本身是存在的，换句话说，这是在讨论贝叶斯主义者所说的先验是有意义的。当你还是刚刚降临世间的婴儿时，你估计自己可能住在太阳的第三颗行星上，还有可能住在第四颗行星上，等等。这就是先验——你接触到任何事物的任何事实之前便拥有的信仰。你已经能看出来了，这里也许有一点点虚构成分，但是，假如你有这样的先验假设，那么贝叶斯定理将告诉你，在给定新知识的条件下，如何将其更新。

该定理的证明很简单。将上面的公式两边同乘 $P[E]$，我们会得到 $P[H|E]$ $P[E]=P[E|H]P[H]$。这显然是对的，因为两边都等于事实和假设一起发生的概率。

所以，如果贝叶斯定理看上去无可非议，那么我想做的就是让你对它感到不安。这是我的目标。做到这一点的办法就是，把这一定理作为我们论证这个世界状态的方式，并对它仔细考量。

我以一个漂亮的思想实验开始，它是由哲学家尼克·博斯特罗姆（Nick Bostrom）提出来的 [1]，叫作上帝抛硬币（God's coin toss）。在第 17 章的结尾，我曾经将其作为思考题描述过这一思想实验。

想象一下，在时间刚开始的时候，上帝抛了一枚均匀硬币（得到正反面的概率相同的硬币）。如果硬币正面朝上，那么上帝就创造两间房间：一间里有一个红头发的人，另一间里有一个绿头发的人。如果硬币反面朝上，那么上帝就创造一间房间，里面只有一个红头发的人。这些房间就是整个宇宙，而这些人就是宇宙中唯一的人。

我们还设想，每个人都知道整个情况，而房间里还有镜子。现在，假设你醒来，在看到镜子里的自己后，知道了自己的发色。你真想知道硬币的哪一面朝上。那么在一种情况下，这是很容易的：如果你的头发是绿色的，那么硬币一定正面朝上。然而，假设你发现自己有一头红发，在这一条件下，你认为硬币正面朝上的概率应该是多少呢？

人们会给出的第一个答案是 1/2。你可以说："你看，我们知道硬币会等可能地正面朝上或反面朝上，而我们也知道，在这两种情况下都将有一个红头发的人。所以，你有红头发并不会真正告诉你硬币是哪面朝上的，因此，其概率应该是

1/2。"有人能给出不同的答案吗？

学生：硬币似乎更可能是反面朝上，因为假如正面朝上的话，你醒来看到自己一头红发这一事件，会被醒来看到一头绿发这又一个可能事件所稀释。如果房间里有一百个绿头发的人，效果就会更显著。

斯科特：没错。

学生：有一处问题完全不明确，在正面朝上的情况下，你是红头发还是绿头发这一点完全是概率性的。对此，我们并没有得到保证。

斯科特：对。这是个问题。

学生：可能是这样的，在抛硬币之前，上帝就写下了一个规则：如果硬币正面朝上，那么就让你是红头发的那一人。

斯科特：那我们就要问了，这里的"你"是什么意思呢？在你照镜子之前，你真的不知道你的头发是什么颜色。两种颜色真的都有可能，除非你相信，拥有红头发是你的一部分"本质"。也就是说，你相信不可能存在你有绿头发的宇宙状态，但其他情况本来就会是"你"。

学生：这两种人都会被问到这个问题吗？

斯科特：嗯，绿头发的人当然知道该怎么回答。但不难想象，红头发的人无论在硬币哪一面朝上的情况下，都会被问到这个问题。

为了让论证更正式一点儿，你可以把东西都放进贝叶斯定理。给定你有红头发这一事实，我们想知道硬币正面朝上的概率 $P[H|R]$。我们可以做如下计算：在给定硬币正面朝上的条件下，头发为红色的概率为 1/2，而其他条件不变；这里有两个人，而你不会先验地有更大可能性成为红头发或绿头发的人；现在，硬币正面朝上的概率也是 1/2——这是没有问题的。你的头发为红色的总概率是多少？它可以由 $P[R|H]P[H]+P[R|T]P[T]$ 给出。正如我们之前说过的，如果硬币反面朝上，那么你肯定有红头发，因此 $P[R|T]=1$。此外，我们已经假设 $P[R|H]=1/2$。因此，你能得到的就是 $P[H|R]=(1/4)/(3/4)=1/3$。所以，如果我们做的是贝叶斯计算，那么它会告诉我们，概率应该是 1/3，不是 1/2。

你能想到一个假设，让概率重新回到 1/2 吗？

> 学生：你可以做这样的假设：只要你存在，你的头发就是红色的。
>
> 斯科特：是的，这是一种方法。但有没有一种办法，不需要事先说定你头发的颜色？

没错，确实有办法能做到这一点，但是它有点儿奇怪。一种办法是，假设在正面朝上的世界里，从一开始就有 2 倍的人。这时你就可以说，你本来就有 2 倍的可能性存在于有 2 倍的人的世界里。也就是说，你自身的存在就是你能依赖的一个证据。我猜，假如你想描述得更具体一点儿，你可能会打一个比方：有一个充满灵魂的仓库，根据世界上有多少人，相应数量的灵魂会被挑出来充实肉体。所以，在有更多人的世界里，你的灵魂被挑中的可能性将更大。

如果你真做了这样的假设，那么你不妨再跑一遍相同的贝叶斯论证。你会发现，该假设精确地抵消了一个推理的影响——如果硬币正面朝上，那么你的头发可以是绿色的。所以，概率回到了 1/2。

因此我们看到，你可以得到 1/3 或 1/2 的答案，这取决于你想怎样做。还可能有其他答案，但上述两种听起来最有道理。

上述思想实验有些平淡。我们能让它变得更具戏剧性吗？它看上去有点儿像哲学，一部分原因就是，它还没有碰触到真正的利害关口。让我们来看一个涉及真正利害的例子。

我认为，下面的思想实验是哲学家约翰·莱斯利（John Leslie）提出来的 [2]。让我们把它叫作骰子房间（dice room）。试想一下，世界上有非常非常多的人，其中还有一个疯子。这个疯子绑架了 10 个人，把他们放在一个房间里。然后，疯子掷出一对骰子。如果掷出的是双幺（即两个骰子都掷出了 1），那么他就干脆杀掉在场的每一个人。如果掷出的不是双幺，那么他就放掉这 10 个人，然后再绑架100 个人。接下来，他会做同样的事：掷出一对骰子，如果掷出的是双幺，那么他就杀掉所有人；如果掷出的不是双幺，那么他就放掉所有人，然后再绑架 1000 个人……他一直这么做，直到掷出双幺才算结束。现在，想象一下你也被绑架了。

你一直在看新闻，所以了解整个情况。你可以假设自己知道或不知道有多少人在房间里。

那么，以你在房间里这个事实为条件，你应该有多担心？你会死的可能性有多大？

一个答案是，骰子有 1/36 的可能性被掷成双幺，所以你应该只是"有一点儿"担心（相对来说）。你会有的第二种反应是，考虑在进入房间的人里，有多大比例的人最后活着出去了。如果事件到 1000 人的时候结束，那么会有 110 人活着出去，而有 1000 人死去；如果事件到 10 000 人时结束，那么会有 1110 人活着出去，而有 10 000 人死去。在这两种情况下，都是有大约 8/9 的人进入了房间，并最后死去了。

> 学生：但那并不是以所有信息的集合为条件的。它只是以我在某个时刻在房间里这一事实为条件。
>
> 斯科特：但是，不管你什么时候走进房间，你基本上会得到相同的答案。无论你假设这一过程什么时候终止，都将有约 8/9 的人在进入房间后被杀死。对于每一个终止点，你都可以想象自己是在这一系列房间中走向那一点的任何一人。在这种情况下，你更容易死亡。
>
> 学生：但你不是以未来事件为条件吗？
>
> 斯科特：没错。但问题是，我们可以删除这一条件。我们可以说，我们是以一个特定的终止点为条件，但无论它是什么，我们都会得到相同的答案。这可能需要 10 步或 50 步，但无论终止点是怎样的，几乎所有进入房间的人都会死去，因为进入房间的人数呈指数增长。

如果你是一位贝叶斯主义者，那么这貌似是一个问题。你可以将之视为一个与疯子有关的奇怪的思想实验。或者，如果你愿意的话，你可以认为这就是人类所在的真实处境。我们想知道自己因为某种原因——可能是一颗小行星撞击地球，可能是核战争爆发、全球气候变暖或任何其他什么原因——遭遇灾难或灭绝的概率是多少。看待灾难大概有两种方式：第一种看法认为，所有风险似乎都非常小——它们至今还没杀了我们呢！人类已历经数代，并且每一代人都曾预测会出现迫在眉睫的厄运，但厄运从未成真。因此，我们应该以此为条件，给我们这一代遭遇灭绝分配相对小的概率。这是保守派喜欢提出的论点。我会称它为"忧天小鸡论证"[①]。

相反，另一种看法认为，假设人口一直呈指数增长，直到耗尽地球资源，然后崩溃的话，那么迄今活过的绝大多数人终将趋近这一终点。这非常像在疯子的房间里发生的事。即使假定对于每一代人类来说，厄运只有很小的可能性真正降临，但等到它真的降临时，曾生存于世的绝大多数人还是都会离它很近。

> 学生：在我看来，这仍然像在以未来事件为条件。不管你选择哪种未来事件，答案都是一样的，尽管如此，你还是在以其中之一的发生为条件。
>
> 斯科特：嗯，如果你相信概率论公理，那么如果 $P[A|B]=P[A|\neg B]$，就会有 $P[A]=p$。
>
> 学生：是的，但我们不是在谈论 B 和 $\neg B$，我们谈论的是一份无限的可能性名单。
>
> 斯科特：所以你觉得无限在这里会产生影响，是吗？
>
> 学生：基本上是这样的。我觉得，你能否取那个极限而不必有任何顾虑，这一点还不清楚。如果人口是无限的，那么疯子或许真的会非常不走运，永远都掷不出双幺。
>
> 斯科特：好吧，我们可以承认，假如掷骰子的次数没有上限，也许会使问题复杂化。但是，我们肯定能改变这个思想实验，使它不涉及无限。

我一直在谈论的这个论点有一个名字，叫"末日论"[②]（doomsday argument）。末日论基本上讲的是，根据上述推理，灾难性事件会发生在不久的将来的概率，比你天真的想象要大得多。我们可以给出一个完全有限的末日论版本。为简单起

[①] chicken little argument，用来比喻胆小、悲观的人，经常为不必要的风险忧虑甚至寝食不安。

——译者注

[②] 关于末日论有很多文献，不过我之前引用过的博斯特罗姆和莱斯利的作品就是很好的启蒙读物。

见，试想一下只有两种可能性："末日很近"或"末日很远"。在其中一种可能里，人类很快就会灭绝；在另一种可能里，人类会移民到星系的别处。在每种情况中，我们都可以写下曾经存在过的人数。为了便于讨论，假设在末日很近的情况中，存在过 800 亿人，而在末日很远的情况中，存在过 8×10^{16} 人。现在，假设在我们所处的历史上这一点，曾存在过 800 亿人。然后，你基本上可以采用与上帝抛硬币一样的论证。你可以让它更鲜明、更直观一些。如果我们处于末日很远的情况中，那么生存过的绝大多数人将在我们之后出生。我们恰好处在前 800 亿人这一非常特殊的位置上——我们很可能成为亚当和夏娃！如果以此为条件，那么我们处于末日很远的情况的概率，要比处于末日很近的情况的概率小得多。你做一下贝叶斯计算就会发现，如果你天真地认为两种情况是等可能的，那么在运用末日论推理后，我们几乎可以肯定自己处于末日很近的情况中。因为，若以末日很远的情况为条件，我们几乎可以肯定自己不会处在前 800 亿人这一特殊位置上。

我应该介绍一点儿历史了。末日论是在 1974 年由名为布兰登·卡特（Brandon Carter）的天体物理学家提出来的。在此后的整个 20 世纪 80 年代，人们断断续续地讨论着这一话题。另一位天体物理学家理查德·戈特（Richard Gott）[3] 提出了平庸原理（mediocrity principle）：如果你从一个不受时间影响的角度来看待人类的整个历史，那么，假设所有其他条件都相同，我们应该位于历史中间的某个地方。也就是说，在我们之后生存的人数不会与在我们之前生存的人数差太多。如果人口呈指数增长，那么这会是一个非常不好的消息，因为这意味着人类存在于世界上的时间已经不多了。在直观上，这种说法貌似很吸引人，但它已在很大程度上被拒绝了，因为它没能真正符合贝叶斯形式。不仅先验分布这一点不清不楚，还可能有一些特殊信息表明，我们不可能处在历史的中间。

因此，由博斯特罗姆形式化的现代版末日论，就符合贝叶斯形式。在贝叶斯形式中，你只假设自己对于可能情况有某种先验知识。然后，你必须把自身的存在考虑进来，并据此调整这种先验知识。博斯特罗姆在其相关作品中得出的结论是，末日论的解决实际上取决于你如何解决上帝抛硬币这一谜题。如果你将 1/3 作为谜题的答案，那么它会对应着自抽样假设（self-sampling assumption，SSA），其中，你可以根据自己的先验分布抽样一个世界，然后在那个世界中随机抽样一个人。如果你做出的假设是关于如何运用贝叶斯定理的，那么它似乎很难逃脱末日论这一结论。

如果你想否定这一结论，那就需要一个自指示假设（self-indication assumption，SIA）。假设称，比起一个拥有极少生物的世界，你更有可能存在于一个拥有更多生物的世界。在末日论中，你可能会说，如果末日很远是"真实"情况，那么就算你真的不太可能成为 800 亿人之一，但是因为多了这么多人，你原本就更可能处于前 800 亿人中。如果你同时做出了这两个假设，那么它们会互相抵消，将你带回你原来对末日很近和末日很远两种情况的先验分布上。在抛硬币谜题中，这将以完全相同的方式让 SIA 把我们引向 1/2 这个答案。

照此观点，一切都归结于你相信 SSA 还是 SIA。有一些反对末日论的观点根本不接受这些预设，但这些观点也遭到了各种反驳。你能最常听到的反对末日论的观点就是，穴居人也可以进行同样的论证，但他们肯定是完全错误的。这一反驳的问题在于，末日论根本没有忽视这一作用。当然，在持末日论观点的人中，肯定有人是错误的，但关键在于，大多数人将是正确的。

学生：不过，看上去还有一点儿纠结：你是想要自己正确，还是想设计策略，让最大数量的人正确？

斯科特：这听上去有点儿意思。

学生：我想对红发 – 绿发房间问题做一点儿改变：假设上帝有一枚非均匀硬币，使得仅有一个红发人和有很多绿发人的概率是 0.9，而仅有红发人的概率为 0.1。在这两种情况下，红发人的房间里有一个按钮。你可以选择按下或不按这个按钮。如果你在仅有红发人的情况下按下了按钮，那么你会得到一块曲奇饼；如果你在有很多绿发人的情况下按下按钮，那么你的脸上会挨一拳。你必须决定是否要按下按钮。所以现在，如果我用的是 SSA，然后发现自己在一个红发房间里，那么我们很可能处于仅有红发的情况，所以我应该按下按钮。

斯科特：完全正确。很明显，你给世界的不同状态所分配的概率会影响你判断何种决定才是理性的。从某种意义上说，这就是我们关心这一切问题的原因。

还有一种对反对末日论的观点认为，讨论从某类观测者中把你抽取出来是无效的。"我不是随便一个人，我就是我。"对此观点的回应是，在一些情况中，你明显会认为自己是随便的一个观察者。比如，假设有一种药物能杀死99%服用过它的人，但是1%的人吃了它是没事的。你是否会说，既然你不是随便一个人，那么该药物杀死99%的人这一事实就与你完全不相干？所以不管怎样，你会吃这种药吗？因此，从很多方面来讲，你确实把自己看作从某种分布的人群中抽取出来的。问题在于，这一假设何时是有效的，何时是无效的？

学生：我猜，从均匀分布的人群中抽取和从均匀分布的时间中抽取，两者是有区别的。你会把给定时间的人口加权于在给定时间内存活的可能性吗？

斯科特：我同意。时间问题确实引入了一些令人不安的东西。稍后我会讲到那些没有时间问题的谜题。我们会看到你刚才考虑的问题。

学生：我有时候还会想："为什么我是人类？"也许我不是随便一个人，而是意识的一个随机片段。在这种情况下，既然人类比其他动物拥有更多的大脑物质，那么我更可能是人类。

斯科特：还有一个问题：你是否更有可能活得很长？我们可以像这样一直问下去。假设还有很多外星人，这是否会改变末日论的推理？几乎能肯定的是，这样一来，你或许压根就不是人类。

学生：这也许是你要讲的，不过，其中很多内容貌似都会取决于你所说的概率到底是什么意思。你的意思是说，你在以某种方式对匮乏的知识进行编码，或者说，有些东西真是随机的吗？有了末日论，末日很近或末日很远的选择就确定了吗？关于药品的那个例子，你可以说："不，我不是被随机选择的——我就是我，但我不知道自己的这一特定属性。"

斯科特：这是问题之一。我认为，只要你从一开始就用贝叶斯定理，那么你就可能已经对此有一定预设了。你肯定做了这样一个预设：给问题中的事件分配概率是有意义的。即使我们想象中的世界是完全确定型的，而且我们只是利用这一切为我们自身的不确定性编码，贝叶斯主义者也会告诉你，无论你在何时不确定任何事，这就是你所需做的一切——不管出于什么原因。你必须对可能答案做一些先验预设，然后只需分配概率并开始更新它们。当然，如果你持有这种观点，并试图与它保持一致，那么你就会遇到这些奇怪的情况。

正如物理学家约翰·贝兹（John Baez）曾指出的，人择推理有点儿像一种廉价的科学 [4]。当你做更多的实验时，就可以得到更多的知识，对吧？验证你是否存在，总是你能很容易做的一个实验。问题在于，你从所做的实验中能学到什么？在一些情况中，运用人择推理看上去无可非议。一个例子就是问："为什么地球距离太阳约 1.5 亿千米，而不是其他距离？"我们能否将"1.5 亿千米"作为一个物理常数，或者从第一性原理推出这个数呢？很明显，我们不能。而且很明显，假如有一个解释，那么它就应该是：如果地球距离太阳更近，那么地球上会太热，不会演化出生命；如果距离更远，地球上则会太冷，也不会演化出生命。这就是所谓的"金凤花原理"（goldilocks principle）：当然了，生命只会出现在拥有能演化出生命的合适温度的行星上。就算生命在金星或火星上演化的可能性很小，但在距离太阳与太阳距离我们差不多位置上的行星上演化的可能性还是会更大，所以推理仍然成立。

接下来会有更模棱两可的情况。实际上，这是当前物理学的一个问题，物理学家们已为此争论良久：为什么精细结构常数为约 1/137，而不是其他的值？你可以给出一种答案：如果这个常数截然不同，我们就不会在这里。

学生：这是不是就像重力平方反比定律中的那种情况？如果不是 r^2，而只是有一点点不同，那么宇宙是否会乱作一团？

斯科特：是的，非常正确。不过对于重力的情况，我们可以说，作为空间具有三个维度的直接推论，广义相对论解释了为什么它是平方反比，而不是别的什么。

学生：但是，如果我们就做一些廉价的科学，然后说"人择原理告诉我们就得是这样"，那么我们就不需要那些高深的解释了。

斯科特：这正是反对人择原理的人所担心的——如此一来，人们就会偷懒，认为没必要做关于任何事情的任何实验，因为世界就是这个样子。如果它是任何其他样子，那我们就不会是我们，而是其他世界里的观察者。

学生：但人择原理不能做出预测，不是吗？

斯科特：是的，在很多情况下，这也正是问题所在。在我们已看到某事物之前，这一原理似乎并没有对它加以限制。我喜欢一个归谬法证明，孩子问父母月亮为什么是圆的，他得到的答案是："显然，如果月球是方的，那么你就不会是你。在一个月亮为方形的宇宙里，你会是另一个你。因为你是你，所以显然月球是圆的。"问题是，如果你还没有看到月亮，那么你就不能做出预测。但如果你知道比起 5000 万千米来说，一个星球在与太阳相距 1.5 亿千米的情况下更可能演化出生命，那么甚至在测量距离之前，你就可以做这样的预测。在某些情况下，这一原则确实给出了预测。

学生：所以我们就在该原则恰好能给你一个具体预测时运用这一原则，是吗？

斯科特：这是一个观点，但有一个问题是，如果预测是错的，那该怎么办？

正如前面提到的，这确实感觉起来"只是哲学"。尽管如此，你还是可以设置一些东西，让真实的决策依赖于它们。也许你听说过买彩票中大奖的好办法：买一张彩票，如果没中奖，你就自杀；然后，你显然要想问"自己是否活着"，而这必须以你还活着为条件；因为你问了这个问题，所以你一定活着，于是你一定中了奖。对此，你会怎么说？你可以说，在实际生活中，大多数人不会接受你把"自己活着作为条件"这一点当成一个决策理论的公理。你可以从一栋楼上跳下去，并把楼下恰好有蹦床或其他能够救你的东西作为条件。但是，你需要考虑你的选择会杀掉自己的可能性。另外，可悲的是，有些人确实会自杀。这是事实上他们在做的事情吗？他们是在消灭那些没能让他们的所想成真的世界吗？

当然，一切都得在合适的时候回到复杂性理论上来。事实上，人择原理的某些版本会对计算有所影响。我们已经看到彩票的例子是怎么回事了。比起中大奖，你甚至想要做更好的事情——解决一个 NP 完全问题。你可以使用同样的方法，选择一个随机的解决方案，检查它是否满足，如果不是，你就自杀。顺便说一下，这个算法有一个技术问题，你能看出来是什么吗？

没错。如果没有可满足的解决方案，那你就麻烦了。实际上，这个问题有一个很简单的修正：添加某个哑字符串，比如 $*^n$，起到“刑满释放证”的作用。

所以我们说，有 2^n 个可能的解决方案，并且还有一个哑方案——你能以某个很小的概率（比如 2^{-2n}）选中它。如果你选的是哑方案，那就什么都不做；否则，当且仅当你选的解决方案不可满足的时候，你才自杀。假设没有解决方案，并且你还活着，那么你一定是选了那个哑方案。否则，假如存在一个解决方案，你几乎必然会挑到一个可满足的解决方案，还是以“你还活着”为条件。

正如你期望的，你可以基于这个原理定义一个复杂性类：BPP_{path}。回想一下 BPP 的定义：有界误差概率多项式时间算法可解决的一个问题类。也就是说，如果一个问题的答案为“是”，那么 BPP 机器至少 2/3 的路径必须接受；如果答案是“否”，则其至多 1/3 的路径必须接受。BPP_{path} 也一样，除了一点：其计算路径可以有不同的长度 [5]——它们必须是多项式的，但可以不同。

关键在此：在 BPP_{path} 中，如果一个选择导致了更多不同路径，那么它就可以得到更多的计数。比如在 2^n-1 的分支中，我们只会接受或拒绝，也就是说，我们只会停机。但在另一个分支里，我们将翻转更多硬币，并做更多的事。在 BPP_{path} 中，我们可以让一个分支完全主宰所有其他分支。我在图 18.1 中展示了一个例子：假设我们希望灰色的分支主宰其他所有分支；然后，我们可以在那条路径上挂上一整棵树，进而，它将主宰我们不想要的路径（黑色）。

图 18.1

一个简单的论证表明，BPP$_{path}$ 等价于被我称作 PostBPP 的一个类（BPP 加上后续选择）。PostBPP 仍是一组多项式时间概率算法可解的问题集，而且，接受条件仍是原来的 2/3 和 1/3。但现在，如果你不喜欢自己选择的随机位，那么你可以杀了自己。你可以将"选择了使你仍然活着的随机比特"当作条件。物理学家称之为后续选择。你可以后续选择一些拥有极特殊属性的随机比特，答案"是"应该使至少 2/3 的路径接受，而答案"否"应该使不超过 1/3 的路径接受。

如果你想要一个形式化的定义，那么 PostBPP 就是如下描述的所有语言 L 所组成的类：存在多项式时间图灵机 A 和决定后续选择的事物 B，使得

1. 对于每个 $x \in L$，$\Pr_r[A(x, r)B(x, r)] \geqslant 2/3$。

2. 对于每个 $x \notin L$，$\Pr_r[A(x, r)B(x, r)] \leqslant 1/3$。

作为一个技术问题，我们还要求 $\Pr[B(x, r)] > 0$。

你能看出这为什么相当于 BPP$_{path}$ 吗？首先证明 PostBPP ⊆ BPP$_{path}$。给定一个可进行后续选择的算法，做一系列随机选择；然后，如果你喜欢它们，那就再做一系列随机选择。这些路径将超过你不喜欢的随机比特所在的路径。那么另一个方向呢？即 BPP$_{path}$ ⊆ PostBPP 呢？

关键在于，在 BPP$_{path}$ 中，我们已经得到了这棵具有不同长度路径的树。我们

可以把它填满，做成一个平衡二叉树；然后，后续选择赋予所有虚拟路径比真实路径适当低的概率，从而在 PostBPP 中模拟 BPP$_{path}$（图 18.2）。

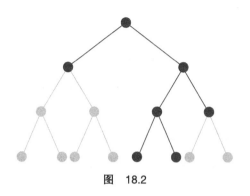

图　18.2

既然知道了 PostBPP＝BPP$_{path}$，我们就可以问 BPP$_{path}$ 有多大。根据前面给出的论证，有 NP⊆BPP$_{path}$。

另外，NP＝BPP$_{path}$？当然，这很难证明，虽然这是真的。原因之一是 BPP$_{path}$ 在补运算下是封闭的，另一个原因是它包含 BPP。事实上，你也可以证明 BPP$_{path}$ 包含 MA 和 P$^{\|NP}$（即拥有并行问询 NP 谕示能力的 P，这里的"并行问询"是指不依赖于前面问询答案的问询）。我会把它留给大家作为练习。至于另一个方向，或许可以证明 BPP$_{path}$ 包含于 BPP$^{\|NP}$，从而包含于多项式层级中。然后，在去随机化假设下，我们会发现人择原理给了你和 P$^{\|NP}$ 一样的计算能力。

那上界呢？要不，我们证明一下 BPP$_{path}$⊆PP？决定接受或拒绝，在一定程度上是一种指数求和的问题。对于所有路径，你可以让每条哑路径算一个接受和一个拒绝，而让每条接受路径算两个接受，让每个拒绝路径算两个拒绝，然后就问，接受是否比拒绝还多。这可在 PP 中模拟。

当然，如果不考虑量子后续选择，这一切都不会是完整的。我想以此作为本章的结束。直接类比 PostBPP，我们可以将 PostBQP 定义为在拥有后续选择能力的多项式时间量子计算机上可解的判定问题类。我的意思是，它是这样一类问题：你可以在其中进行多项式时间量子计算，然后进行某种测量；如果你不喜欢测量结果，那么你就去自杀，并以你仍然活着为条件。

在 PostBQP 中，因为没有 r 的类比，所以我们将不得不以不同的方式定义一些东西。取而代之，我们会说：你进行了一个多项式时间的量子计算，做了一个以大于 0 的概率接受的测量，然后以测量结果为条件；最后，你在约化的量子态上再一次测量，测量结果告诉你应该接受还是拒绝。如果问题的答案为"是"，那么以第一次测量接受为条件，第二次测量应该以至少 2/3 的概率接受；同样，如果问题的答案为"否"，那么以第一次测量接受为条件，第二次测量应该以至多 1/3 的概率接受。

然后，我们可以问 PostBQP 有多大能力。首先，你可以说 PostBPP⊆PostBQP。也就是说，我们可以模拟一个能够进行后续选择的经典计算机。换个方向，我们有 PostBQP⊆PP。阿德尔曼、德马雷斯和黄有一个关于 BQP⊆PP 的证明[6]。他们在证明里做的基本上就是被物理学家称为"费曼路径积分"的事情，其中把所有对最后概率幅可能有贡献的部分都加了起来。这只是一个很大的 PP 计算。从我的角度来看，费曼获得了诺贝尔物理学奖，就是因为证明了 BQP⊆PP，虽然他没有以这种方式陈述。无论如何，这一证明很容易被推广到对 PostBQP⊆PP 的证明，因为你只需将求和限制在那些后续选择后留下的态所对应的路径上。你可以让所有其他路径贡献同样多的正号和负号，这样一来，它们就不会影响结果了。

你能用一个后续选择模拟多个后续选择吗？这又是一个很大的问题。答案是肯定的。我们是通过采用延迟测量原理（principle of deferred measurement）做到的。该原理告诉我们，在任何量子计算中，我们可以不失一般性地假设最后只有一个测量。你可以使用受控非门来模拟所有其他测量，然后不去看包含测量结果的量子比特。同样的事情对于后续选择也成立。你可以保存所有后续选择，直至最后。

我在多年前曾证明过另一个方向同样成立：PP⊆PostBQP[7]。特别是，这意味着量子后续选择要比经典后续选择强大得多，这似乎有点儿惊人。经典后续让你留在了多项式层级中，而量子后续选择把你带到了计数类中，我们认为后者要大得多。

我们来走一遍证明过程。给定某个布尔函数 $f:\{0,1\}^n \rightarrow \{0,1\}$，其中 f 是可以有效计算的。令 s 为满足 $f(x) = 1$ 的输入 x 的数目。我们的目标是判定是否 $s \geq 2^{n-1}$。这显然是一个 PP 完全问题。为简单起见，我们不失一般性地假设 $s > 0$。现在，使用标准的量子计算技巧（我将跳过），相对容易准备一个如下的单一量子比特态。

$$|\psi\rangle = \frac{(2^n - s)|0\rangle + s|1\rangle}{\sqrt{(2^n - s)^2 + s^2}}$$

这也意味着，我们可以准备如下状态。

$$\frac{\alpha|0\rangle|\psi\rangle + \beta|1\rangle\,H|\psi\rangle}{\sqrt{\alpha^2 + \beta^2}}$$

也就是说，这实质上是将一个条件阿达玛门应用于 $|\psi\rangle$，其中实数 α 和 β 将在后文中说明。我们显式地写出 $H|\psi\rangle$ 是什么：

$$H|\psi\rangle = \frac{\sqrt{\frac{1}{2}2^n}\,|0\rangle + \sqrt{\frac{1}{2}(2^n - 2s)}\,|1\rangle}{\sqrt{(2^n - s)^2 + s^2}}$$

所以，现在我想假设我们采用了上面的两个量子比特态，并对第二个量子比特为 1 的情况进行后续选择，然后再看第一个量子比特留下了什么。你可以计算一下，然后会得到以下的态，它依赖于我们之前选择的 α 和 β 的值：

$$|\psi_{\alpha,\beta}\rangle = \alpha s\,|0\rangle + \beta\frac{2^n - 2s}{\sqrt{2}}\,|1\rangle$$

通过使用后续选择，对于任何我们想要的给定的 α 和 β，我们都可以准备上述形式的状态。所以现在，我们怎么用它来模拟 PP？我们要做的就是通过在 $\{2^{-n}, 2^{-n+1}, \cdots, 1/2, 1, 2, \cdots, 2^n\}$ 的范围内改变 β/α，一直去制备这一状态的不同版本。现在共有两种情况：$s < 2^{n-1}$ 或者 $s \geq 2^{n-1}$。假设第一种情况成立，那么 s 和 $2^n - 2s$ 有着相同的符号。由于 α 和 β 是实的，态 $|\psi_{\alpha,\beta}\rangle$ 会沿着单位圆的这一侧分布：

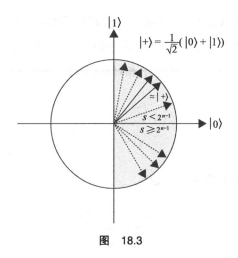

图 18.3

如果 $s < 2^{n-1}$，那么在我们改变 β/α 的时候，态 $|\psi_{\alpha,\beta}\rangle$ 不管对 $|0\rangle$ 还是 $|1\rangle$ 来说总是具有正的概率幅（它将位于第一象限）。不难看出，在某一点处，这一状态将变得合理平衡。即 $|0\rangle$ 和 $|1\rangle$ 的概率幅会彼此进入一个常数范围内，如图 18.3 中的实线向量所示。如果我们继续在 $\{|+\rangle, |-\rangle\}$ 这组基上测量这些态，那么其中一个态将以很高的概率产生 $|+\rangle$ 这一结果。

在第二种情况下，$s \geq 2^{n-1}$，无论 α 和 β 被设定为什么值，$|1\rangle$ 的概率幅永远不会是正的，而 $|0\rangle$ 的概率幅则总是正的。因此，这一态将始终停留在第四象限。现在，因为对 α 和 β 的改变是多项式次数的，所以 $|\psi_{\alpha,\beta}\rangle$ 将永远不会接近 $|+\rangle$。这是一种检测得出的差异。

正因如此，我把这件事写了下来，并认为它是一个可爱的证明。此后一年，我意识到贝格尔 – 莱因戈尔德 – 斯皮尔曼定理（Beigel-Reingold-Spielman theorem）[8] 证明了 PP 在交运算下封闭。也就是说，如果两种语言都在 PP 中，那么这两种运算的交集也在 PP 中。这解决了一个开放了 20 年的问题。我注意到，PostBQP 在交运算下很容易被看出是封闭的，因为，如果你想找到两个 PostBQP 语言的交集，那么只需运行它们各自的 PostBQP 机器，对给定的有效输出进行后续选择，然后看两者是否都接受。你可以使用加速定理来保持在正确的误差范围之内。由于 PostBQP 显然在交运算下封闭，因此它将提供一个关于 PP 在交运算下封闭的新证明。并且，我认为这要比原始证明简单得多，而得到更简单证明的方法就是去考虑量子人择后续选择。这就像一个高层次编程语言，目的是构造贝格尔-莱因戈尔德-斯皮尔曼证明其定理所需的"门槛多项式"。量子力学和后续选择只是给了你一个更直观的方式来构造这些多项式。

我再介绍一下 PostBQP=PP 定理的另一个有趣的结果，它与量子计算相关。我们已经知道 PostBQP=BPP$_{path}$ 包含在多项式层级中。另外，假设 PostBQP=PP 包含在多项式层级中，那么 P^{PP}=P$^{\#P}$ 将同样包含在 PH 中。但根据户田定理（即 PH⊆P$^{\#P}$），这将意味着 PH 会坍缩到有限的层次上！所以结论就是，除非 PH 坍缩，否则 PostBQP 真的严格大于 PostBPP。没错，量子和经典的后续选择功能强大到有点儿荒唐了，但我们可以相当确信，量子的后续选择功能更强大！事实上我会说，比起我们更熟悉的猜想 BPP≠BQP（它"仅仅"基于我们假设的质因数分解对于经典是困难的这类事情，没有如多项式层级的无限性那么"稳健"的东西），我们可以更确信这一不等式。

然而，这是否暗示了量子计算机在"真实"世界里的力量，而不是在假设的后续选择的世界里的力量？在我 2006 年第一次写完本章之后，又出现了一些新动态，它们都支持答案是肯定的。布雷姆纳（Bremner）、乔沙（Jozsa）以及谢波德（Shepherd）[9]（在 2011 年）指出，如果每一个可以在量子多项式时间里采样的分布也可以在经典多项式时间里采样，那么 PostBPP 将等于 PostBQP，这（根据上述推理）将导致多项式层级的崩塌。此外，即使我们把量子计算的双手绑在背后，然后只考虑那些能通过极简陋的、几乎肯定不是通用的那种量子计算机采样的分布，这一结论依旧成立。布雷姆纳等人给出的例子叫作瞬时量子计算机（instantaneous quantum computer），其唯一的功能是将作为泡利算符张量积之和的哈密顿量作用在量子比特的各种子集上。在另一篇独立的论文中，亚历克斯·阿尔希波夫和我 [10] 对于线性光学量子计算机（linear-optical quantum computers）给出了同样的结论，其中，你唯一能做的事情就是生成一堆全同光子，并通过"无源光学元件"（即分束器和移相器）组成的复杂网络结构来发送它们，最后测量在每个可能位置上有多少光子。在这两种情况下，最终的量子计算模型可能无法实现肖尔算法、格罗弗算法或其他任何"标准"的量子算法——对于这个问题，它可能甚至不能做通用的经典计算！即便如此，在这些模型中，你还是可以很容易地从一个不能由经典计算有效抽样的概率分布中生成样本，除非 PostBPP = PostBQP，并且多项式层级会崩塌。此外，从技术角度来看，这些模型可能比通用量子计算更容易实现①。

现在，这方面中最大的理论挑战是要证明，即使一台经典计算机可以从与量子计算机大约相同的概率分布中生成样品，这仍然会造成多项式层级崩塌。阿尔希波夫和我在文章中做的最主要的事情是给出一些证据，说明甚至这一更强的命题也是成立的。但是，将其严格化似乎需要经典复杂性理论的一个显著进步：仅是 PostBPP = PostBQP 定理是远远不够的。如果你好奇的话，我可以告诉你，阿尔希波夫和我证明的是，证明下述命题就足够了：对于一个分量为独立复高斯分布的 $n \times n$ 矩阵，以对矩阵而言很高的概率估计其积和式（permanent）是 #P 完全问题。我们已经知道，估计任意复矩阵的积和式是 #P 完全的，并且计算高斯随机矩阵的积和式是 #P 完全的。因此，"唯一剩下的"就是要证明，即使我们将估计和做平均混在同一个问题里，它依然是 #P 完全的！

我有一些问题留给大家。我们讨论了时间问题，以及它如何把更多混乱引入末日论。还有一个不涉及这方面的难题，但它仍然很混乱。这个难题（也是博斯特罗姆提出的）被称为"傲慢的哲学家"（presumptuous philosopher）。试想一下，物理学家们已经将物理学终极理论的可能性缩减到两个先验上等可能的理论上。它们的主要区别在于，理论 1 预测的宇宙大小要比理论 2 大十亿倍。特别是，假设宇宙是相对均匀的（这两种理论对此均没有异议），理论 2 预测，宇宙中将会有大约十亿倍多的有知觉的观察者。因此，物理学家们正在计划建设一个庞大的粒子加速器来区分两种理论——该项目将耗资数十亿美元。现在哲学家们跑过来说，理论 2 有十亿分之一的概率是正确的理论，因为以理论 2 正确为条件，我们从一

① 事实上，在本书最终修订的时候，已经有 4 个研究组声称第一次在实验上实现了我和阿尔希波夫关于"玻色抽样"的猜想，虽然只有 3 个全同光子。详见我的博客文章《玻色子启示录》（"The Boson Apocalypse"）。

开始便将多出十亿倍的可能性存在。现在的问题是，哲学家是否应该因为他们的"发现"获得诺贝尔物理学奖？

当然，哲学家在这里做了自指示假设。那么，这里应该是 SSA 还是 SIA？SSA 导致了末日论，而 SIA 导致了傲慢的哲学家。看上去不管你相信哪一个，都会得到一个奇怪的结果。

最后，如果我们想将人择计算的想法与末日论结合，那就会出现一个叫作"亚当与夏娃"的难题。假设亚当和夏娃是最初的两个观察者，而他们真正喜欢做的事是解决一个 NP 完全问题，比如 3SAT。为此，他们选择了一个随机赋值，并事先做了一个非常明确的打算：如果这一赋值恰好是可满足的，那么他们将不会有孩子；而如果分配是不可满足的，那么他们将会生儿育女。现在，让我们假设 SSA。然后以选择了一个不可满足的赋值为条件，他们在本质上有多大概率会是亚当和夏娃，而不是大量的未来观察者之一呢？如果我们假设他们将最终有（比如）2^{2n} 的后裔，那么这一事件的概率似乎至多是 2^{-2n+1}。因此，以他们是最初两个观察者这一事实为条件，SSA 以压倒性的概率预测，他们挑了一个可满足的赋值。如果你是贝叶斯的"铁杆粉丝"，那么你既可以挑 SSA，也可以挑 SIA，但无论是用哪种方式，你都要吞下相应的苦果！

第**19**章
自由意志

好，在本章中，我们要问——并可望回答——是否有自由意志这个问题。如果你想知道我的立场，我会告诉你：我相信自由意志。为什么呢？嗯，我大脑中的神经元就是这样碰撞着让我打开了嘴，说出了"我有自由意志"这句话。我还能怎样？

在开始之前，我们必须澄清两个常见的误解。第一个误解来自自由意志阵营，而第二个误解来自反自由意志阵营。

来自自由意志阵营的误解是我之前暗示过的：如果没有自由意志，那么将没有人对自己的行为负责，因此（比如）法律体系将会崩溃。嗯，我只知道在一个审判案例中，物理定律中的决定论（determinism）确实被用作法律辩护。那就是1926年对利奥波德（Leopold）和勒布（Loeb）谋杀案的审判。你听说过这个案子吗？那是美国历史上最著名的审判案例之一，仅次于"辛普森杀妻案"的审判。利奥波德和勒布是美国芝加哥大学的优秀学生（其中一人刚刚在18岁完成了他的大学学业），他们想证明自己是尼采式的超人，以及他们聪明到可以完美地进行谋杀并摆脱罪名。所以，他们绑架了一名14岁的男孩，并将其棒击致死。然后，他们被捕了——利奥波德把他的眼镜落在了犯罪现场。

为他们辩护的人是克拉伦斯·达罗（Clarence Darrow）——他也是"斯科普斯案"（Scopes Monkey Trial）的辩护律师，并被一些人视为美国历史上最伟大的辩护律师。在他著名的结案陈词中，他提出了一个诉诸宇宙决定论的观点："我们何德何能，可以说什么东西可能影响了这些孩子做这些事情？什么样的遗传或环境因素的影响可能会导致他们犯罪？"（也许达罗觉得他不会有任何损失。）不管怎么说，二人最后被判了终身监禁而非死刑。但显然，这是因为他们的年龄，而不是因为物理学定律的决定论。

好吧，将自由意志不存在作为法律辩护的问题在哪里？

> 学生：法官和陪审团同样没有自由意志。
>
> 斯科特：谢谢！我很高兴有人立刻意识到这一点。为此我通篇读过很
> 多文章，但从没想到过如此明显的一点。

那么法官可以这样回答："物理定律可能已经提前决定了你的罪行，但它同样也提前决定了我的宣判：死刑！"（不管怎样，在美国是这样的。如果换是在加拿大，那宣判可能就是坐 30 天的牢……）

实际上，我找到了安布罗斯·比尔斯（Ambrose Bierce）那段很传神的对句：

> "应该不存在自由意志，"哲学家说，
>
> "执行绞刑算是最大的不正义。"
>
> "确实不存在自由意志，"警官赞同，
>
> "执行绞刑是我们的天经地义。"

好吧，这就是来自自由意志阵营的误解。现在轮到来自反自由意志阵营的误解了。我常听到这样的观点：不仅自由意志不存在，连这个概念本身都是不协调的。为什么呢？因为我们的行为要么被一些东西决定，要么不被任何东西决定，也就是说，它们是随机的。我们不能将以上两种情况中的任何一种归为"自由意志"。

在我看来，上述观点的明显谬误在于它蕴涵了非确定⇒随机。如果这是正确的，那么就不会有 NP 这种复杂类了，而只能有 BPP。"随机"这个词有着明确的意义，它意味着对于可能的选择有一个概率分布。在计算机科学中，我们能够很

完善、清楚地举出这样的例子。它是非确定的，同时也是非随机的。

瞧，在计算机科学中，我们有关于非确定性的很多来源。按理来说，它最基本的来源在于，我们有某个算法，但并不会预先知道会得到哪种输入。如果我们得到的输入总是预先被决定好的，那么直接把答案存在硬盘里就好了。况且，在一开始提到算法时，我们在某种程度上就已经做出了这样的假设：某个主体能自由地为算法选择何种输入。

学生：不一定吧。你可以把算法当成一个很大的压缩方案。我们也许知道所需的所有输入值，但只是不能把它们写在一个足够大的表格里，所以，我们用这种压缩形式把它们写下来。

斯科特：好吧。但这样的话，你问的就不是同一个问题了。对于某些问题来说，也许并不存在有效的算法作为有效的压缩方案。我想谈的是关于我们使用语言的方法——至少是在谈论计算时用到的语言——可以很自然地说，这是对我们拥有的这组可能发生的事情的某种变换，但我们并不知道哪些事情会发生，甚至不知道它们发生的概率分布。我们可能要考虑它们的全部，也可能至少是其中的一个或大多数，抑或以任何其他量词来限定。说某件事情要么是确定型的，要么是随机的，无异于漏掉了整个"复杂性动物园"。我们有很多种方法从一组可能性事件中获取一个答案，所以我认为，以下观点在逻辑上是一致的：在宇宙中可能存在某些变换，它们都有一定的可能性，却不存在关于它们的概率分布。

学生：所以它们是确定型的。

斯科特：什么？

学生：经典物理认为，每一件事情都是确定型的。然而，量子力学却是随机的。对于测量结果，你总能得到一个概率分布。我觉得你无法逃避这个事实：你只能有这两种选择。你不能说存在某种粒子，它有三种态，但你可以说，你无法找出它们的概率分布。除非你想成为一个频率论者（frequentist），否则这不太现实。

斯科特：我不同意你的看法。我认为上述情况确实是有意义的。以我们谈论过的隐变量理论为例，在你明确自己在谈论哪种隐变量理论之前，对于未来发生的事情，你没有一个概率分布。如果我们只是在谈论测量结果，那么没错。如果你知道正在测量的态和量，量子力学会为你提供关于结果的可能性分布。但是，如果你不知道态和量，那么你连分布都得不到。

学生：我知道有一些事情是非随机的，但我不能同意这一论证。

斯科特：太好了！我很高兴有人反对我。

学生：我不同意的是您的论证，而非您相信自由意志这一结论。

斯科特：我的"结论"？

学生：我们到底能不能**定义**自由意志？

斯科特：哇，这是个很好的问题。"自由意志是否存在"与"自由意志是什么"，这两个问题息息相关，很难分得开。我正试着做的是，阐明我认为的自由意志不是什么，来对"它可能指的是什么"这一问题给出一些思路。在我看来，它指的似乎是宇宙状态中的某种变换，其中包含一些可能的结果，并且，我们甚至不能为它们找到合适的概率分布。

学生：历史事实给定了吗？

斯科特：对，历史事实是给定的。

学生：我不想全盘否定这个观点。但至少，你为何不能多次运行你的模拟、观察自由意志实体的每一次选择，来得出一个概率分布？

斯科特：我想，有趣的地方在于，如果（就像现实生活中那样）重复试验是一种奢求呢？

纽科姆悖论

下面，让我们用一个非常著名的思想实验为哲学的架构添砖加瓦吧。假设有一个超级智慧的预言者把两个盒子摆在你面前，第一个盒子中有 1000 美元，第二个盒子中要么有 100 万美元，要么什么都没有。你不知道真相是怎样的，但是，预言者对于是否把钱放入第二个盒子已经做出了决定。作为选择者，你有两种选项：要么只拿第二个盒子，要么两个盒子都拿。你的目标当然是获得更多的钱，而不是去弄懂宇宙是如何运行的。

关键在于，预言者在你进行选择之前就已经做出了预测。如果预言者预测你只拿第二个盒子，那么他会在盒子里放入 100 万美元；如果他预测你两个盒子都拿，那么他就会让第二个盒子空空如也。预言者和无数的人玩过无数次这个游戏，而且从来没有出过错：每当选择者拿起第二个盒子时，他们会发现里面有 100 万美元；每当选择者把两个盒子都拿起来时，他们会发现第二个盒子是空的。

第一个问题：为什么你明显需要两个盒子都拿？没错，因为无论第二个盒子中有什么，你都会额外获得 1000 美元。第二个盒子中有什么已经被提前决定好了，所以拿起两个盒子这一举动并不会对其产生影响。

第二个问题：为什么你明显需要只拿起第二个盒子？没错，因为预言者从来没有出过错！一次又一次，你看到拿起一个盒子的人带走了 100 万美元，而拿起两个盒子的人只得到了 1000 美元。那么，为什么这次会有所不同呢？

1969 年，哲学家罗伯特·诺齐克（Robert Nozick）让"纽科姆悖论"（Newcomb's paradox）火了起来[1]。在他的论文中，有一句话非常出名："对于几乎每一个人来说，要做什么是显而易见的。问题在于，人们在面对这个问题时，几乎平均地分成了两派，而且相当多的人认为对方是傻子。"

其实，这里还有第三个立场——一个无聊的"维特根斯坦立场"，它认为这个问题是无条理的，就像在讨论如何用无坚不摧之力撞击无法撼动的物体。如果这样的预言家真的存在，那么你根本就没有做出选择的自由；换句话说，如果你可以思考应做出怎样的选择，那就意味着预言家根本不存在。

> 学生：你为什么不用抛硬币的方式来解决这个悖论？

> 斯科特：这是个非常好的问题。为什么我们不能利用概率的方式来破解悖论？假如预言家预测你有 p 的可能性只拿第二个盒子，那么他会以同样的概率 p 在第二个盒子中放 100 万美元。所以你预期的结果是：

$$1\,000\,000p^2 + 1\,001\,000p(1-p) + 1000(1-p)^2 = 1\,000\,000\,p + 1000(1-p)$$

这带来了和之前一样的悖论，因为令 $p=1$，可以让你得到的钱最多。所以我的观点是，随机性真的不会改变悖论的本质。

回顾一下，这里有三个选择：你是拿一个盒子的人，拿两个盒子的人，还是维特根斯坦论者？

学生：你用"拿几个盒子"替代了"你选择做什么"这个问题，这种做法真的没有影响吗？你实际上不是在选择，你是在思索事实上你会怎样做，无论是否有选择掺杂在其中。

斯科特：那就是说，你仅仅在预测自己将来的行为？这个区别很有趣。

学生：预言者需要做得多好？

斯科特：可能不一定完美。即使他只有 90% 的正确率，悖论依旧存在。

学生：根据问题的假设，这里并不存在自由意志，所以你需要采用维特根斯坦的选择。

斯科特：就像任何一个思维实验那样，仅仅否定前提是不好玩的。我们应当多让大脑做做思维体操。

我可以向你们展示我尝试给出的解决办法[2]，它让我心满意足地成了拿一个盒子的人。首先，我们要弄清楚"你"这个词究竟指的是什么。我将把"你"定义为能够预测你未来行为的任何东西。这看上去明显有点儿循环论证，但它意味着"你"无论是什么，都应该和可预测性紧密联系在一起。也就是说，"你"应该和那一系列能够完美预测你未来行为的东西是一致的。

现在让我们回到先前的问题，即预言家拥有的计算机到底有多强大。这里有一个你，并且有一个预言家的计算机。现在，你可以基于各种各样你喜欢的原因，做出拿起一个盒子或两个盒子的决定。你可以重拾童年的记忆，比如数一数你一年级的老师的名字中有多少个字母，然后以此为基础来决定你要拿起一个还是两个盒子。因此，为了准确预测，预言家需要知道你的所有事情。先验地知道你要把什么事情跟所做的决定联系起来，这是不可能的。在我看来，这表明预言家需要解决一个可能被称为"you 完全"[①] 的问题。换言之，预言家需要对你进行精确的模拟，而从本质上来说，这相当于将复制版的你带到世界上。

让我们看看在这个假定下会发生什么。假设你在犹豫到底拿起几个盒子，你说："好吧，拿起两个盒子真的很有吸引力，因为会有额外的 1000 美元。"但问题在于，当你在犹豫的时候，你并不知道自己究竟是"真实"的你，还是仅仅是在预言家的计算机上运行的模拟程序。如果你是那个模拟，并且选择拿起两个盒子，那么这会确确实实地影响到盒子里的内容：预言家不会将 100 万美元放到第二个盒子里。这也解释了为什么你应该只拿一个盒子。

学生：我认为，只需借助一个有限的数据集，就能在大多数情况下进行很准确的预测。

斯科特：是的，事实可能就是如此。我在美国加利福尼亚大学伯克利分校的一堂课中做了一个实验。我写了一个小程序，其中，人们需要键入"f"或"d"，然后该程序会推测人们接下来将会按哪个键。事实上，写这样一个有 70% 正确率的程序很简单。大部分人并不知道怎样随机地键入。他们会有太多选择。因此，这里有各种各样的模式，你只需要建立某种基于概率的模型——哪怕是很粗糙的模型，也可以做得很好。面对自己写的程序，我也无法取胜，即使我很清楚它是怎样运行的。我让人们去尝试这个实验，并得到了 70%~80% 的正确率。然后，我发现了一个学生，程序对其预测的准确率恰好是 50%。我问他秘诀是什么，他回答道："我只是使用了我的自由意志。"

学生："you 完全"貌似存在一个问题，即在直观的层面上，你和我不是等同的。但是，任何能够模拟我的东西，估计也能模拟你，也就是说，模拟者既是你，也是我。

斯科特：我可以这样解释，通过模拟创造出的是你的复制品，而不是

---

① 原文为 you-complete，这是模仿复杂性理论中的各种完全问题，比如 NP 完全问题。下文中的"you 难"（you-hard）、"you 谕示"（you-oracle）也是如此。——译者注

说，这一模拟要和你**完全等同**。这个模拟也能创造出很多其他的东西，所以它解决的问题是"you 难"的而不是"you 完全"的。

学生：如果你拥有一个"you 谕示"，然后你偏偏总做和模拟相反的选择呢？

斯科特：对。由此我们能总结出什么呢？如果你能够复制预言者的计算机，那他一定就傻眼了，对吧？但是，你不能复制他的计算机。

学生：所以，这是一个包含着预言垄断的形而上学理论？

斯科特：是啊，它已经包含一个预言者了——一个奇怪的家伙，但是，你还要我怎样呢？问题就是这么规定好的。

我喜欢我的解决方案，其中一个原因就是它完全绕过了"自由意志是否存在"这一问题，它和 NP 完全性问题绕过 P 与 NP 之谜的方法几乎是一个道理。的确，"你的自由意志将怎样影响预言者模拟出的结果"这个问题很神秘，但它并不比"你的自由意志将怎样影响你自己大脑的输出"这个问题更神秘！这两个问题真是半斤八两。

我喜欢纽科姆悖论的一个原因是，它指出了"自由意志"和无力预测未来行为的一个关联。无力预测一个实体的未来行为并不是自由意志的充分条件，但它在某种意义上的确是必要条件。假设有个盒子，我们要在不打开盒子的情况下预测盒子里有什么，那么我们大概会认为，这个盒子是没有自由意志的。顺便提一句，怎样才能让我相信我不具有自由意志？当我做出了一个选择后，你向我展示了一张准确预测出我的选择的卡片。这像是某种既必要又充分的条件。现代神经科学的确在某些特定条件下给出了很接近的结果。比如在利贝（Libet）在 20 世纪 80 年代做的著名实验[3] 中，研究人员将电极连接到人们的大脑上，并告诉他们无论何时，只要他们愿意，就可以按下一个特定的按钮。在被试有意识地决定按下按钮的整整一秒或几秒之前——当然是在他们移动手指之前，你能看到以神经兴奋（neural firing）形式呈现的预备电位（readiness potential）。不过，这并不意味着我们可以预测被试将按下按钮这一事件：这类实验中一个重要却很少被讨论的地方在于，研究人员并没有得出在被试没有按下按钮的情况下，预备电位出现的频率。另外，近几年的一些实验，比如孙（Soon）等人在 2008 年进行的研究 [4]，使用了功能性核磁共振成像（fMRI）来预测被试将按下两个按钮中的哪一个。这个实验的准确率比随机预测（60% 左右）高一点儿，并且，预测发生在被试自觉意识到判断的几秒之前。这类结果的重要性很容易被夸大。毕竟，即使不使用功能性核磁共振成像，我们也能得到一半以上的正确率，仅仅考虑下述事实即可：绝大多数人喜欢一遍遍地做同样的事情！魔术师、骗子和广告商在很久之前就知道这一事实了。另外，认为神经科学的预测能力不会稳步提高，这种想法也很愚蠢。按此趋势发展，自由意志的"铁杆粉丝"们将不得不承认，至少在某些层面上，某些决定要比他们感觉的更不"自由"——或者至少，在被试意识到之前，那些决定选择的因素就已经出现了。

如果自由意志依赖于预测未来行为的不可能性，那么，这意味着自由意志以某种方式依赖于我们的独特性，即我们无法被复制。这引出了另一个我很喜欢的思想实验：隐形传输机。

假设在遥远的未来，有一种十分便捷的方法去火星——乘坐火星快线，只需十分钟。它把你身体中的所有原子的位置编码成信息，然后经无线电波传送至火星，在火星上重新组装你，并摧毁原先的那一个你（自然要这么做）。谁想成为第一个报名买票的人呢？假设对原先的你的毁灭过程是无痛的。如果你相信你的大脑全部由信息组成，那么你应该排队买票，对吧？

> 学生：我觉得"把人分解后再放到另一个地方组装"和"深入研究某人并在终端构造其复制品，然后毁掉原先的人"是两件截然不同的事。移动和复制是不同的。我愿意被移动到火星，但不愿意通过被复制的方式。
>
> 斯科特：在大多数操作系统和编程语言中，移动的方法就是在复制之后删除原件。对于一个计算机来说，移动就是指复制然后删除。比如你有一个比特串 $x_1, \cdots, x_n$，然后你想把它从一个位置移动到另一个位置。到底是复制所有比特，然后再删除原先的字符串，还是复制 – 删除一个比特，

再复制 - 删除一个比特？你觉得，弄清楚是哪种方法很重要吗？你觉得，这有区别吗？

学生：是的，如果是对我进行操作的话。

另一个学生：我想先被复制，然后根据我的体验来决定是否毁掉原始的那一个我。如果决定不毁掉原始的我的话，那么就接受在另一个地方存在另一个我这个事实。

斯科特：如果是这样的话，那么由哪一个你来做决定？你们会一起做决定？我猜想你们两人可能会选择投票的方式，不过这样的话，大概需要第三个你来打破僵局。

学生：你是量子的态，还是经典的态？

斯科特：你的提问很超前，这种问题总让我很开心。著名的量子传输协议（它将你的量子态"去物质化"，并在另一个地点"重新物质化"）吸引我的地方在于，为了使其运作起来，你需要去测量最初的态，然后毁掉它。但是，当我们回到经典情形时，比起毁掉原始版本，保留原始版本会给你带来更大的麻烦。因为你无法决定哪个才是"真正"的你。

学生：这让我想起了多世界诠释。

斯科特：至少在那种理论里，波函数的两支永远不会相互作用。他们顶多可能干涉相消，但这里的原件和复制品是可以和彼此交谈的！这带来了全新的困难。

学生：所以，你如果用量子计算机替代经典计算机，就不能通过复制 - 删除的方式来移动文件……

斯科特：没错！在我看来，这是个很重要的发现。我们知道，如果你有一个未知的量子态，你不能**复制**它，但你能够**移动**它。所以接下来的问题是：人类大脑中的信息是否被编码在某组标准正交基中？这些信息是可以被复制，还是不可以被复制的？看上去，答案并不显然是先验的。请注意，我们并不是在讨论大脑是否是量子计算机（更不用提彭罗斯所说的量子**引力**计算机了），或者大脑是否可以对 300 位的整数进行质因数分解——或许高斯可以，但很明显，我们做不到。但是，即使大脑只做经典计算，它也仍然可以用包括多组基中的单个量子比特的方法，使得复制大脑的重要部分在物理上变得不可能。这种情况要想成立，甚至不需要太多纠缠来作为条件。我们知道，有很多微小的作用影响着给定神经元兴奋与否。所以，你需要从大脑获得多少信息来（至少以一定概率）预测一个人未来的行为？你需要的全部信息是否被存储成一些"宏观的"变量，就像那些在原则上可以被复制的突触强度？或者，它们中的一部分以微观形式被存储，而且可能不在一组固定的标准正交基中？上述问题并不是形而上学的问题。从原则上来说，它们是可被实证地回答的。

我们既然在讨论中已经提到了量子，那么不妨再搅搅这锅菜，把相对论添加进来。有一个叫作块宇宙论题（block-universe argument）的观点（大家可以阅读与此相关的论文）。该观点认为，狭义相对论在某种程度上否定了自由意志的存在。比如，你在琢磨是打电话订比萨饼，还是叫中国菜的外卖，而你的朋友一会儿会过来找你，她想知道你将订什么。当这一切发生时，你的朋友正在你的静止坐标系中，以接近光速的速度向你靠近。你觉得自己还在冥思苦想，但在她看来，选择已经被做出了。

学生：你和你的朋友是类空分离的，所以这到底是什么意思？

斯科特：正是这样。我个人并不认为这个观点涉及了自由意志是否存在的问题。问题在于，它只对类空分离的观察者有效。原则上，你的朋友可以说，在她认定的类空超曲面上，你已经做出了决定，但是她并不知道你订了什么！传播到你朋友那里的信息只能来自时空上你真正做出决定的那一点。在我看来，这只说明，我们对于事件集没有总体的时间顺序——我们只有偏序。但我依旧不明白，为什么这否定了自由意志。

我得想点儿办法让你们活跃起来。所以咱们把量子、相对论和自由意志都放进这锅菜里吧。康威（Conway）和科亨发表了一篇名为《自由意志定理》（*The*

Free Will Theorem）的文章，引起了媒体的关注。这个定理说的是什么？它基本上就是贝尔定理（见第 12 章），或者说，是贝尔定理的一个有趣结果。这看上去是一个很显然的数学结果，但依旧很有趣。试想一下，宇宙中原本并不存在随机性，我们在量子力学等领域观察到的所有随机性都是在最初就决定好了的。上帝只是确定了一些大的随机串，而每当人们做测量的时候，其实就是在读取这个随机串。但是现在，让我们做出以下三个假设。

1. 我们有自由意志，来选择用哪组基来测量量子态。也就是说，至少探测器的设置不是被宇宙历史提前决定好的。
2. 相对论为两位演员（爱丽丝和鲍勃）提供了一些方法来进行测量，使得在一个参考系中，爱丽丝先进行测量，而在另一个参考系中，鲍勃先进行测量。
3. 宇宙不能以比光速还快的速度发送信息来协调测量结果。

在这三个假设的基础上，该定理认为存在这样一个实验（也就是标准贝尔实验），其结果同样没有被宇宙的历史提前决定。为什么这是真的？本质上说，这是因为一旦假设两个结果是被宇宙历史提前决定的，你就会得到一个定域隐变量模型，而这与贝尔定理是矛盾的。你可以把这个定理当作贝尔定理的一点点推广：它不光排除了定域的隐变量理论，而且将遵循狭义相对论假设的隐变量理论也排除了。即使处在不同星系的爱丽丝和鲍勃之间存在一些非定域的联系，只要这里存在两个参考系，爱丽丝在其中一个参考系中先进行测量，而鲍勃在另一个参考系中先进行测量，那么你就会得到同样的不等式。测量结果并没有被预先决定，哪怕是概率意义上的；宇宙必须在看到爱丽丝和鲍勃怎样设置探测器后"匆忙搞定"。我曾在给斯蒂芬·沃尔弗拉姆的《一种新科学》一书所写的书评中提到了这点，它作为贝尔定理的一个基本推论，将沃尔弗拉姆尝试建立的物理学的某种确定型模型排除了。我并没有将这个小发现称为"自由意志定理"，但是我现在学聪明了：如果我想得到人们的注意，那么我应该谈论自由意志！所以，这本书就有了这一章。

实际上，当我第一次写本章的时候，隐藏在康威和科亨"自由意志定理"背后的基本观察就已经被有效地应用在了量子信息科学中，这样做是为了生成"爱因斯坦认证随机数"（Einstein-certified random numbers）的协议。这些数被物理地保证是随机的，除非大自然通过超光速通信使它们发生偏离，或者做出类似的极端行为，比如向过去发送信息。所以，这与我们在第8章中讨论的伪随机数截然不同：这些数根据基本的物理法则真的就是随机的，而不是由计算复杂性假设得到的看上去随机。你可能会问：我们只要从当今的物理学架构出发（尤其是量子力学），难道不会自然地得到真正的随机数吗？噢，即便事实如此，我们也不妨假设你的量子力学随机数生成器并没有正确地运行，或者被攻击者秘密地扰乱了。我们想要的数字是那些可能会也可能不会通过统计测试的数字，但如果它们真通过了测试，那么我们就能说它们是随机的，而无须知道任何关于该设备如何生成这些数字的具体物理细节。更确切地说，我们假定的是生成器符合一些真正的基本物理原则，比如定域性。

从直观层面来说，我们不难理解怎样从贝尔定理以及康威和科亨的"自由意志定理"得到上述结果。我的意思是，这个结果的意义在于，爱丽丝和鲍勃在纠缠的粒子上做了一个实验，然后量子力学对实验结果的预测并不能用定域隐变量模型来解释。相反，爱丽丝和鲍勃的测量结果必须是真正概率意义上的（在测量的那一刻，大自然"匆忙扔下骰子"），这是唯一一种可以解释结果且不需要其中一人将测量选择的信息传达给另一人的方法。

但这里有一个大问题：爱丽丝和鲍勃从一开始就需要随机数来进行这类贝尔实验！因为他们的测量选择也需要是随机的。所以，我们很难看出，通过贝尔实验，爱丽丝和鲍勃能够得到的随机比特是否可以比一开始放入的更多。而且不管怎样，我们顶多能期待的就是随机扩展：在不发生超光速通信等的情况下，一个使爱丽丝和鲍勃将 n 个真正随机的比特转化为 $m \geqslant n$ 个真正随机的比特的协议。嗯哼，我们到现在才知道，这样的随机扩展可以被实现。与此相关的第一个结果来自皮罗尼奥等人[5]，他们在罗杰·科尔贝克（Roger Colbeck）的一个早期想法的基础上，展示了如何通过贝尔实验将 n 个随机比特扩展到 n^2 个几乎随机的比特[6]。瓦奇拉尼和维迪奇展示了如何得到指数的随机扩展，即输入 n 个随机比特并得到

c^n 个随机比特，其中 c 是某个大于 1 的数。我在写下本章的时候，能否比指数方法更多地扩展随机数，还是一个开放性问题。

多年前，我在加利福尼亚理工学院参加约翰·普林斯基尔的一个组会。一般来说，组会讨论的都是非常物理的东西，我很难理解。但是有一次，我们讨论的是克里斯·福克斯关于量子力学基础的论文，然后一切很快变得非常富有哲思。最终，有人站起来在黑板上写"自由意志还是机器？"并让大家投票。最后"机器"赢了，票数是七比五。

我将留下一个问题，供你在第 20 章解决：邪恶博士正在他的月球基地上拿着一束很强大的激光指向地球。很显然，他想要将地球从宇宙中抹去，成为超级大魔头。在紧要关头，奥斯汀 ① 想到了一个点子，将如下信息传送给了邪恶博士："请回到我的地球实验室。我已经完整地复制出了你的月球基地。这个复制品甚至包括了一个一模一样的你。一切都是一样的。这样一来，你其实并不知道你是在真正的月球基地还是在我的复制基地上。所以，如果你摧毁了地球，你会有 50% 的可能性杀死自己！"那么问题是，邪恶博士应该怎样做？他是否应该发射激光呢？[7]

---

① 邪恶博士和奥斯汀的名字与故事原型均出自《王牌大间谍》系列电影。——译者注

第**20**章
时间旅行

在上一章中，我们谈到了自由意志、超级智能预测者以及邪恶博士从他的月球基地上摧毁地球的计划。现在，我将谈一个比较实际的话题：时间旅行。我要说的第一点是卡尔·萨根说过的：我们都是时间旅行者——以每秒一秒的速度！哈哈！接下来，我们要把前往遥远的未来与返回过去的时间旅行区分开来。它们是非常不同的。

就目前来看，较容易的是前往遥远未来的旅行。有几种方法可以做到这一点：

- 低温冷冻你自己，之后再解冻；
- 以相对论速度旅行；
- 接近黑洞视界。

这就引出了我最喜欢的一个在多项式时间内解决 NP 完全问题的建议：为什么不启动你的计算机，让它开始解决 NP 完全问题，然后登上一艘宇宙飞船，以接近光速的速度行驶，最后返回地球并取出答案呢？如果这一想法奏效，那么它能解决的问题将远远不仅是 NP 问题，它也能解决 PSPACE 完全问题和 EXP 完全问题，甚至是所有可计算的问题，这取决于假设加速到多少是可能的。那么，这种方法有什么问题吗？

学生：还要考虑地球的年龄。

斯科特：对！所以，如果当你回来时，你所有的朋友都已经死了，对此有什么解决办法呢？

学生：带上整个地球，然后让你的计算机在太空中漂浮。

斯科特：没错，至少带上你所有的朋友！

假设你愿意接受地球上已经过了指数多年这件事所带来的不便，那么这种方法是否还有其他问题呢？其实最大的问题是：需要多少能量来加速到相对论速度？忽略加速和减速所花费的时间，如果你以光速的 v 倍行驶固有时间 t，那么计算机参照系经历的时间将是

$$t' = \frac{t}{\sqrt{1 - v^2}}$$

由此可见，如果你想要 t' 比 t 大指数多倍，那么 v 就得指数多倍地接近 1。到这里可能已经有一些根本性困难了——困难来自量子引力。不过我们先忽略它。更明显的困难是，你需要指数多的能量才能加速到 v。想想你的油箱，或者任何给你的飞船提供能量的设备，它得有指数那么大！就算只考虑局域性的原因，油罐远端的燃料如何能影响到你？在这里，我使用了时空维度为固定数量这一事实——好吧，我还使用了史瓦西界（Schwarzschild bound），它限制了在一个有限空间区域中可以存储的能量的大小。你的油箱肯定不能比黑洞的密度都大！

让我们来谈谈更有趣的一种时间旅行吧，回到过去的那种。如果你读过科幻小说，那么你可能已经听说过"封闭类时曲线"（closed timelike curve，CTC）的概念了：如果在这种时空区域中局域地看时间，那么时间似乎总在完美地按照物理学定律稳步推进；然而，如果全局地看时间，你就会发现时间具有环的拓扑结构。这样一来，在前往足够远的未来时，你会与现在重逢。可以说，这基本上就是在以更加天马行空、更加爱因斯坦的方式来说"回到过去的时间旅行"。

但是，CTC 真的可以在大自然中存在吗？这个问题被物理学家们利用周末时

间研究了很久。在早期，哥德尔和其他人就发现，经典广义相对论有 CTC 解。但是，所有已知解都包含某些因"非物理"而被否决的性质。比如，有的解里有虫洞，但是，这需要具有负质量的"奇异物质"来保持虫洞开放[1]。到目前为止，这些解不是涉及非标准宇宙，就是涉及尚待实验观察发现的物质或能量。但是，这还只是在经典广义相对论的范畴内求解。一旦把量子力学放入其中，这个问题就会变得更加复杂。广义相对论并不仅是时空内某种场的理论，还是时空本身的理论，所以一旦将其量子化，你就得考虑时空因果结构中的波动。现在的问题是，为什么不会就此产生 CTC 呢？

顺便一提，这里还有一个有趣的元问题：物理学家们为什么很难提出一个关于引力的量子理论？通常给出的技术性答案是，与（比如）麦克斯韦方程组不同，广义相对论是不可重正化的。但我觉得还有一个更简单的答案，它对像我这样的愚蠢的门外汉来说要好理解得多。问题的真正核心在于广义相对论是关于时空本身的理论，所以，一个关于引力的量子理论将不得不涉及时空的叠加和波动。你期望这样的理论去回答的事情之一就是 CTC 能否存在。因此，量子引力至少得像判定 CTC 是否可能这类问题一样难。从这个意义上说，量子引力看上去是"CTC 难"的！甚至我都看得出来，这根本不可能是一个能简单解决的问题。即使 CTC 的确是不可能的，除非能出现一些影响深远的新洞察，否则它们也不会被证明是不可能的。当然，这仅仅是一个普遍问题的实例：没有人能真正清楚地知道用量子力学的方式对待时空本身是什么意思。

在我的研究领域中，我们从来不会问一个物理客体存在与否；我们会假设它存在，然后看看用它可以做什么样的计算。因此，从现在开始，我们将假设 CTC 存在。这对计算复杂性来说有什么后果呢？令人惊讶的是，我能够给出一个明确而具体的答案。

所以，你会如何利用一个 CTC 来加快计算呢？首先，让我们考虑一个天真的想法：计算出答案，然后在你的计算机开始计算之前把答案及时发回来。

从我的角度来看，这种"算法"即便按它自己的方式考虑都是不可行的。（即使有古怪如时间旅行这样的东西，我们也可以明确地排除某些想法，这真不错！）

我知道有至少两个原因能说明它为什么行不通。

> 学生：在你计算答案的时间里，宇宙仍然可能终结。

> 斯科特：是的！即使在这种可以回到过去的模型中，我觉得，你还是需要对你要在计算上花的时间进行量化。你在计算伊始便有了答案，这一事实并不会改变你还是要做计算的事实！拒绝考虑计算复杂度，就像你把信用卡透支，然后就不用担心账单的事了。但你最后总是要还的！

> 学生：难道不能这样吗：先运行计算一小时，然后回到计算前，接着继续计算一小时，不断重复，直到做完为止？

> 斯科特：啊！这就是我的第二个原因了。你只是给出了一个比刚才稍微不那么天真的想法，虽然它也行不通，但它行不通的原因更有趣。

> 学生：这个天真的想法包括遍历解空间，而这个解空间可能大到不可数。

> 斯科特：没错。不过假设我们正在讨论的是 NP 完全问题，那么解空间就是有限的。即使仅仅能解决 NP 完全问题，我们也非常开心了。

我们再多思考一下这个提议：先计算一小时，然后回到过去，接着再计算一小时，然后再回去，以此类推。这种提议的问题在于，它没有认真对待你正在回到过去这件事情。你是在把时间看成一个螺旋，看成某种可以一直擦除和改写的暂存器，然而，你并非要回到任何其他的过去，你是要回到自己的那个过去。一旦你接受了这就是我们正在讨论的东西，你马上就会开始担心祖父悖论（grandfather paradox），即回到过去，杀死自己的祖父。比如，假设你的计算把来自未来的一个比特 b 作为输入，并产生 $\neg b$ 这个比特作为输出，再把它传回过去作为输入，会发生什么？现在，当你使用 $\neg b$ 作为输入时，你会得到 $\neg\neg b = b$ 作为输出，等等。这就是一个计算形式的祖父悖论。我们必须针对在这种情况下会发生的事情，想出某种解释。如果我们是在谈论 CTC，那么这种行为是可能发生的，其结果需要某种理论支持。

我自己最喜欢的理论是由戴维·多伊奇在 1991 年提出的 [2]。他提议，如果只采用量子力学，问题就解决了。事实上，采用量子力学有点儿小题大做，仅用经典的概率理论也是可以的。在后一种情况下，存在某种关于计算机可能状态的概率分布 $(p_1, \cdots, p_n)$，然后，CTC 内发生的计算可被看作一个马尔可夫链，并把一种分布转化为另一种分布。如果想避免祖父悖论，那么我们应该增加什么要求呢？对，输出的分布应该与输入的分布一样。我们应该加入多伊奇的"因果一致性"（causal consistency）的要求：CTC 内发生的计算必须将输入的概率分布映射到它自身。在确定型物理学中，我们知道这种一致性并非总能实现——这只是陈述祖父悖论的另一种方式。但只要我们用概率理论，那么，有一个基本事实就是，每一个马尔可夫链至少会有一个平稳分布。在祖父悖论这种情况下，唯一的解决方法是，你以 1/2 的概率出生，而一旦你出生了，就回到过去杀了自己的祖父；这样一来，你回到过去杀你祖父的概率是 1/2，因此你出生的概率也是 1/2。一切都是一致的，不存在悖论。

我喜欢多伊奇解释的另一点原因是，它立刻给出了一个计算模型。首先，我们得选择一个多项式大小的电路 $C: \{0, 1\}^n \rightarrow \{0, 1\}^n$。然后，大自然选择一个长度为 n 的字符串的概率分布 D，使得 $C(D) = D$，并为我们提供一个由 D 给出的样本 y（如果有多于一个的不动点 D，那就保守地假设，大自然做出了对抗的选择）。最后，我们可以对样本 y 进行一个普通的多项式时间计算。我们称该模型给出的复杂度类为 P_{CTC}。

> 学生：难道我们该讨论的不是 BPP_{CTC} 吗？因为 P 不会有任何随机性，而对于封闭类时曲线来说，你得有一个分布。

> 斯科特：这是一个棘手的问题。即使有不动点的分布，我们仍然可以要求 CTC 计算机产生确定型的输出。（所以在本质上，这里说随机性仅是为了避免祖父悖论，并没有任何其他目的。）另外，如果你放宽要求，让答案有一定的误差概率，事实证明你还是会得到相同的复杂度类。也就是说，你可以证明 $P_{CTC} = BPP_{CTC} = PSPACE$。

对于这个类，我们可以说些什么呢？我的第一个命题是 $NP \subseteq P_{CTC}$。也就是说，CTC 计算机可以在多项式时间内解决 NP 完全问题。你能看出为什么吗？更具体地说，假设我们有包含 n 个变量的布尔公式 ϕ，然后，我们想知道是否有一个可满足公式为真的赋值。电路 C 应该做什么呢？

> 学生：如果输入可满足赋值的话，就把它吐出来？
>
> 斯科特：很好。那么如果输入不可满足赋值呢？
>
> 学生：迭代到下一个赋值吗？
>
> 斯科特：对！接下来，如果你已经到了最后一个赋值，就回到初始赋值。

我们只需循环遍历所有可能的赋值，一旦得到一个可满足赋值就停下来。假设存在一个可满足赋值，那么唯一的稳定分布就集中在可满足赋值上。因此，当我们从一个稳定分布中抽样时，一定会看到这样的赋值。（如果没有可满足赋值，那么稳定分布就是均匀的。）

假定大自然免费送给了我们这个稳定分布。一旦启动 CTC，为避免祖父悖论，其演化必须是因果一致的。但是，这意味着大自然必须解决一个难计算的问题，以便让它保持一致！这是我们在运用的核心想法。

多伊奇的"知识创造悖论"与这个求解 NP 完全问题的算法相关。对该悖论最好的阐释当数电影《星际迷航 4》。人们让时光倒流回了现在（影片中指的是 1986 年），目的是找到一只座头鲸，并把它运到 23 世纪。但是，为了给这头鲸建造一个容器，他们需要一种当时尚未被发明的有机玻璃。无奈之下，他们去了将会发明这种有机玻璃的那家公司，并将相关分子式透露给了后者。然后他们想知道：这家公司究竟最后是怎么发明这种有机玻璃的？嗯……

需要注意的是，作为时间旅行悖论的知识创造悖论与祖父悖论有着根本的不同之处，因为在知识创造悖论里并没有实际的逻辑矛盾。这个悖论是纯粹的计算复杂性之一：这种复杂的计算不知怎么就被执行了，但它是被放在哪里算的？在影片中，这种有机玻璃不知怎么就被发明了，没有任何人花了时间去发明它！

顺便说一下，我对于有关时间旅行的电影最大的不满是，它们总是在说："小心不要踩到什么东西，否则你可能会改变未来！""请确保这个家伙要像他应该做的那样，跟那个女孩出去！"老兄，你还是会踩到你应该踩到的所有东西。仅仅是扰乱空气分子这一点, 你就已经改变了一切。

好了, 所以我们可以利用时间旅行有效地解决 NP 完全问题。但是, 我们还能做更多事吗? CTC 的实际计算能力是什么? 我断言, P_{CTC} 当然是包含在 PSPACE 中的。你知道为什么吗?

对于电路 C, 我们已经有了这么一个指数大的可能输入 $x \in \{0, 1\}^n$ 的集合, 而我们的基本目标是找到一个输入 x, 使得它最终循环它自身(即使得 $C(x)=x$, 或者 $C(C(x))=x$, 或者……)。因为这样我们就找到了稳定分布。但是找这样一个 x 显然是一个 PSPACE 计算。比如, 我们可以遍历所有可能的起始状态 x, 并对每一个状态将 C 应用 2^n 次, 然后看我们是否可以回到 x。这当然属于 PSPACE。

我的下一个断言是 P_{CTC} 等于 PSPACE。也就是说, CTC 计算机不光能解决 NP 完全问题, 还能解决 PSPACE 中的所有问题。为什么呢?

好, 令 $M_0, M_1, \cdots$ 为一个 PSPACE 图灵机 M 的连续构形。并且, 令 M_{acc} 为 M 的"停机接受"构形, 令 M_{rej} 为"停机拒绝"构形。我们的目标是找到这个图灵机进入了其中哪些构形。请注意, 每一个这样的构形都需要多项式多的比特数来记录。接下来, 我们可以定义一个多项式大小的电路 C, 它将某个 M 的构形和某个辅助比特 b 作为输入。然后, 该电路将执行如下操作:

$$C(\langle M_i, b \rangle) = \langle M_{i+1}, b \rangle$$
$$C(\langle M_{acc}, b \rangle) = \langle M_0, 1 \rangle$$
$$C(\langle M_{rej}, b \rangle) = \langle M_0, 0 \rangle$$

所以, 碰到非接受构形或拒绝构形之外的任意构形, C 就推进到下一个构形, 并留着辅助比特 b 不动。如果它碰到了接受构形, 那么就循环回初始构形, 然后将辅助比特设置为 1。类似地, 如果它碰到了拒绝构形, 那么就循环回来, 然后将辅助比特设置为 0 (图 20.1)。

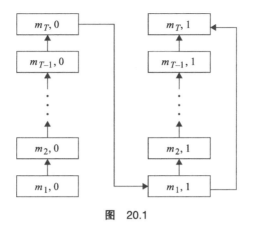

图 20.1

想一想接下来会发生什么，我们有两个并行计算：一个计算的答案比特为 0，另一个计算的答案比特为 1。如果正确答案是 0，那么拒绝计算会始终处在一个循环中，而接受计算最终会进入这个循环。同样，如果正确答案是 1，就成了接受计算始终处在一个循环中。于是，唯一的稳定分布就是将 b 设为正确答案后，所有计算步骤的均匀分布。然后，我们可以读出一个样本并查出 b 是什么，从而得到 PSPACE 图灵机是接受还是拒绝。

因此，我们可以严格地说 P_{CTC} 等于 PSPACE。一种思考方法是，CTC 让时间和空间变成等价的计算资源。如今回想起来，一直以来，也许我们本就该期待这一点，但我们还是得把它呈现出来！

现在我们必须提出一个明显的问题：假如有一台量子计算机在 CTC 里面运行呢？很显然，我们应当找到答案。这是如何运作的呢？假设我们有一个多项式大小的量子电路，而不是经典的电路；然后，假设我们有两套量子比特，即"CTC 量子比特"和"遵照年表的量子比特"。两者之上都可以做一些量子计算，但我们只会真正关心 CTC 量子比特。

这时，我要介绍一个到目前为止还没有在本书中出现的概念，它叫作"超算符"（superoperator）。超算符是量子力学允许的最普遍的操作类型，它包括所有酉变换，以及作为特殊情况的测量。事实上，每一个超算符都可以被视为一个巨大的酉变换，包含了我们正在操作的系统和另一个"辅助"系统（在某些情况下，它就像在"测量"第一个系统）。出于这个原因，超算符实际上丝毫没有改变量子力学的规则，它们仅是一种表示一个酉变换作用于系统 A 的便捷方式，而这个酉变换还可能涉及某个（我们目前还不关心的）系统 B。粗略地说，超算符之于酉变换就像混合态之于纯态。

在数学上，超算符是将一个混合态（即密度矩阵）ρ 映射为另一个混合态 $S(\rho)$ 的函数 S。为简单起见，我们假设这个 ρ 和 $S(\rho)$ 有着相同的维数，尽管放宽这一假设也是可能的。于是我们可得，一个超算符必须具有如下形式

$$S(\rho) = \sum_k E_k \rho E_k^*$$

其中

$$\sum_k E_k^* E_k = I$$

其中，I 是单位矩阵。

不想偷懒的读者，请做一做这个练习：证明超算符总能将有效的混合态（即迹为 1 的半正定埃尔米特矩阵）映射为其他有效的混合态。请给出能将纯态映射为混合态（与酉变换不同）的一个超算符的例子。还有一个更大的挑战，就是证明每一个可能包含辅助体系的酉变换可以给出一个超算符，反过来，每个超算符可以通过一个可能包含辅助体系的酉变换来实现。

因此，为了回到 CTC 这个主题，如果从一个对 CTC 以及遵循因果关系的量子比特进行的全局酉变换出发，再对遵循因果关系的量子比特"求迹"（或忽略），那么剩下的就是作用于 CTC 量子比特上的诱导超算符 S。然后，大自然会发现唯一的混合态 ρ，它是 S 的不动点，使得 $S(\rho) = \rho$。并非总能找到一个有上述性质的纯态 $\rho = |\psi\rangle\langle\psi|$，但是，由基本的线性代数可知，总有这样的混合态（多伊奇完善了细节）。

不想偷懒的读者，请再做一个练习：证明上述内容。

在这里，ρ 仅是一个作用在 CTC 量子比特上的态。需要其他量子比特的唯一

真正原因是，假如没有它们，超算符将始终是酉的；在这种情况下，最大混合态 I 将永远是不动点，而这将使模型平凡化。

一个一般性原则是，量子计算机可以模拟经典计算机，并且（可以很容易证明）把 CTC 考虑进来也没什么区别。所以，我们可以确定地说 $\mathrm{BQP}_{\mathrm{CTC}}$ 包含 PSPACE。但 $\mathrm{BQP}_{\mathrm{CTC}}$ 的上界是什么？

EXPSPACE 当然也可以，不过你能给出一个更好的上界吗？

所以，我们现在得到了一个 n 量子比特的超算符（由一个电路隐式给出），然后我们想找到它的一个不动点。这基本上是一个线性代数问题。我们知道，你可以在希尔伯特空间维数的多项式时间里做线性代数，对目前的问题来说，它是 2^n。这意味着我们可以在 EXP 中模拟 $\mathrm{BQP}_{\mathrm{CTC}}$。所以我们现在知道，$\mathrm{BQP}_{\mathrm{CTC}}$ 处在 PSPACE 和 EXP 之间的某处。我在关于"NP 完全问题和物理真实"的调研文章 [3] 中提到，主要的技术开放性问题就是如何进一步确定这一点。

在 2008 年左右，约翰·沃特勒斯和我解决了这个问题 [4]。我们的结论是 $\mathrm{BQP}_{\mathrm{CTC}} = \mathrm{P}_{\mathrm{CTC}} = \mathrm{PSPACE}$。换句话说，如果 CTC 存在，那么量子计算机不会比经典计算机更强大。

> 学生：我们知道有什么其他关于封闭类时曲线的复杂性类吗？比如 $\mathrm{PSPACE}_{\mathrm{CTC}}$？
>
> 斯科特：$\mathrm{PSPACE}_{\mathrm{CTC}}$ 仍将是 PSPACE。另外，你不能随便拿出一个复杂度类，然后就给它附加一个 CTC。你得说明这是什么意思，而对于某些复杂类（像 NP），给它加一个 CTC 甚至不会有任何意义。

在本章的最后一部分，对于为什么 $\mathrm{BQP}_{\mathrm{CTC}} \subseteq \mathrm{PSPACE}$，我可以给你一点提示。给定一个由多项式大小的量子电路描述，并将 n 个量子比特映射为 n 个量子比特的超算符 S，我们的目标是算出一个混合态 ρ，使得 $S(\rho) = \rho$。我们无法将 ρ 显式地写出（它将过于庞大，以致无法被容纳在 PSPACE 机器的内存中），但我们真正想做的就是模拟出某些可能在 ρ 上运行的多项式时间计算的结果。

令 $\mathrm{vec}(\rho)$ 为 ρ 的"向量化"（成为一个有 2^{2n} 个分量的向量，每个分量对应 ρ

的每个矩阵元）。然后就存在一个 $2^{2n} \times 2^{2n}$ 的矩阵 M，使得对于所有 ρ，有 $S(\rho) = \rho$，当且仅当 $M \, \mathrm{vec}(\rho) = \mathrm{vec}(\rho)$。换句话说，我们可以把关于矩阵的每一件东西扩展为向量，接下来的目标就是找到 M 的一个特征值 $+1$ 所对应的特征向量。

定义 $P := \lim_{z \to 1}(1 - z)(I - zM)^{-1}$，然后由泰勒展开，有

$$
\begin{aligned}
MP &= M \lim_{z \to 1}(1 - z)(I + zM + z^2 M^2 + \cdots) \\
&= \lim_{z \to 1}(1 - z)(M + zM^2 + z^2 M^3 + \cdots) \\
&= \lim_{z \to 1}(1 - z)/z(zM + z^2 M^2 + z^3 M^3 + \cdots) \\
&= \lim_{z \to 1}(1 - z)/z[(I - zM)^{-1} - I] \\
&= \lim_{z \to 1}(1 - z)/z(I - zM)^{-1} \\
&= \lim_{z \to 1}(1 - z)(I - zM)^{-1} \\
&= P
\end{aligned}
$$

换句话说，P 投影到了 M 上的不动点。对于任意的 v，有 $M(Pv) = (Pv)$。

所以，现在我们需要做的就是从某个任意向量 v——比如，$\mathrm{vec}(I)$，其中 I 是最大混合态——出发，然后计算：

$$
Pv = \lim_{z \to 1}(1 - z)\left(I - zM\right)^{-1} v
$$

但是，我们如何在 PSPACE 中应用这个矩阵 P 呢？好，我们可以在 PSPACE 中应用 M，因为这只是一个多项式时间的量子计算。但是，该怎么矩阵求逆？在这里，我们借用计算线性代数中的一些东西。20 世纪 70 年代提出的钱基算法（Csanky's algorithm）不仅能在多项式时间内计算 $n \times n$ 的矩阵的逆，而且只用了深度为 $\log^2 n$ 的电路。事实上，类似的算法如今已被应用在实践中，比如在做拥有许多并行处理器的科学计算的时候。现在"将一切上移"一个指数，我们会发现用大小为 $2^{O(n)}$、深度为 $O(n^2)$ 的电路，能够对 $2^{2n} \times 2^{2n}$ 的矩阵求逆。但计算一个（被隐式描述的）指数大小的、多项式深度的电路的输出，采用的是 PSPACE 计算——事实上，它是 PSPACE 完全的。最后一步，我们可以用代数规则，以及比姆（Beame）、库克和胡佛（Hoover）进一步提出的技巧 [5] 来求当 z 趋近于 1 时的

极限。

显然，我跳过了很多细节。

我还需要补充一点：这个 P 总是投影到一个密度矩阵的向量化表示上。如果你仔细看上面的幂级数，每一项都将密度矩阵的一个向量化表示映射到另一个这类向量化表示上，所以，其总和也要投影到密度矩阵的向量化表示上。（嗯，你可能会担心归一化问题，但这个问题也已被解决了。）

从我在 2006 年第一次写下这一章到写完本书的这段时间里，关于 CTC 计算的故事已经有了一些有趣的进展，所以，我觉得我应该"通过时间旅行回到过去"，报告这些新东西。首先，量子计算学界爆发了一场论战，其主题是，多伊奇的因果一致性模型是否真的是思考 CTC 的"正确"方式。论战始于本内特等人写的一篇文章 [6]。他们指出，多伊奇的理论框架违反了"混合态的统计解释"。换句话说，如果你将一个态 $\rho = (\rho_1 + \rho_2)/2$ 作为输入传给 CTC 计算机，那么其结果可能会与你以 1/2 的概率传送 ρ_1，并以 1/2 的概率传送 ρ_2 不一样。当你想象输入 CTC 计算的就是某个较大的纠缠态的一半时，问题会变得尤其严重——在这种情况下，对于 CTC 计算机应该做什么，没有明确定义的指示。一方面，你可能会说，这完全是意料之中的：毕竟，一个 CTC 计算机的全部意义就在于，通过破坏量子力学甚至经典概率论的线性性质来解决难题！而当你破坏线性性质时，你要求的恰恰是这种非良好定义性。另一方面，被非良好定义性"打脸"，的确令人非常不愉快。

那么，本内特等人建议拿什么作为替代呢？他们的办法是，如果你想谈论 CTC 的话，那么你需要假设，CTC 内部发生什么在因果上不受整个宇宙的其他任何事情影响。因而，CTC 的输出状态作为"量子建议态"是有用的（见第 14 章），但作为其他东西就行不通。所以，本内特等人提出的复杂性类 BQP_{CTC} 的一个相似的类实际上是 BQP/qpoly 的一个子类。我自己的反应是：当然，你可以这样做，但这基本上相当于定义 CTC 不存在了！换句话说，虽然多伊奇式的 CTC 确实"患病"不浅，但这种新方案对我来说就像是仅仅通过杀死病人来治愈疾病。如果我们从动力学中删除 CTC——假如规定大自然可以给你某种静态的"建议态"，（如果你愿意）你可以将其解释为超算符的不动点，但你无法想好自己的超算符 S，并

让大自然为你找到 S 的一个不动点——那么就可以问: 我们到底是在什么意义上讨论 CTC 呢?

第二次 CTC 论战则是随着劳埃德等人在 2009 年发表的一篇文章 [7] 轰然打响的。与本内特等人不同, 劳埃德等人并不想 "定义 CTC 不存在", 而是给出了一个与多伊奇非常不同的关于它们如何工作的形式模型。基本上, 把一个纯态 $|\psi\rangle$ 放入封闭类时曲线, 仅仅意味着你对 $|\psi\rangle$ 施加了某种变换, 然后再进行投影测量, 并通过后续选择找回与初始 $|\psi\rangle$ 相同的态。如果后续选择成功, 那么我们就可以说, $|\psi\rangle$ "穿越时空旅行, 并与过去的自己相遇了"。因此, 这给出了一个包含在 PostBQP 中的复杂性类, 或者说, 后续选择的量子多项式时间复杂性类。事实上, 不难证明你得到的就是 PostBQP。而根据我关于 PostBQP = PP 的定理 (见第 18 章), 这意味着你得到的就是 PP, 它比 NP 大, 但严格包含于 PSPACE。劳埃德等人认为, 他们的模型比多伊奇的更 "合理", 因为多伊奇的模型让你用多项式资源解决 PSPACE 完全问题, 而他们的模型 "仅仅" 让你解决 PP 完全问题! 然而, 他们的模型也有一个明显不太合理的地方: 后续选择的测量很容易以零概率成功。比如, 如果你让量子比特以状态 $|0\rangle$ 开始, 给它施加一个非门, 然后在 $\{|0\rangle, |1\rangle\}$ 基下测量, 那么你永远也无法让它回到初始状态。因此, 劳埃德等人的模型不能说是以和多伊奇一样的方式 "解决了祖父悖论"。事实上, 对付祖父悖论的唯一方法是假设一些小错误总会导致后续选择的测量能以非零概率成功。这跟老观念很类似: "如果你回到过去试图杀死自己的爸爸, 你将总会发现枪哑火了, 或者有其他什么神秘的东西在阻止你。" (马上讲到更多相关内容。)

我个人的看法是, 比起用来 "模拟" 或 "模型化" CTC 的特定的后续选择量子力学实验, 劳埃德等人对 CTC 本身讨论得有点儿少。(事实上, 其模型的一个特点就是, 至少在小的量子比特数和稍大的后续选择成功概率下, 你可以做必要的实验。而这个实验实际上也被做过 [8], 既产生了完全可预见的结果, 也产生了完全可预见的来自大众媒体的误解。媒体 "忠实" 地报道: 物理学家们已经在实验中造出了量子时间机器。)

在我自己对 CTC 计算的思考过程中, 最大的转变可能来自我对多伊奇原始

CTC 论文中讨论的一个地方的理解。我一直忽略了这个地方，这有点儿不可原谅。直到有一天，当我在做一个关于 $BQP_{CTC} = PSPACE$ 定理的报告时，科学哲学家蒂姆·莫德林（Tim Maudlin）——他是听众——非要让我接受这一点：即使 (1) 物理定律可以让我们实现自己想要的任何多项式大小的电路 C，并且 (2) 找到一个任意多项式大小的电路的不动点是一个 PSPACE 完全问题，这仍然不能直接推出"我们可以使用 CTC 来解决 PSPACE 完全问题"的结论。

问题在于，通过"真实"的物理学定律模拟抽象电路 C，未必能保持"找不动点为 PSPACE 完全"这一性质，即使这种模拟在非 CTC 的世界中非常奏效。换句话说，我们用来实现 C 的物理学定律可能总会允许一些"例外"，比如，一个小行星撞坏了计算机，或者计算机不知为何从未开启过。这会保持 CTC 内部的因果一致性，但不需要运行 C。（当然，这就是上述那个"你回到过去试图杀死自己的爷爷，你将总会发现枪哑火了"的例子的计算机版本。）如果是这样，那么当你运行你的 CTC 计算机时，你可能永远只能得到这些虚假的、很容易找到的、计算起来十分无趣的不动点中的一个。

现在，你可能会反对说，即使在平凡的、没有时间旅行的生活中，也有可能飞来一颗小行星，撞击到我们的计算机，或者发生其他不可预见的灾难，使得我们"真实"的计算与我们的抽象数学模型渐行渐远！然而，我们通常不会拿这一明显事实去联系复杂性理论，或者用它去说明物理学定律根本不支持通用计算。那么在这个图景中，为什么 CTC 的情况就不同了呢？因为我们正在做一些崭新而奇特的事情：让大自然找到一个给定物理演化的不动点，而不指明它是什么样的。既然如此，如果有些"愚蠢"的不动点躺在周围——它们跟被模拟的原始电路 C 没有任何关系，并且不需要解决任何计算困难的问题——那么，大自然为什么不应该选择偷懒，去挑出它们中的一个，而不是去找那些"难算"的不动点？如果是这样，那么在 CTC 存在的情况下，"神秘的"计算机故障将成为常态，而不是奇闻逸事。

为了解决这个问题，我们一方面需要证明，给宇宙的实际演化方程（由标准模型、量子引力或其他任何东西给出）找到一个不动点，是一个 PSPACE 完全问题（而且在原则上，设定必要的初始状态也是可能的）。重要的是，仅仅指出物理学定律的图灵通用性是不够的，因为构造一些图灵通用的、简单的"玩具定律"并不难，而且很容易找到其中的不动点。（为便于说明，可以想象每一个物理系统都包含了一个"控制比特"b；如果$b=1$，那宇宙就运行一次通用计算；如果$b=0$，就用一次恒同映射。这样的宇宙将和我们的宇宙一样，能进行通用计算，但前者总能通过设置$b=0$让它回到那些"愚蠢"的不动点。）我和沃特勒斯的研究结果表明，存在计算有效的定律，其中，寻找不动点是一个困难的计算问题，但仍有一个开放性问题：我们实际宇宙中的定律是否也在其中？

有趣的是，多伊奇的观点是，CTC 必须不能解决困难的计算问题。因为如果它们可以，那就会违反多伊奇所谓的"进化原理"，即"知识只能通过进化过程出现"的原则（或用计算机科学的话来说，NP 完全问题和与之类似的问题不应该"就像被施了魔法那样被解决"）。因此多伊奇会说，不管最终的物理学定律是什么，它一定会接受这些"愚蠢"的不动点，从而让大自然不必通过解决 PSPACE 完全问题来保持 CTC 的一致性。就个人而言，我觉得这是一种奇怪的论证方式。如果存在 CTC，很明显，它们会迫使我们重新审视自己关于空间、时间、因果关系以及其他事物的理解。究竟是什么让多伊奇如此确信，进化原理能够在这样的剧变中得以生存？要知道，还有那么多看上去很明显的直觉，最后难以幸存！与此相反，为什么不简单地猜想是 CTC 不存在？这样就可以坚持进化原理和其他许多东西了！这个猜想似乎跟我们所知道的一切都可以完美兼容。

像往常一样，我将为下一章的内容留下一个问题，作为本章的结束。

假设你一次只能通过 CTC 使用一个比特。只要你愿意，你可以用尽可能多的 CTC，但是你只能在每个 CTC 中发送一个比特，而不是多项式那么多的比特。（毕竟，我们不愿意浪费！）那么在这个模型中，你可以在多项式时间里解决 NP 完全问题吗？

第21章
宇宙学和复杂度

上一章留下的问题：对于"狭窄"到只能将一个比特送回到过去的 CTC，你能拿它来计算什么？

答案：令 x 为一个遵循时间顺序的比特，并令 y 为一个 CTC 比特。然后，令 $x := x \oplus y$ 以及 $y := x$。假设 $\Pr[x=1]=p$ 以及 $\Pr[y=1]=q$。然后，由因果一致性可知 $p=q$。于是，$\Pr[x \oplus y=1]=p(1-q)+q(1-p)=2p(1-p)$。

所以，我们可以从一个指数小的 p 开始，不断地把它放大，并通过这样的方式在多项式时间内解决 NP 完全问题（实际上 PP 问题也能被解决，只要我们有一个量子计算机）。

我将从"纽约时报模式"的宇宙论（这是你一直能在科普文章上读到的东西）开始，这种宇宙论称，一切都取决于宇宙中物质的密度。参数 Ω 表示宇宙的物质密度，如果它是大于 1 的，那么宇宙就是封闭的。也就是说，宇宙的物质密度足够高，以至于在大爆炸（Big Bang）之后必须有一个大挤压（Big Crunch）。此外，如果 $\Omega > 1$，那么时空会具有球形的几何（正曲率）。如果 $\Omega = 1$，那么时空的几何就是平坦的，而且也不会有大挤压。而如果 $\Omega < 1$，那么宇宙就是开放的，并具有双曲几何。该观点认为，一共就有这三种情况。

如今，我们知道这个模型至少在两个方面有问题。第一个方面是，它忽略了宇宙常数（cosmological constant）。据天文学家观测，空间大致是平坦的。也就是说，在宇宙学尺度下，还没有人探测到不平凡的时空曲率。可能有一定的曲率，但即便有，它也是相当小的。因此，以前那种模型会导致你认为宇宙一定处在大挤压的边缘：只要将物质密度改变一点，你就能得到一个坍缩的球形宇宙，或者一个永远膨胀的双曲宇宙。但事实上，宇宙是不会处在任何接近大挤压模型的状态中的。为什么我们是安全的？好吧，你要看看宇宙的能量密度是由什么组成的：物质，包括普通物质和暗物质，此外还有辐射，以及几十年前被观测到的著名的宇宙常数，它描述了真空的能量密度。它们的（标准化）总和 Ω 在任何人的测量下似乎都等于 1，这让空间变得平坦。但宇宙常数 Λ 不为零，正如在 20 世纪的大部分时间里，人们所假设的那样。实际上，（当下）可观测宇宙大约 70% 的能量密度都是宇宙常数造成的。

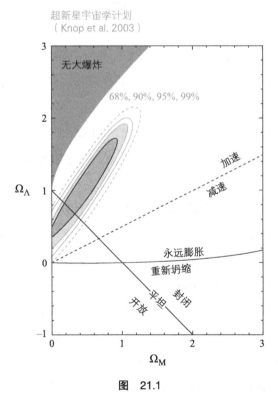

图 21.1

如图 21.1 所示，沿对角线的黑线是空间平坦的地方。这就是能量密度和为 1 的地方，是由宇宙常数和物质双方面贡献的。在以往的观点里，没有宇宙常数，而且空间是平坦的，所以我们处在两条黑色实线的交叉点上。你可以看到，另一条黑色实线慢慢地开始弯曲。如果你在这条线之上的区域，那么宇宙会永远膨胀；而如果你在这条线的下方，那么宇宙就会重新坍缩。所以，如果你在十字路口，那么你真的就在膨胀和坍缩之间的边界了。但是，如果宇宙能量的 70% 是 Λ 的贡献，那么你可以看到，我们大约会位于对角线和最中间的椭圆形的交叉点处——这是远离重新坍缩的地方。

然而，这只是对宇宙进行"球 – 平坦 – 双曲"的简单三分法的一个错误所在。另一个错误是，宇宙的几何与拓扑结构是两个相互独立的问题。仅仅假设宇宙平坦，并不意味着它就是无限的。如果宇宙有一个恒定的正曲率，那么这将意味着它是有限的。想想地球吧，一旦知道它有恒正的曲率，你就会认为它是圆的。我的意思是说，是的，它能弯曲到你看不到的无穷远处。但假设地球的曲率是均匀的，从数学上来讲，它就必须得弯曲成一个球体或某个其他更复杂的有限形状。然而，如果空间是平坦的，那么这并没有说明它是有限的，还是无限的。这就好比在一个视频游戏里，当游戏人物离开屏幕的一端时，他会在另一端再次出现。这跟几何上的平坦完全相容，但会对应到一个封闭的拓扑结构上。于是很不幸，"宇宙是有限的，还是无限的？"这个问题的答案，我们并不知道 [1]。

学生：但是，利用正曲率，你可以得到那种不停地逐渐变细的东西，就像抛物面那样。

斯科特：是的，但那不会是正的常曲率。"常"意味着曲率必须是处处相同的。

学生：到目前为止，所有这些图景似乎都没有考虑到**时间**。难道说，时间始于某个不动点，或者，时间在一路回到负无穷大吗？

斯科特：所有图景都假设有一个大爆炸，对不对？这些都是大爆炸宇宙论。

学生：所以，如果时间始于某个有限点，那么时间就是有限的。但是，相对论告诉我们，空间和时间实际上没有什么区别，不是吗？

斯科特：不，它并没有给出你所说的结论。它告诉我们，时间和空间是以一种非平凡的方式相互关联的，但是，时间和空间有着不同的**度规符号**。顺便一提，这是我的一颗"眼中钉"。其实有一个物理学家曾问过我，既然"相对论告诉我们空间和时间是相同的"，那么 P 怎么就和 PSPACE 不同呢？嗯，问题在于，时间的度规符号是负的。这与下述事实相关：你可以在空间中前后自由地行走，但对于时间来说，你只能往前走。我们在上一章中讨论了 CTC。CTC 的关键在于，它允许你回到过去，并且作为后果，时间和空间作为计算资源真的将变得等价。但如果对于时间来说，你只能朝一个方向前行，那么它与空间就是不一样的。

学生：那么在空间里，我们是否可以通过走足够远来回到原点呢？

斯科特：就算你的胳膊足够长，你能不能把它从面前伸出去，但还能打到你自己的后脑勺呢？正如我之前说过的，答案是：我们不知道。

学生：至少对于质量传播来说，我觉得人们相信空间是有限的，因为有大爆炸。

斯科特：这是一个关于大爆炸的误解。大爆炸不是发生在空间中一点的事件，大爆炸是创建时空本身的事件。这里有一个标准的类比：星系是气球上的一些小斑点，当气球膨胀时，这些点并不是都抢着远离对方，而只是气球变得越来越大。如果时空是开放的，那么比起一堆物质充塞其中，更有可能的情况是，实际上在大爆炸的那一刻，就已经有了无限多的物质。随着时间的推移，无限宇宙被拉伸，但在时间轴上的任意一点上，它仍然会无限地继续下去。看一看局域视界，我们会看到那些东西在迅速地互相远离，但这只是因为我们不能跨过视界，看看在它之外有什么东西。所以，大爆炸不是发生在一定时间和地点的某种爆发，它是整个时空流形的开始。

学生：可是，质量和能量不是不能比光速传播得更快吗？

斯科特：这是另一个好问题。我很高兴能有我真正可以解释的东西了！在一个固定的参照系中，有两个点看上去在以比光还快的速度相互远离，但它们貌似相互远离的原因仅仅是它们所处的空间正在扩大。的确，经验事实是，遥远的星系在以比光更快的速度相互远离——以光速为上限的是蚂蚁沿着膨胀的气球表面移动时的运动速度，而不是气球本身膨胀的速度。

学生：那么，是否有可能观测到一个对象，以大于光速的速度离开我们？

斯科特：好吧，假设一束光是在很久以前发出的（比如，在宇宙大爆炸后不久），等到光到达我们这里的时候，我们也许能推断，发出这束光的星系一定正在以比光速更大的速度远离我们。

学生：是否可能有两个星系以大于光速的速度相互靠近？

斯科特：在一个坍缩过程里是有可能的。

学生：我们如何避免物体超光速运动所带来的所有古老悖论？

斯科特：换个说法：为什么超光速膨胀或收缩不会引起因果关系方面的问题呢？瞧，从这里开始，我就不得不听那些真正理解广义相对论的人的话了。不过先让我来试试：无疑，可能存在一些时空几何结构（比如涉及虫洞的宇宙或哥德尔旋转宇宙），它们确实有因果关系方面的问题。但我们实际所处的几何结构会怎样呢？在这里，事物只会相互远离。事实上，你不能用这一特性来发送比光还快的信息。在我们所处的几何结构中，你能得到距离十分遥远的物体，以至于我们可以天真地说，它们应该"永远都没有因果联系"，不过看上去又一定有。因此我们假设，极早期的宇宙曾经历过一段快速暴胀的时期，使得物体能够相互达到平衡，仅在那以后，暴胀才引发了因果分离。

那么，这个宇宙常数是什么呢？从根本上讲，这是一种反引力（antigravity）。它可以使时空中两个给定的点以指数速度相互远离。这会有什么明显的问题呢？

正如伍迪·艾伦扮演的一个角色的母亲告诉他的："布鲁克林没有在扩张。"[①] 如果这种"扩张"在宇宙中是如此重要的力量，那么它为何在我们自己的星球或星系中显得无足轻重呢？因为在我们所处的尺度下，还有其他的力，比如引力，在持续地与这种扩张相互抵消。想象一个缓慢膨胀的气球表面上有两块磁体，即使气球在膨胀，磁体仍粘在一起。只有在整个宇宙的尺度上，宇宙常数才能战胜引力。

你可以利用宇宙的尺度因子来讨论这个问题。让我们在相对于宇宙背景辐射的静止参考系中，测量从宇宙诞生开始的时间 t（这是惯用伎俩）。作为时间 t 的函数，宇宙有多"大"？或者更仔细地说，给定两个测试点，它们之间的距离如何作为时间的函数而改变？暴胀背后的假设是，在最开始——大爆炸的时候——曾经历过巨大的指数级增长，并持续了几个普朗克时间。如此已经实现了一些扩张，但仍有引力试图将宇宙拉在一起。我们可以算出在那个时候，该尺度因子会以 $t^{2/3}$ 的速率增长。在大爆炸一百亿年之后，当生命开始在地球上形成时，宇宙常数开始超过引力。在此之后，它会一直呈指数增长，就像最开始那样，但没有那么快（图 21.2）。

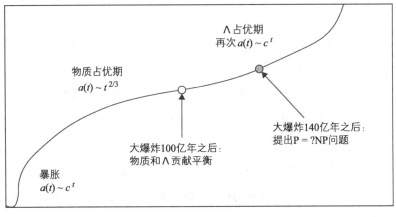

图　21.2

[①] 来自浪漫喜剧电影《安妮·霍尔》（*Annie Hall*），由伍迪·艾伦执导。这句台词的故事背景是，主人公艾伦·费利克斯的母亲费利克斯女士问："你为什么不做作业？"艾伦答："宇宙正在膨胀。一切都会分离，我们都会死去。做作业有什么意义？"费利克斯女士答："我们住在布鲁克林，布鲁克林没有在扩张！做你的作业去！"——译者注

这是一个很有趣的问题：我们为什么在宇宙常数为能量密度的 70%，而物质为能量密度的 30% 时存活？为什么不能是在其中一个几乎占据了全部，而另一个可忽略不计的时候？我们为什么要处在两者拥有相同量级的这个小窗口中？你可以采用人择原理的论证：如果我们存在于之后的时代里，那么我们可能会有两个或三个自己，多出来的我们都在宇宙视界之外。那时，宇宙将是一个非常稀薄的地方。

所以，这就是物理学家们描述宇宙常数的方式。但我会这样描述它：它仅是可以在一个计算中使用的最大比特数的倒数！更确切地说：

$$最大比特数 = \frac{3\pi}{\Lambda}$$

用普朗克单位，宇宙常数大约是 10^{-121}，所以我们发现 10^{122} 大概是在物理世界中能被用于计算的最大比特数。（我们将在后面讲到，参与计算的最大比特数究竟是什么意思。）我们是怎么得到宇宙常数的这种解释的呢？

学生：宇宙常数的定义是什么？

斯科特：真空能量。再说一次，这是物理学概念。人们不会去定义东西，而是去观测它们。物理学家实际上并不知道什么是真空能量，只是知道它就在那里。它是真空的能量，并有很多不同的可能来源。

学生：这是一个平均吗？

斯科特：嗯，没错，但它似乎非常接近常数——无论人们在哪里测量它，并且，它似乎也不怎么受时间影响。与"它在各处都相同"这一假设存在偏差的结果，还没出现过。可以这样想：在真空中，总有粒子 - 反粒子对的形成和湮灭。真空是一个极其复杂的东西！因此，它应该有非零能量这一点也许并不奇怪。事实上，量子场论的难题不是解释为什么有一个宇宙常数，而是解释为什么该常数不比现在的值大 10^{120} 倍！一个"天真"的量子场论论证将预测：整个宇宙应该会在一瞬间爆炸。

学生：所以这是 Ω_Λ 吗？

斯科特: 不, Ω_Λ 是总能量密度中仅由宇宙常数构成的那一部分。所以, 它同样依赖于物质密度。而且不像 Λ 本身, Ω_Λ 可以随时间改变。

在这部分讨论里, 如果我们想看到任何与计算有关的东西, 那就不得不绕道至全息界。这似乎是我们知道的关于量子引力的少数几件事之一。对此, 弦论和圈量子引力的研究者实际上也很同意。并且, 全息界还是一个上界——这是我常用的语言。我的研究将遵循拉斐尔·布索所写的一篇调研文献[2]。我打算把它当作课下的阅读作业——不过只会布置给物理学家们。我们回头看一下, 这一普朗克面积为 $\ell_p^2 = G\hbar/c^3$。你能通过这种方式得到它: 把一组物理常数凑起来, 将它们的单位相互抵消, 直至得到长度的平方。回到 1900 年左右, 普朗克自己就是这样做的。显然, 这种方法非常深刻, 因为你把牛顿常数、普朗克常数和光速放在了一起, 然后你得到的是面积的量纲, 而且是在 10^{-69} 平方米的量级上。

全息界的概念指出, 在任何时空区域内, 能够放入该区域的熵值（或者, 直到一个小常数, 能在其中存储的比特数）至多等于以普朗克单位计算的该区域表面积除以 4。惊人之处在于, 你可以存储的比特数不会随体积增长而增长, 而是随表面积增长而增长。我可以展示一下推导过程（更确切地说, 是物理学家们认为的推导过程）。

学生: 这一推导有没有告诉你, 为什么是表面积除以 4, 而不是 3 之类的数?

斯科特: 弦论研究者相信自己找到了一种解释。这是他们的一大成功! 他们喜欢用这个解释在其他量子引力方法面前逞威风。对于研究圈量子引力的人来说, 这一常数推出来是有误的, 他们必须通过伊米尔齐参数（Immirzi parameter）来手动修正。（补充笔记: 自 2006 年以来, 圈量子引力阵营中有人声称解决了这个问题。）

根据一个粗略的直觉, 如果你试着构造一个比特立方体（比如一个硬盘）, 并让它越来越大, 那么它终将坍缩成黑洞。到那个时候, 你仍然可以放进去更多的比特，但是，当你这么做时，信息就会以一种人们并不完全了解的方式偷偷跑到事件视界之上。然而即便如此，从这一点开始，信息内容将仅仅随着表面积的增加而增加。

为了"推导"出这一点，我们需要的第一个"作料"便是贝肯斯坦界（Bekenstein bound）。贝肯斯坦可是早在 20 世纪 70 年代就意识到黑洞应该有熵的家伙。为什么呢？因为如果没有熵的话，你把任何东西丢进黑洞里，它都会消失，而这似乎违反了热力学第二定律。此外，黑洞显示了所有的单向性质：你可以把一个东西扔进黑洞，但不能把它弄出来；你可以合并两个黑洞，并得到一个更大的黑洞，但之后，你就不能把一个黑洞分割成多个小黑洞了。这种单向性很容易让人想到熵。事后想起来，这倒是显而易见的事情，即便像我这样的人都能看得出来。

那么，这个贝肯斯坦界是什么呢？它说的是，在普朗克单位下，任何给定区域的熵 S 满足

$$S \leqslant 2\pi kER / \hbar c$$

其中，k 是玻尔兹曼常数，E 是该区域的能量，R 是该区域的半径（再说一次，这里用的是普朗克单位）。这为什么是对的呢？基本上，因为该公式将 π、玻尔兹曼常数、普朗克常数和光速结合了起来，所以它必须是对的。（我正在学着像物理学家一样思考——开个玩笑！）严肃地讲，这来自一个思想实验：你把一团东西扔进黑洞，然后求出黑洞的温度必须升高多少（这里用到了物理知识，我不再赘述）；根据温度和熵的关系，就能弄清楚黑洞的熵必须增加多少；接着运用热力学第二定律，即可得知最初你扔进去的那团东西至多拥有和黑洞所获得的一样多的熵；否则，宇宙的总熵将减少，而这将违背热力学第二定律。

> 学生：这里的面积难道和半径的平方不一样吗？
>
> 斯科特：是的。
>
> 学生：那么，为什么是 R 出现在了贝肯斯坦界里，而不是 R^2？
>
> 斯科特：我们马上就要说到它了！

　　上面说的是事实一。事实二是史瓦西界，即一个系统的能量至多与其半径成正比。在普朗克单位下，就是 $E \leq R/2$。这也是因为，如果要把物质或能量变得比史瓦西界更密，那么它终将坍缩为黑洞。如果你想构造一个硬盘，且其中每一个比特都要用固定的能量来代表，那么你可以做一个一维的图灵带——它可以一直延伸下去。但是，如果你尝试把它做成二维的，那么当硬盘足够大时，它将坍缩成黑洞。出于这种关系，黑洞的半径与其质量（能量）成正比。你可以说，假如黑洞在给定半径下能拥有最多能量，那么黑洞能给你带来最大效益。因此，黑洞至少在两个意义下是最大的：黑洞在单位半径下拥有最多的能量，以及最大的熵。

　　现在，如果你能接受这两个事实，那就可以把两者放在一起：

$$S \leq 2\pi ER \leq \pi R^2 = A/4$$

也就是说，在普朗克单位下，任何区域的熵最多是表面积除以 4。至于为什么让 A 除以 4，只需要解释为什么 $E \leq R/2$ 就够了。这里的 π 会消失，因为球的表面积是 $4\pi R^2$。

　　实际上，全息界有一个问题——显然，它会在某些情况下失效。其中一种情况就是封闭的时空。假设空间是封闭的（如果你朝一个方向走得足够远，那你就会在另一个方向出现），并且该区域最多只能正比于表面积。但我怎么知道这是空间内部？有一个笑话：一个农民聘请了数学家，让后者用尽可能有效的方式建一个篱笆，也就是说，给定周长，搭建一个内部面积最大的篱笆；于是，数学家建了一圈很小的篱笆，然后他走进篱笆，声称地球的其他部分都算外部（图 21.3）。也许剩下的整个宇宙都是内部！显然，整个宇宙的剩余部分的熵值很可能会超过这个小黑洞的表面积——无论小黑洞是什么。一般来说，全息界的问题是它并非"相对论协变"的。你可以拥有相同的表面积，而且在一个参考系中，全息界是对的，但在另一个参考系中，它可能会失效。

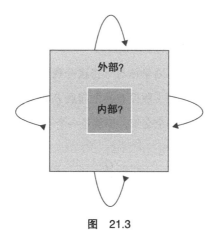

图　21.3

无论如何，布索和其他人貌似已经从根本上解决了这些问题。他们采用的方式是观察零超曲面（null hypersurfaces），它们是由光子经过的路径（测地线）组成的，是相对论不变的。这里的想法是，假设有一个区域，你看到光线从该区域表面发出来。然后，你把区域的"内部"定义为光线汇聚的方向。这样做的一个优点是，你可以切换到另一个参照系，而这些测地线是不变的。在这个意义上，你就能把全息界解释为你以光速从表面向内部行进时，自己在该区域里看到的熵值的上界。换句话说，你沿着零超曲面能看到的熵，就是被设置上界的熵。这样做似乎解决了问题。

那么，这里有什么与计算相关的内容呢？你可能会说：如果宇宙是无限的，那么显然在原则上，我们就可以执行任意长的计算——只需有足够多的图灵机纸带。这一说法有什么问题？

　　学生：纸带会坍缩成黑洞？

　　斯科特：正如我所说的，你可以只用一维纸带，这样它就能任意扩展。

　　学生：如果纸带开始远离你而去呢？

　　斯科特：对了！你的比特就在那里。然后，由于宇宙在膨胀，等你在几百亿年后回过头时，比特已经远离你，直至你的宇宙视界之外了。

关键在于，仅仅让这些比特能在宇宙的某处可用，是不够的。你必须能控制全部比特——你必须能够将它们全部设置好——然后，你需要在以后执行计算时，能够访问它们。布索用他的"因果钻石"将这一观点形式化了，但是，我暂且称之为一个计算的输入和输出吧。假设有某个起点 P 和某个终点 Q，你能看到 P 的未来光锥和 Q 的过去光锥有一个交集，那就是一个"因果钻石"（图 21.4）。

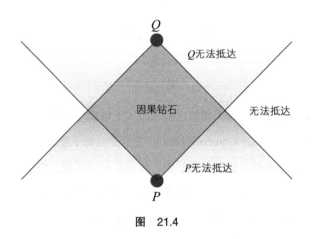

图　21.4

这里的想法是，对于任何可以真正去做的实验（可以真正去做的任何计算），我们必须拥有该实验的某个出发点，以及可供收集数据（读取输出）的某个终点。这里涉及的不是熵在宇宙中的总量，而是包含在某个因果钻石中的熵量。所以，布索就此又写了一篇文章[3]，并在其中论证，如果你在一个德西特空间（de Sitter space，即一个拥有宇宙常数的空间）里，就像我们所在的空间一样，那么可以包含在其中某个因果钻石中的熵量至多为 $3\pi/\Lambda$。因此，我们的宇宙有大概 10^{122} 个比特这一上界。关键一点是，宇宙在以指数速率膨胀，所以今天在我们视界边缘的一点，在经过下一个 150 亿年左右（下一个宇宙年龄）之后，将成为一个像它今天一样遥远的不变元素。

学生：为了得到这个数字，你把 P 和 Q 放在哪里？

斯科特：你可以把它们放在任何地方。你要在所有 P 和 Q 的位置上求出最大值，这才是真正的关键点。

学生：那么，最大值是从哪里得到的？

斯科特：将 P 放在任何你喜欢位置上，然后在大概数百亿年的因果未来中把 Q 挑出来。如果你在大约 200 亿年之后还没有结束计算，那么，在内存另一端的数据将远离你，直到超出你的宇宙视界。你不可能制造一个半径超过 200 亿光年甚至更大，而且还能正常工作的计算机。这有点儿令人沮丧，却是真的。

学生：请问，Λ 会随时间而改变吗？

斯科特：主流的看法是，它不会随时间而改变。它可能会变，但至于会变多少，有很强的实验约束。现在，Λ 所占的能量密度的比例 Ω_Λ 是在变化的。随着宇宙变得越来越稀薄，Λ 所占的能量比例会越来越大，即便 Λ 本身保持不变。

学生：但是，宇宙的半径是在变化的。

斯科特：没错。在我们当前所处的时代里，随着越来越远的光到达我们这里，我们可以看到越来越多的关于过去的事情。但是，一旦 Λ 战胜了物质，可观测宇宙的半径就将达到 100 亿光年左右的稳定值。

学生：为什么是 100 亿光年？

斯科特：因为在这样的距离下，如果没有引力的抵消作用，那么离你很远的东西会看上去在以光速远离你。

学生：所以，这个距离恰好大约是当前可观测宇宙的大小。这只是一个巧合吗？

斯科特：或许只是巧合，或许是出于某些我们至今还没弄明白的更深层次的原因！

看上去不错。不过，我答应过大家会谈一谈计算复杂度。好吧，如果全息界与宇宙常数一起给出了任何可能的计算中所使用的比特数的一个有限上界，那么你可能会说，我们只能解决那些在常数时间内可解的问题！并且你可能会觉得，在某种意义上，这让一切复杂性理论都变得平凡了。幸运的是，有一个很好的解决办法：现在，我们感兴趣的不只是关于 n（输入的大小）的渐近性，还有 $1/\Lambda$。从现在起，请忘记 Λ 是一个已知（极小的）的数值，并把它看作一个变化的参数——复杂性理论回来了！从这个角度来看，我就可以断言：假设宇宙是 $(1+1)$ 维的（即有一个空间维度和一个时间维度），并且具有宇宙常数 Λ，那么我们能解决的问题类就包含于 DSPACE($1/\Lambda$)——确定型图灵机可用 ~$1/\Lambda$ 长的纸带方格解决的一个问题类。事实上，这个问题类等于 DSPACE($1/\Lambda$)，这取决于你想要做什么样的物理学假设。当然，它至少包含 DSPACE($1/\Lambda$)。

首先，为什么不能比 DSPACE($1/\Lambda$) 做得更多？

为了更正式一点儿，我先来定义一个计算模型，我称之为宇宙学常数图灵机（cosmological constant Turing machine）。在这种模型中，你有无限长的图灵机纸带。不过，现在在每一步时间里，在每两个方格之间，会以独立的概率 Λ 形成一个包含 "*" 符号的新方格。作为第一关考验，这似乎是理解 Λ 将如何影响计算的一个合理模型。接下来，假设纸带头在某个方块上，那么，与之相距 $1/\Lambda$ 的一个方块，将会看上去以平均每时间单位走一格的速度，远离纸带头。所以，你不能指望到达这些方块。你每向它们前进一步，一个新方块将有可能在其间的空间里产生。（你可以将这个模型中的光速想作每时间单位走一格。）因此，你可以解决的这类问题将包含于每时间单位走一格，而你总能仅记录在距离纸带头当前位置 $1/\Lambda$ 的范围内的方格上的内容，并忽略其他方格。

但是，我们真能解决到 DSPACE($1/\Lambda$) 那么大吗？你可能会想象，有一个非常简单的算法来达成目标。你可以把 $1/\Lambda$ 个比特想象成一群一直在互相远离的牛，但你必须像一位宇宙牛仔那样，把它们一直套在一起。换句话说，你的纸带头将不停地来回移动，在那些比特试图逃离出去的时候，把它们压在一起，同时还要对它们执行计算。现在的问题是，你真能在 $O(1/\Lambda)$ 的时间里把它们套在一起吗？对于这一点，我还没能写出一个证明。但我觉得，假如使用一个标准图灵机纸带头（没有删除方格能力的纸带头），是不可能在不到 ~$1/\Lambda^2$ 的时间里把它们套在一起的。另外，你当然可以在 $O(1/\Lambda)$ 的时间里套紧 ~$1/\sqrt{\Lambda}$ 的比特。因此，你可以计算 DSPACE($1/\sqrt{\Lambda}$)。我猜想，这是严格的。

第二个有趣的地方是，你在二维或更高的维度里得到的图景是不一样的。在二维世界里，半径仍会在 $1/\Lambda$ 的时间尺度上翻倍，然而，访问当下所有需要被套紧的比特，就会用去 $1/\Lambda^2$ 量级的时间。于是问题来了：是否有什么东西可以在二维方形网格上用 $1/\Lambda$ 的时间做出来，却不能在一维纸带上用 $1/\Lambda^2$ 的时间做出来？这里已经有了 $1/\Lambda^2$ 的空间，并且从直观上来讲，你会觉得在 $1/\Lambda$ 的时间里用不了超过 $1/\Lambda$ 的方块，但目前还不确定是不是这样。当然，如果想增加更多乐趣，你还可以对一个量子图灵机问所有这些问题。

在这个模型里，你可以问的另一件事情是所谓的问询复杂性（query complexity）。比如，如果你丢了钥匙，而它们可能在宇宙的某个地方，那该怎么办？如果钥匙处在你的宇宙视界之内的某个地方，而且你的空间是一维的，那么从原则上来讲，你可以找到它们。你可以在 $O(1/\Lambda)$ 的时间里遍历视界范围内的整个空间。但在二维里，你在大多数可观测宇宙离你而去之前可以检查的地点数目仅仅是可能地点数目的平方根。你可以挑着去某个很远的地方，在那儿游历一番，等到你回来的时候，这一区域的大小已经增加了一倍。

在量子的情况下，其实有一个解决办法——格罗弗算法！回想一下，格罗弗算法只需用 $\sqrt{N}$ 步来搜索有 N 个条目的数据库。因此，这似乎能让我们搜索一个大小在可观测宇宙量级上的二维数据库。但这里有一个问题。想一想格罗弗算法究竟是如何运行的：你把这些问询的步骤和扩大概率幅的步骤混在了一起。为了扩大概率幅，你需要把所有概率幅收集在一起，才能执行格罗弗的反射操作。想象一个量子机器人正在寻找一个 $\sqrt{N} \times \sqrt{N}$ 大小的二维数据库，你只需让格罗弗算法做 $\sqrt{N}$ 次迭代，因为数据库中只有 N 个条目；但每次迭代需要 $\sqrt{N}$ 的时间，因为机器人需要收集所有问询的结果。这是一个问题，因为我们看上去并没有比经典情况得到更多好处。因此，这一搜索宇宙大小数据库的提案似乎并不奏效。这看上去确实能在三维的情况下带来一些优势。想象一个三维硬盘，其边长为 $N^{1/3}$，那么我们需要 $\sqrt{N}$ 次格罗弗迭代，每次需要 $N^{1/3}$ 的时间，于是总共需要 $N^{5/6}$ 的时间。至少，这在一定程度上比 N 要好。随着我们添加更多的维度，算法的复杂度会逐渐接近 $\sqrt{N}$。比如，如果空间有十维，那么我们会得到 $N^{12/22}$ 的效果。

我曾与安德里斯·安贝尼斯合著一篇文章[4]，证明了可以利用格罗弗算法的递归变体，在 $\sqrt{N}\ \log^{3/2}$ 量级的时间里搜索二维网格。对于三维或更高的维度，需要的时间就是 $\sqrt{N}$ 。对于这一算法如何运作，我可以给出一些基本的直觉判断：你需要使用分治的策略，即把网格分成一堆小网格，然后把这些子网格分成更小的子网格，并对每个子网格执行局部的格罗弗算法。

甚至，作为第一步，你可以单独搜索每一行，每行只需 $\sqrt{N}$ 的时间去搜索；然后，你就可以回来，把一切收集在一起；接下来，你可以对 $\sqrt{N}$ 行做一个格罗弗搜索，这需要 $N^{1/4}$ 的时间，总共需要 $N^{3/4}$ 的时间。

这是解决问题的第一种方法。后来，其他人发现了一个更简单、更好的办法，要用到量子随机行走（quantum random walks）。不过重点在于，给定一个宇宙大小的二维数据库，你其实可以在它越过宇宙视界之前从中搜索到一个特定条目。你只能做一次搜索，或者最多只做常数次的搜索，但是，你至少可以找到你梦寐以求的东西。

第**22**章
问我什么都行

提醒一下，这本书的内容基于我在 2006 年所教授的一门课。在该课程的最后一天，我发扬了理查德·费曼所开创的伟大传统：最后一节课的内容应该是你向老师提出任何你想问的问题。费曼的规则是，你可以问除了政治、宗教或期末考试之外的任何问题。我当时没有进行期末考试，甚至没有设置在政治或宗教方面的限制。本章收集了一些学生的问题，以及我的回复。

学生：你会经常考虑，如何使用计算机科学来限制或给出关于物理学理论的线索吗？我们能发现一些可以给出比量子计算更强大的模型的物理学理论吗？

斯科特：BQP 是这条路的终点吗？或者说，还有更多有待发现的东西吗？这是一个很棒的问题，我希望更多的人会去思考它。我也许得表现得像个政治家——不直接回答。因为很明显，答案是"我不知道"。我觉得，科学的整体宗旨是，如果我们不知道答案，就不必非要去胡编乱造一个。我们试着给自己的答案找一个基础。所以，我们所知的一切都与一个想法一致：量子计算是路的尽头。格雷格·库博伯格有一个比喻，我真的很喜欢。他说，有些人一直在说，我们已经从经典力学走向了量子力学，那么还有什么其他惊喜要出现呢？但是，这也许就像有人先假设地球是平的，然后发现它是圆的, 结果说: 谁知道, 也许它有一个克莱因瓶的拓扑结构呢。在某个给定的方向可能会有惊喜, 但一旦你彻底理解了它, 在同一个方向或许就不会有任何进一步的惊喜了。

地球还是跟埃拉托色尼 (Eratosthenes) 那时候一样圆。我们之前谈到了量子力学的奇怪性质, 这让它看上去是一个很脆弱的理论。即便对广义相对论来说, 你也可以想象引入扭力或其他东西来跟它玩一玩。但对量子力学来说, 保持自洽地戏耍, 这件事简直太难了。当然, 这并不能证明不存在超越它的东西。对 18 世纪初的人来说, 似乎也不能保持自洽地戏耍欧氏几何。但一件事有想象的空间, 并不意味着我们应该在它上面花时间。那么, 有什么能超越量子力学的实际想法吗?

好吧, 有些量子引力的提议似乎连酉性条件都不满足——人们甚至无法得到总和为 1 的概率。有人对此的积极反应是: "呜呼! 我们发现超越量子力学的东西了!" 而消极反应却是: "这些理论 (就目前而言) 只是废话!" 当研究量子引力的人最终弄清楚他们正在做什么时, 他们一定已经恢复了酉性。然后才出现一些新现象, 似乎能改变一丁点儿我们对量子力学的理解。其中之一就是黑洞信息损失问题 (图 22.1)。

好, 你正在掉进黑洞。最根本的问题是, 所有关于你的信息应该是在之后, 以霍金辐射的形式发送出来。如果事件视界之外的物理学是酉的, 那么这些信息必须发送出来。尽管如此, 我们并不知道这些信息究竟如何发送出来。你如果做一个半经典的计算, 就会发现能发送出来的信息好像全部是热噪声。然而, 大多数物理学家 (甚至包括霍金) 相信, 如果我们真正理解其中发生了什么事情, 那么我们就会看到这些信息发送出来。

麻烦的是, 一旦到了黑洞里面, 你甚至不会跟事件视界离得很近。你会径直向奇点进发。另外, 如果这个黑洞将要泄漏信息, 那么这些信息似乎应该以某种方式处于事件视界上, 或者非常接近它。尤其是, 我们知道黑洞内的信息量跟它的表面积成正比, 所以更觉得应该如此。然而, 从你的角度来说, 你只是在黑洞内部的某处。因此, 这些信息看上去必须同时在两个地方。

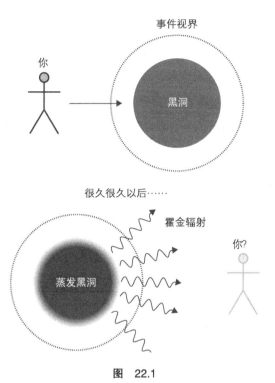

图 22.1

　　不管怎么说，杰拉德·特·胡夫特（Gerard't Hooft）和莱尼·萨斯坎德（Lenny Susskind）有一个提议：是的，这些信息确实被"复制"了。一方面，表面上来说，这似乎违反了酉性，尤其是不可克隆定理。但另一方面，你如何能看到信息的两个副本？如果你在黑洞内部，那么你永远看不到外面的副本。想象一下，如果你真的不顾一切地想知道不可克隆定理是否被违反了——你如此不顾一切，甚至不惜牺牲生命去探寻——那么你可以先测量外面的副本，然后跳进黑洞里去寻找里面的副本。但有趣的是，人们实际上计算过，如果你试图这样做，会发生什么；而且他们发现，你需要等待很长一段时间，直到信息以霍金辐射的形式跑出来；而当你等到一个副本通过霍金辐射跑出来时，另一个副本已经在奇点那里了。这就像某些审查制度，其作用就是让你无法同时看到这两个副本。因此，从任何一个观察者的角度来看，似乎酉性被保持了。这就很有意思了。这些小事看上去会与量子力学产生冲突，或者引出一个更强大的计算模型，但是，当你真正细细检查它们时，似乎它们又不能这样做了。

从我在 2006 年第一次写这一章内容，到最终写成本书，黑洞的前沿研究有了令人振奋的进一步发展。首先，有新观点认为，与多年来的"教条"相反，有一点可能是不对的：落入黑洞的观察者在通过事件视界时"不会看到什么特别的东西"，并且，他只会在湮灭于奇点前的很短时间里看到疯狂的量子引力效应。因此，我们甚至必须利用量子引力去预测这样的观察者将在事件视界上看到什么！

这一观点的第一个苗头来自弦论专家萨米尔·马瑟关于黑洞所谓"模糊球图景"（fuzzball picture）方面的工作[1]。马瑟的动机是弦论中的"AdS/CFT 对偶"（AdS/CFT correspondence），它是这样定义 D 维空间中特定的引力量子理论的：首先，在 $D-1$ 维空间中构造一般的量子场论，然后说明 D 维量子引力就是低维量子场论的一个"对偶描述"；如果 AdS/CFT 是正确的，那么至少在弦论里，黑洞必须能够被非常普通的、酉的、可逆的量子力学所描述。这意味着正在下落的比特信息必须以某种方式随着霍金辐射发送出来。问题在于，这种抽象的说法并不能解释比特是如何发送出来的，甚至不能解释它们为什么可能出来，因为霍金的半经典计算表明它们出不来。因此，马瑟着手计算，在一些至少能抓住物理黑洞某些方面性质的弦论"模型场景"下，发生了什么。他发现（或者说，他声称已经发现）"量子引力反常区"并非奇点处仅有普朗克尺度大小的那一点点地方，其大小一直在生长，直到成为一个复杂的"模糊球"，填充事件视界内部的整个区域。所以在这个图景中，这些比特从霍金辐射中出来的原因，和煤渣从燃烧的煤里蹦出来的原因是一样的：因为这些比特就在表面！

很明显，马瑟不是在说一个正在落入黑洞的"大"观测者在事件视界处会看到什么特别的东西。事实上，他是在设想一个对现实大小的观测者有效的"近似对偶描述"，观测者会一路经过事件视界，直到奇点，正如经典广义相对论所预言的那样。这种描述将是有效的，尽管在某种意义上，"真正的物理"将发生在模糊球的表面——被我们之前称为事件视界的地方。

然而有观点认为，观察者在事件视界处将遇到奇怪的事情。也就是说，其实远在到达任何接近奇点的地方之前，观察者就会变成一个"防火墙"，原地烧起来！或者，就算这不是在"年轻"黑洞里发生的事，至少也是通过霍金辐射已经失去一半以上比特的"老"黑洞里发生的事。我无法重现这个预测的论证细节，但它是建立在霍金信息丢失佯谬的修改版本基础之上的。在我写这一部分内容的时候（2013 年 1 月），整个领域似乎都处在"防火墙"这类事所造成的混乱中，有些专家甚至一个月就改变一次主意。

无论确切结果是什么，我承认自己对于这些新进展感到"宽慰"。我从了解黑洞信息问题以来，就抱有一种模糊而不成熟的感觉：事件视界那里一定有什么"在物理学上很特殊的"事情发生，尽管经典广义相对论的结论与此相反。而这些进展支持了我的感觉。黑洞外的观察者爱丽丝在观察她"愚蠢"的朋友鲍勃跳进黑洞时发生了什么，我就是从她的角度考虑的。众所周知，因为随着与事件视界的距离越来越近，光需要越来越长的时间来逃逸，所以爱丽丝不会真正看到鲍勃穿越事件视界。相反，在爱丽丝看来，鲍勃会距离事件视界越来越近，却永远不会穿过去。根据现代观点，对应于鲍勃的量子信息在穿过事件视界时会以令人难以置信的速度被"摧毁"和"压平"。然后，如果爱丽丝愿意等待 10^{70} 年左右，她会看到被鲍勃压上去的那段事件视界在霍金辐射的云雾中慢慢蒸发——这片云雾的信息内容就是以普朗克单位计算的事件视界面积的常数倍。同样在现代观点中，如果爱丽丝辛苦地收集并拼凑这些霍金辐射，那么她就可以在原则上恢复之前陷落进去的"鲍勃量子比特"。现在把这一切都考虑上，我问你：把事件视界描述为一个非常普通的地方，不包括任何时髦的量子引力效应，也就是说，新一代物理学家都必须被一个小小的奇点限制，这是不是真的合理呢？我会说，这不合理——似乎越来越多的物理学家也开始同意了！

但是，即使我们承认上述意见，是否存在一个"互补性"观点的问题仍然存在，这也是鲍勃的观点——他毫发无损地穿过了事件视界，也许还在奇点处壮烈牺牲前多活了几小时（这是在黑洞非常巨大的情况下，比如我们银河系中心的那一个）。也许有这样的观点，也许没有，也许有，但只是近似。尽管如此，令人好奇的是，"鲍勃在穿过事件视界后'经历'了什么"这个问题属于科学范畴吗？未必！因为不管鲍勃经历了或没经历什么，都不可能有什么办法让他把自己的经历传达给黑洞外的我们。没错，鲍勃的信息最终会出来，并和霍金辐射的光子之间产生一些微妙的关系。但是，这些光子产生的过程可能已经被爱丽丝的"互补性"观点描述了——就是那个鲍勃在事件视界处被压平，却从未穿过视界的观点！在这种情况下，爱丽丝不需要参考鲍勃在穿过视界之后的任何"经历"。那么在什么意义下，鲍勃最后几小时（从穿越事件视界到撞到奇点的那几小时）的主观意识才确实是"存在"的？只有鲍勃知道！

当然，你可能会说，这跟我们所有人一直面对的情况，即面对除了自己之外的心智的情况，没有什么不同。从哲学上讲，爱丽丝不能绝对肯定"貌似鲍勃的任何东西"就是鲍勃，即使鲍勃就在克利夫兰公寓楼里，坐在她的对面，而不是疾速飞向黑洞的奇点。我想说的是，在大多数情况下，物理所做的就是"带我们兜了一圈"，迫使我们在新的情况下看到一个古老的哲学谜题。在这里，新情况就是两个互补性描述的可能性：一个描述是鲍勃被压平为普朗克尺度厚的薄煎饼，另一个是他多活了几小时。

撇开鲍勃的主观感受，所有关于黑洞的现代观点似乎都认同，我们甚至没必要对量子力学做丝毫的修改。是的，对量子力学原理来说，黑洞是一个可怕又奇妙的实验室。但是，似乎越来越多的证据表明，黑洞最终没有挑战到原则，至少没有比其他物理对象多挑战了什么。如果是这样，如果连宇宙中最极端、引力效应最强的这些对象都不能推翻量子力学，那么想象什么东西可以推翻量子力学这件事，就会变得更困难。这东西在宇宙学中吗？它在极早期的宇宙中？还是在心智和大脑之间的联系里？好吧，或许都行。但我们也许要向"量子力学从根本上就是真的"这种可能性做出点儿让步了。

终于该讲一讲这一漫长题外话的要点了，我要对它做一个总结。形象地说，物理学家们已经漫游到宇宙的尽头，却依旧没能发现任何现象能让包含着计算能力的复杂性类比有界错误量子多项式时间（BQP）类变得更大或更小。我并不是说这不可能发生，只不过，这已经证明了 BQP 是一个非常难缠的对手。

总之，想解决"什么可以超越 BQP"这个问题，一个"显而易见"的方法应该是向外看看物理学。但第二个方法应该是朝里面看看复杂性理论。换句话说，不妨问问：从纯数学的角度来看，未来某些物理学理论可能产生哪些貌似合理的复杂性类，能超越 BQP？

当提出这个问题时，我们注意到的第一件事就是，这些超越 BQP 的计算模型中的大多数超越得太多了：它们能在多项式时间内解决 NP 完全问题，甚至是 PP 完全问题和 PSPACE 完全问题。这是真的，比如当我们添加非线性、后续选择测量或 CTC 的时候。当然，这些模型在逻辑上都是可行的。但对我来说，它们看上去不仅太荒诞，而且简直太无聊了！在过去，大自然比这更狡猾，她总是想方设法给我们一部分我们想要的，但不是全部。因此，假设我们相信有什么东西比量子计算机更强大，但它仍然不能在多项式时间内解决 NP 完全问题的话，那么还可以给这种模型留下多大的"空间"呢？我们确实有一些似乎比 NP 完全问题更容易的问题，但对一台量子计算机来说，想有效解决这类问题依然很难。这里有两个例子：图同构问题和近似最短向量（approximate shortest vector）问题。它们非常"接近"NP 完全问题，却有可能恰好不在其列，它们貌似属于对单向函数求逆问题，或者从伪随机函数中鉴别随机的问题。

几年前，我想出了一个计算模型的例子（见第 12 章），你能在其中看到一个隐变量在量子计算发展进程中的完整历史。我给出的证据表明，你在这个模型中确实比在普通量子计算中能获得更多的东西，比如，你能解决图同构和近似最短向量问题。但你仍然无法解决 NP 完全问题。另外，无可否认，我的模型是非常"人为"的。因此，在你触及 NP 完全问题前，或许还会有戏剧性的一步——我不确定。

学生：你为什么说是"一步"？理论上，你总可以设法在两个问题之间安插一个问题吧？

斯科特：当然没错。不过关键是，当伯恩斯坦和瓦奇拉尼发现可以解决递归傅里叶抽样问题时，没有人对量子计算感兴趣。只有发现量子计算能够解决从前被视为"重要"的问题时，比如整数分解问题，人们才会产生兴趣。因此，如果我们用同样的标准来评判我们假设的新模型，然后再问它可以解决哪些我们认为"重要"的问题，或许就没有那么多问题位于整数分解和 NP 完全问题之间了。所以，我要再说一次，可能会有一些新模型让你稍微超越一点儿 BQP——也许，它可以让你多解决几个非阿贝尔群的图同构或隐子群问题。但是，至少从目前的图景来看，BQP 和 NP 完全问题之间仅有有限大的"容身之处"。

学生：你从哪里能得到一个谕示？

斯科特：你可以定义它。设 A 为一个谕示……

学生：这有点儿问题。

斯科特：是的，没错。很奇怪，只有计算机科学家会因为运用了他们必须回答疑问的技术，而受到这类谴责。比如物理学家会说，他们想做一些微扰体系的计算。有人会说："哦！当然，你还要做什么？这都是深刻且困难的问题。"当然，你得去做真正能奏效的事。计算机科学家会说：他们至今还不能证明 P≠NP，但会在相对化的世界里研究它。有人会说："这是作弊！"很明显，你仅仅从你可以证明的结果开始，并在此基础上工作。过去对谕示的一个反对意见是，它们中有些是平凡的。在本质上，有些谕示只是对问题的重述。但是现在，我们已经有了一些非平凡的谕示分隔。我的意思是，我可以非常具体地告诉你，一个谕示结果会对什么东西有益。大约每个月，我都会在 arXiv 上看到一篇新论文，试图利用量子计算机在多项式时间里解决 NP 完全问题。这一定是世界上最简单的问题。通常，这些文章都非常冗长且复杂。但如果你知道谕示结果，你就不需要阅读这些文章。这是一个非常有用的应用。你可以说，如果这个证明有效，那么它相对于谕示同样有效，但是情况并非如此。因为我们知道一个谕示在哪里错了。当然，这可能无法说服作者，但至少会说服你。

再举一个例子，我给出过一个谕示，使得统计零知识（SZK）问题相对于它不在 BQP 中。换句话说，对量子计算机来说，找出冲突是困难的。果然，随着时间流逝，我看到一些文章在讨论如何在量子计算机上用常数个问询来寻找冲突。就算不看这些文章，我也可以说"不，这肯定不对"，因为它没有做任何非相对化的事情。所以，谕示可用来告诉你不要去尝试哪些方法。它们指向了非相对化技术，而我们知道，这是我们终究会需要的东西。

　　学生：你是什么复杂度类？

　　斯科特：我甚至不是 P 的全部。我甚至不是 LOGSPACE！尤其在我睡眠不足的时候。

　　学生：创造力的复杂度类是什么？

　　斯科特：这是一个非常好的问题。我今天早上还在想这件事。有人问我，人类的头脑中是否有一个 NP 的谕示。好吧，也许高斯或安德鲁·怀尔斯有。但对大多数人来说，寻找证明是一件非常漫无目的的事情。你可以改变你的观点。可悲的是，经过约 30 亿年的自然选择，经过文明的建立，经过所有战争和其他的一切之后，我们只能解决 SAT 的少数实例。一旦切换到黎曼猜想或哥德巴赫猜想的情况，我们突然就解决不了了。

　　当谈到证明定理时，你是在处理 NP 完全问题的一个非常特殊的情况。这不仅涉及 n 个多项式长度的任意公式，也涉及一些特定大小的特定问题，你然后会问：是否有大小为 n 的证明呢？所以，对于你正在寻找的任意长度的证明，你都在统一地生成实例。然而，即使是对于这类问题，也没有很好的证据表明，我们有某种通用算法能加以解决。有些人决定放弃社交，过着僧侣般的生活，把自己的一生花在思考数学问题上。最后，终于有人在几个数学问题上取得成功，有时甚至能赢得菲尔兹奖。但是，还剩下多如牛毛的问题。人人都知道这些问题，却没人能解决。所以我要说的是，在思考关于人类的数学创造力超越计算这类彭罗斯式猜想之前，我们首先应该确保数据能支持"人类善于发现证明"这一假设。我就不相信这一点。

　　这就很明显了，在某些情况下，我们善于发现一些模式，或者提出一个貌似很难的问题，然后把它分解成更容易的子问题。在许多情况下，我们在这方面比任何计算机都做得更好。我们可以问："为什么会这样？"这是一个非常大的问题。但我想，部分原因是我们领先了 10 亿年。我们已经有了 10 亿年的自然选择优势，让我们在解决某类搜索问题时有一个非常好的灵感工具箱。不是所有问题，也不是所有时候都这样，但在某些情况下，我们可以做得很出色。就像我说的，我相信 NP 完全问题是不能在物理宇宙里被有效解决的，所以我相信永远不会有一台机器能高效地证明任何定理，但肯定可以有机器能利用与人类数学家所拥有的一样的创造性洞察力。机器不需要击败上帝，它们只需要击败安德鲁·怀尔斯。这可能是一个更简单的问题，但是，这让我们跳出了复杂性理论的范围，进入了人工智能范畴。

学生：所以，即便没办法在多项式时间内解决 NP 完全问题，人类数学家仍可能会被淘汰，是吗？

斯科特：是的。在计算机代替我们之后，也许它们也会担心，等哪天 NP 谕示来临时，它们也会失业。

学生：贝尔不等式似乎是研究量子力学局限性的一个重要工具。我们知道，如果我们有完全非局域的盒子会发生什么，但如果我们只允许这些关联超越像量子纠缠能给我们的东西的话，（比如对于计算复杂性来说）可能会发生什么呢？

斯科特：这是个很好的问题，有人一直在思考它。

一点儿背景知识。有一个叫作 Tsirelson 不等式的重要成果，你可以将它想象成 "贝尔不等式的量子版本"。贝尔不等式说的是，爱丽丝和鲍勃在玩一个叫作 CHSH 的游戏，他们在一个经典宇宙里最多能赢 75%，但如果他们共享纠缠量子比特，就可以赢 ~85%。而 Tsirelson 不等式说的是，即使有纠缠量子比特，爱丽丝和鲍勃能做的事情还存在一个限制：他们不能以大于 ~85% 的概率赢得 CHSH 游戏。尽管事实上，即使是 100% 能赢，这也仍然不会让他们发送比光更快的信号。所以有人会说，量子力学给出的限制比那些 "不得不满足" 的限制要强，特别是，比无信号原理（no-signalling principle）给出的限制要强。

大概在几十年前，研究假想 "超量子" 理论的热潮开始了，该理论将违反 Tsirelson 不等式，但仍然不会允许任何超光速通信。要做到这一点，最简单的方法就是假设所谓的"非局域盒子"的存在性。这一神奇的设备可以让爱丽丝和鲍勃以比如 95% 的概率，而不仅是 85% 的概率赢得 CHSH 游戏。然后，你可以研究其他问题是如何受这些盒子影响的。比如，布拉萨尔等人 [3] 基于维姆·凡·丹姆（Wim van Dam）的一个较早结果 [4] 证明，如果你有一个足够好的非局域盒子（错误足够小），那么它将让通信的复杂度变得平凡（即所有通信问题都可以仅用一个比特来解决）。

重要的是，你可以想象 Tsirelson 界被违反了。也就是说，这些非局域关联比任何量子力学所允许的都要强。但这仍然没有给出一个通信模型。我的意思是，这些被允许的操作是什么？这些能产生非局域盒子的可能状态的空间是什么？如果找到问题的答案，那么我们就可以开始在这些假想世界中考虑计算复杂性了。

学生：你看到复杂度类变得清晰了一点儿吗？我们已经看得越来越清晰了。

斯科特：在我看来，这就像问一个化学家是否看到元素周期表变得清晰了一些。氮是否会和氩坍缩呢？我们的情况比化学家稍微好一点儿，因为我们可以期待**某些**类的坍缩。比如，我们希望 P、RP、ZPP 和 BPP 坍缩。我们希望 NP、AM 和 MA 坍缩。IP 和 PSPACE 已经坍缩了。所以呀，有些类是可以坍缩的。但我们也知道，其他一些类是不能坍缩的。比如，P 是不同于 EXP 的。这马上告诉你，要么 P 跟 PSPACE 不同，要么 PSPACE 跟 EXP 不同，或者两者均成立。所以，并非一切都是可以坍缩的。这不足为奇。

也许复杂性理论走错了什么路，让其中的所有概念的名字都是这种貌似随机的大写字母串——我能感觉到，它们被人们当作代号或者行业内部的笑话。不过说真的，我们只是在谈论关于计算的不同概念。时间、空间、随机性、量子性、存在证明者等，有多少关于计算的不同概念，就有多少复杂度类。因此，"复杂性动物园"的丰富性似乎只是可计算世界丰富性的必然反映。

学生：BPP 和 P 会坍缩吗？

斯科特：哦，是的，我肯定。我们有好几个看上去合理的关于电路下界的猜测，我们知道如果它们为真，那么 P=BPP。我的意思是，甚至有人在 20 世纪 80 年代就意识到 P 应该等于 BPP。甚至在那个时候，姚期智就指出，如果你有足够好的加密伪随机数生成器，那么你就能用它们来给任何概率算法去随机化，因此 P=BPP。现在，人们能够在 20 世纪 90 年代做到的，是用越来越弱的假设得到同样的结论。

除此之外，还有一个"经验主义的"情况，其中包含两个在过去几十年中，复杂性理论领域最引人入胜的结果：一个是 AKS 质数判定表明质数判定是在 P 中的；另一个是莱因戈尔德的结果表明，搜索一个无向图是在确定型对数空间中的。所以，采取具体的随机算法并将它们去随机化这一方面已经取得了相当大的成功。这在某种程度上加强了人们的自信，如果我们足够聪明或者知道的足够多，那么对于其他 BPP 问题，这可能也会非常好用。大家还可以去看一些特定的情况，比如多项式恒等式验证的去随机化，这也许是一个用来说明这一点的很好的例子。

问题如下，给定某个多项式，如 $x^2-y^2-(x+y)(x-y)$，它等于零吗？就这个例子来说，答案是它等于零。但是，你可能会有一些非常复杂的多项式恒等式，包括较高次方的变量，如此一来，你能否有效验证上述命题就变得不那么明显了，哪怕你有一台计算机。你如果试着把各项都展开，将会得到指数多的项。

现在，我们确实知道了这个问题的快速随机算法，即只要（在某个随机有限域上）代入一些随机值，再看这个恒等式是否成立。问题在于，这种算法是否可以去随机化。也就是说，是否存在有效的确定型算法来检查多项式是否恒为零？如果你一头扎进了这个问题，你很快就会陷入代数和几何的某些很深刻的问题里。比如，你想出一个数的小列表，对于任何给定的由一个小算术公式来描述的多项式 $p(x)$，你要做的仅仅是将列表中的数代进去，假如对于列表中的每个 x 都有 $p(x)=0$，那么 $p(x)$ 处处为零吗？这看上去应该是对的，因为你应该做的仅仅是挑选比公式 p 的规模大得多的一组"通用"数字来测试。比如，如果你发现 $p(1)=0$，$p(2)=0$，$\cdots$，$p(k)=0$，那么，要么 p 必须为零，要么它必须能被多项式 $(x-1)\cdots(x-k)$ 整除。然而，是否有 $(x-1)\cdots(x-k)$ 的非零倍数，可以用比 k 小得多的算术公式来表示？这才是真正关键的问题。如果你能证明不存在这样的多项式，那你就给出了一种将多项式恒等式测试去随机化的方法（这是证明 P=BPP 的过程中最主要的一步）。

学生：你觉得那三位印度数学家想出一个基本证明的可能性有多大？

斯科特：我觉得至少需要四位印度数学家！我们知道，你如果能证明足够好的电路下界，那么就可以证明 P=BPP。但因帕利亚佐和卡巴涅茨也证明了另一个方向的结果：如果你想去随机化，你将**不得不**证明电路下界。对我来说，这多少解释了人们为什么至今未能成功证明 P=BPP。这是因为我们不知道如何证明电路下界。这两个问题几乎是相同的，虽然不是完全相同的。

学生：P=BPP 蕴涵 NP=MA 吗？

斯科特：几乎可以这么说。你如果能将 PromiseBPP 去随机化，那就可以将 MA 去随机化。没有人有任何办法将 BPP 去随机化，同时保证 PromiseBPP 不被去随机化。

学生：你会怎样回答一个智能设计论的主张，而不中枪子儿呢？

斯科特：我真的不确定。这属于人择原理或许在起作用的情况。如果有人能在这个问题上被证据说服，那么他或她会不会已经被说服了？我认为，我们必须承认，对一些人来说，关于信仰的最重要的事情不是它是否为真，而是信仰的其他一些特性，比如它在一个群体中的作用。因此，人们在玩不同的游戏，其中信仰是由不同的标准来判断的。这就好比你是一个足球场上的篮球运动员。

学生：复杂性理论和进化与智能设计的矛盾相关吗？

斯科特：关于你需要复杂性理论的程度，它们都是某种平凡的复杂性理论。比如，我们相信 NP 是指数难的，并不意味着我们要相信每一个特定情况（比如，进化出一个能工作的大脑或视网膜）必须也是难的。

学生：当斯蒂芬·温伯格在圆周理论物理研究所做报告时，有人问：

"上帝是在哪里让这一切融合在一起的?"他的答案是:"扔掉宗教吧。它作为人类进化的衍生品,如今已经没有了价值。我们最终会超越宗教而生长。"你是否同意他的说法?

斯科特:我觉得这里有一些问题。

学生:你说话有点儿像政治家。

斯科特:瞧,这是个很火的话题,有一些相关的书,比如理查德·道金斯(Richard Dawkins)写的《上帝的错觉》(*The God Delusion*)……

学生:这本书好吗?

斯科特:很好。道金斯总是很有趣,而且每当他向糟糕的论证猛攻时,他绝对会处于最佳状态。不管怎么说,你可以试着这么想,如果没有战争,或者如果没有律师且没有任何人起诉其他人,那么世界显然是一个更好的地方。然后,有些人想把这个想法变成实际的政治纲领。我不是在谈论那些因为某些具体原因而反对某个特定战争的人,而是在谈论绝对的和平主义者。他们的立场显然存在一个博弈论问题。是的,如果大家都没有军队,世界将是一个更好的地方,但总有人有军队。

很明显,宗教在人类社会中充当了某个角色,否则它就不会数千年来无处不在,还能挡住人们掀起的消灭它的汹涌浪潮。举个例子,相信上帝站在自己一边的人,也许在战斗中表现得更勇敢。或者,宗教也许会诱使男人和女人结婚,它也是繁育大量婴儿的因素之一(除了其他更显著的因素外)。因此,单从达尔文主义的观点来看,宗教是适应人类社会的。几年前,我被一个具有讽刺意味的事实震惊了:在当代美国,不少典型的沿海地区精英相信达尔文主义,却经常舒舒服服地独自生活到三四十岁;同时,也有典型的中心地区人群,他们反对达尔文主义,却很早结婚,甚至有 7 个孩子、49 个孙子、343 个曾孙。所以,这真的不是"达尔文主义者"和"反达尔文主义者"之间的冲突,而是达尔文主义的理论家和实践家之间的较量!

如果这个想法是正确的,即如果宗教在整个人类历史上起到了激励人们打赢战争、养育更多子孙等作用，那么问题来了：在不联合对手教派的情况下，你要如何对抗一个宗教？

> 学生：我确定，当人们决定是否相信某个宗教时，他们想的就是这个。
>
> 斯科特：我并不是说这是有意识的，或者说，我不认为人们通过这些条件来思考这个问题。也许少数人如此，但关键在于，他们不必为此来描述自己的行为。
>
> 学生：不接受宗教也可以生育很多孩子，如果我们愿意的话。
>
> 斯科特：是啊，人们**可以**这么做，但通常来看，人们这么**做了**吗？我不知道目前的相关数据，但在现代社会中，信仰宗教的人平均有更多的孩子，这件事往往是真的。

现在，还有另一个重要因素，那就是有时候非理性可以极其理性，因为这是你向别人证明自己正在努力达成某事的唯一方式。好比，有人来到你家门口，并问你要 100 美元。如果他的眼睛布满了血丝，而且看上去很不理智，那么你更可能给他钱——你都不知道他接下来要做什么！实际上，这种方法会奏效的唯一方式是，其"不理智"表现得令人信服。那个人不能只是假装不理智，否则你会看穿他；他是那么不理智，让你觉得不管怎样，他都会报复你。如果你相信这个人会誓死捍卫自己的荣誉，那么你可能不会去惹他。

因此该理论认为，宗教是寄托自己（committing yourself）的一种方式。有人可能会说，他相信一定的道德准则，但其他人可能会觉得这是无用的空谈，而不信任他。相反，这个人有长长的胡须、每天祈祷，而且他看上去真的相信，假如自己违反了准则就会下地狱，永世不得翻身——他确实对自己的信仰做出了代价高昂的承诺。如此一来，他看上去就更有可能令人当真了。所以在这个理论里，宗教作为一种公开宣扬信守某些特定规则的方式而起作用。当然，这些规则可能是好的，也可能是可怕的。然而，这种公开承诺遵守一套规则，并伴有超自然奖惩的方式，貌似是几千年来人类社会进行自我组织的重要元素。这就是为什么统治者相信臣民不会反抗，男人相信自己的妻子保持忠诚，妻子相信自己的丈夫不会抛弃她们，等等。

所以我觉得，这些各种各样的博弈力量，正是道金斯、希钦斯（Hitchens）及其他反宗教人士所对抗的东西，但他们在写作中也许没有充分认识到这一点。当然，让他们略感轻松的是，对手们不会随便站出来说："这简直是一派胡言，宗教仍然承担了重要的社会功能！"相反，宗教卫道士经常诉诸一些很容易被驳倒的观点（至少从休谟和达尔文时代开始就如此），因为虽然他们的真实例子相当有力，但对他们来说却很难公开！

总之，既然我们能更好地发挥宗教的解释作用，也许，人类最终真的会摆脱宗教（如果我们的生存时间足够长）。但在那之前，我认为，我们至少需要更好地理解宗教在人类的大部分历史上以及在世界的大部分地区所扮演的社会角色，然后，我们也许会想出其他的社会机制来解决同样的问题。

> 学生：我刚刚想到，有没有其他情况，非理性可能比理性占优势？
>
> 斯科特：从何说起？
>
> 学生：尤其是当你拥有的信息不完整的时候。好比，有一个政治家承诺不会在未来改变他的理想，你就有可能更相信他会说到做到。
>
> 斯科特：因为他有信念。他相信自己的话。对大多数选民来说，这比信仰的实际内容更重要。
>
> 学生：我不确定，这对于公共福利来说是不是最好的。
>
> 斯科特：没错，这就是问题所在！但你如何打败那些掌握了理性的非理性机制的人呢？难道就凭一句"不，看这里，你说的不对"？你在玩什么游戏？

或者再举一个例子——单身酒吧。相亲成功的，大都是那些能用一些谎言（至少能暂时）说服自己的人："我是这里最性感的男生或女生。"这是非理性在某种程度上变为理性的一个非常明显的例子。

学生：标准的例子是，如果你与某人玩懦夫游戏①（Chicken），你删除自己的方向盘，让它不能转弯，这反而是对你有利的。

斯科特：正是如此。

学生：计算机科学为什么不是物理系的一个分支？

斯科特：这不是哲学问题，而是历史问题。早些时候，计算机科学家既不是数学家，也不是电气工程师。当时的计算机科学家没有相应部门，而会加入数学系或电子工程系。物理系的盘子里装满了其他东西。要想进入物理学领域，你必须学习很多很多其他东西。这可能跟只想四处逛逛，写写程序，或者想在理论上思考计算等计划没有直接关系。保罗·格雷厄姆（Paul Graham）说过，计算机科学是人们由于历史原因把一系列内容丢在一起而形成的，它并不是一个非常统一的学科。世上已经有了"数学家""黑客"和"实验家"，我们只是把他们放在同一个部门里，希望他们偶尔会互相交谈。但我确实觉得——这是一个老生常谈的说法了——计算机科学、数学和物理学等学科之间的界限正在变得越来越模糊，越来越像一种形式了。很显然，它们是有一个整体形貌的，但是我们还不清楚该在哪里划分界限。

---

① 在这个游戏中，玩家双方都驾驶着汽车朝悬崖前进。第一个转弯的玩家便是输家。但是，如果两个玩家都转弯的话，结果是双方都死亡。这是一种非零和博弈。删除选择将推动其他玩家做出决定。比如一个玩家删除了他的方向盘，他便不可能转弯，这就意味着另一个玩家将被迫转弯。有时候，非理性也会战胜理性。——译者注

注释

第3章 哥德尔、图灵和他们的小伙伴

延伸阅读

关于本章内容的一个极好资源是《哥德尔定理：一个不完整的使用和滥用指南》（FRANZÉN Torkel，*Gödel's Theorem: An Incomplete Guide to its Use and Abuse*, A. K. Peters Ltd, 2005）。

第4章 心智和机器

[1] Greg Mori and Jitendra Malik, *Breaking a Visual CAPTCHA*.

[2] Scott Aaronson, "Why Philosophers Should Care About Computational Complexity," in *Computability: Turing, Gödel, Church, and Beyond*, MIT Press, 2013; edited by Oron Shagrir.

[3] David J. Chalmers, *The Conscious Mind: In Search of a Fundamental Theory*, Oxford University Press, 1997.

第5章 古复杂性

[1] David Marker, "Model Theory and Exponentiation."

[2] A. Burdman Fefferman and S. Fefferman, *Alfred Tarski: Life and Logic*, Cambridge: Cambridge University Press, 2008.

[3] A. Stothers, "On the Complexity of Matrix Multiplication," Unpublished PhD Thesis, University of Edinburgh, 2010.

[4] V. Vassilevska Williams, "Breaking the Coppersmith‑Winograd Barrier," *Proceedings of Annual ACM Symposium on Theory of Computing*, 2012.

[5] Saul Kripke, Naming and Necessity, Wiley‑Blackwell, 1991 (reprint edition).

延伸阅读

接下来几章会继续讨论计算复杂性理论。如果读者还有余力并希望深入了解这一主题，可以参考下面我喜欢的一些书：

《计算复杂性》（Christos Papadimitriou, *Computational Complexity*, Addison‑Wesley, 1994）；

《计算复杂性：现代方法》（Sanjeev Arora and Boaz Barak, *Computational Complexity: A*

Modern Approach, Cambridge University Press, 2009);

《计算的本质》(Cristopher Moore and Stephan Mertens, *The Nature of Computation*, Oxford University Press, 2011)。

第 7 章　随机性

[1] W. R. Alford, A. Granville and C. Pomerance, "There Are Infinitely Many Carmichael Numbers," *Annals of Mathematics*, 2: 139, 1994, 703–722.

[2] M. Agrawal, N. Kayal, and N. Saxena, "PRIMES is in P," *Annals of Mathematics* 160: 2 (2004), 781–793.

[3] J. Gill, "Computational Complexity of Probabilistic Turing Machines," *SIAM Journal on Computing*, 6: 4 (1977), 675–695.

[4] Luca Trevisan, "U.C. Berkeley − CS278, Computational Complexity," Lecture 9, 02−21−2001.

[5] R. M. Karp and R. J. Lipton, "Turing Machines That Take Advice," *L'Enseignement Mathématique* 28 (1982), 191–209.

[6] R. Impagliazzo and A. Wigderson, "P=BPP if E Requires Exponential Circuits: Derandomizing the XOR Lemma." In *Proceedings of ACM Symposium on Theory of Computing* (New York: ACM, 1997), pp. 220–229.

[7] V. Kabanets and R. Impagliazzo, "Derandomizing Polynomial Identity Tests Means Proving Circuit Lower Bounds." *Computational Complexity* 13: 1/2 (2004), 1–46.

第 8 章　密码学

[1] D. Kahn, *The Codebreakers*, New York: Scribner, 1996.

[2] 好吧，如果有人实在想看证明，可参见如: Oded Goldreich, *Foundations of Cryptography, Volume I: Basic Tools*, Cambridge University Press, 2007.

[3] L. Blum, M. Blum and M. Shub, "A Simple Unpredictable Pseudo-Random Number Generator," *SIAM Journal on Computing*, 15 (1996), 364–383.

[4] S. Wolfram, *A New Kind of Science*, Wolfram Media, 2002.

[5] M. Ajtai and C. Dwork, "A Public-Key Cryptosystem with Worst-Case/Average-Case Equivalence." In *Proceedings of 29th Annual ACM Symposium on Theory of Computing*, New York: ACM, 1997, 284–293.

[6] O. Regev, "On Lattices, Learning with Errors, Random Linear Codes, and Cryptography," *Journal of the ACM*, 56: 6 (2009), 1–40.

[7] J. Håstad, R. Impagliazzo, L. A. Levin and M. Luby, "A Pseudorandom Generator From

Any One-Way Function," *SIAM Journal on Computing*, 28: 4 (1999), 1364–1396.

[8] A. Chi-Chih Yao, "Theory and Applications of Trapdoor Functions [Extended Abstract]." *Proceedings of 24th Annual IEEE Symposium on Foundations of Computer Science*, Silver Spring, MD: IEEE Computer Society Press, 1982, 80–91.

[9] Martin Gardner, *Penrose Tiles to Trapdoor Ciphers: And the Return of Dr. Matrix*, Mathematical Association of America, 1997.

[10] Whitfield Diffie and Martin E. Hellman, "New Directions In Cryptography," *IEEE Transactions On Information Theory*, vol. it-22, no. 6, november 1976.

[11] Oded Regev, "On Lattices, Learning with Errors, Random Linear Codes, and Cryptography," May 2, 2009.

[12] C. Peikert, "Public-Key Cryptosystems From the Worst-Case Shortest Vector Problem [Extended Abstract]." In *Proceedings of Annual ACM Symposium on Theory of Computing*, New York: ACM, 2009, 333–342.

[13] C. Gentry, "Fully Homomorphic Encryption Using Ideal Lattices." In *Proceedings of Annual ACM Symposium on Theory of Computing* (New York: ACM, 2009), pp. 169–178.

第9章　量子力学

[1] S. Aaronson, "Is Quantum Mechanics An Island In Theoryspace?" 2004.

[2] S. Weinberg, "Precision Tests of Quantum Mechanics," *Physical Review Letters* 62 (1989), 485.

[3] Daniel S. Abram, Seth Lloyd, "Nonlinear quantum mechanics implies polynomial-time solution for NP-complete and #P problems," *Physical Review Letters*, 81 (1998) 3992–3995.

[4] Scott Aaronson, "NP-complete Problems and Physical Reality."

[5] Stephen Wiesner, "Conjugate Coding," *ACM SIGACT News* 15(1):78–88. 1983.

[6] Charles H. Bennett and Gilles Brassard, "Quantum Cryptography: Public Key Distribution And Coin Tossing," *Proceedings of the IEEE International Conference on Computers, Systems, and Signal Processing*, Bangalore, p. 175, 1984.

[7] Abel Molina, Thomas Vidick, and John Watrous, "Optimal counterfeiting attacks and generalizations for Wiesner's quantum money," 2012.

[8] Scott Aaronson and Paul Christiano, "Quantum Money from Hidden Subspaces," in *Proceedings of ACM Symposium on Theory of Computing*, pp.41–60, 2012.

[9] Charles H. Bennett, Gilles Brassard, Claude Crépeau, Richard Jozsa, Asher Peres, and William K. Wootters, "Teleporting an unknown quantum state via dual classical and Einstein-Podolsky-Rosen channels," *Physical Review Letters* 70:1895–1899, 1993.

[10] G. Chiribella, G. M. D'Ariano and P. "Perinotti, International derivation of Quantum Theory," *Physical Review A*, 84(2011), 012311.

[11] Carlton M. Caves, Christopher A. Fuchs, Ruediger Schack, "Unknown Quantum States: The Quantum de Finetti Representation," *Journal of Mathematical Physics* 43, 4537 (2002).

延伸阅读

吕西安·哈代（Lucien Hardy）的经典之作《从五个合理公理看量子理论》（*Quantum Theory From Five Reasonable Axioms*）给出了与我的论证紧密相关的一个对于量子力学的"推导"，但他要比我严谨、小心得多。或者，你要想看一个更新奇、更不同的推导的话，我推荐见克贝拉等人的文章《量子理论的信息推导》[10]。这篇文章"推导出"量子力学是满足以下公理的唯一理论：(1) 各种听起来很有道理且被经典概率论满足的公理，以及 (2) 理论所描述的每一个"混合态"一定可以通过从一个更大的"纯态"出发而得到，然后可以将其中一部分取迹去除掉。（早在 20 世纪 30 年代，薛定谔就注意到后者是量子力学的一个至关重要而又极为独特的性质。不过我承认，我没什么更好的直觉来弄清为什么我想建造一个满足如此独特的"纯化"公理的世界，我只有凭直觉去判断为什么我想建立一个满足对概率论做 2- 范数推广的世界！）最后，你可以多看看克里斯·福克斯在加拿大圆周理论物理研究所（Perimeter Institute）网站上刊登的文章，尤其是凯夫斯、福克斯和沙克合著的一篇论文《未知量子态：量子的德福内梯表示》讨论了为什么概率幅应该是复数，而不是实数或者四元数 [11]。

第 10 章　量子计算

[1] Yaoyun Shi, "Both Toffoli and Controlled-NOT need little help to do universal quantum computation."

[2] Christopher M. Dawson, Michael A. Nielsen, "The Solovay-Kitaev algorithm."

[3] Daniel Gottesman, "The Heisenberg Representation of Quantum Computers," Group22: *Proceedings of the XXII International Colloquium on Group Theoretical Methods in Physics*, eds. S. P. Corney, R. Delbourgo, and P. D. Jarvis, pp. 32-43 (Cambridge, MA, International Press, 1999).

[4] L. M. Adleman, J. DeMarrais, and M.-D. A. Huang, "Quantum Computability," *SIAM Journal on Computing*, 26:5 (1997), 1524–1540.

[5] 读者如希望看到较为文雅的介绍，或许可以看我自己写的关于肖尔算法科普级别的讲解，题为 "Shor, I'll do it"。

[6] D. R. Simon, "On the Power of Quantum Cryptography," *Proceedings of IEEE Symposium on Foundations of Computer Science*, (1994), 116–123.

[7] "Simon's Algorithm." CS 294-2, Fall 2004, Lecture 7.

[8] Scott Aaronson, "Quantum Lower Bound for Recursive Fourier Sampling."

[9] S. Aaronson, "BQP and the polynomial hierarchy." In *Proceedings of Annual ACM Symposium on Theory of Computing* (2010), pp. 141–150.

[10] L. K. Grover, "A Fast Quantum Mechanical Algorithm for Database Search," *Proceedings of ACM Symposium on Theory of Computing* (1996), 212–219.

[11] 比如见 David Deutsch, *The Fabric of Reality*, Penguin, 1997.

[12] 更多与此相关的讨论见 Scott Aaronson, "Why Philosophers Should Care About Computational Complexity," in *Computability: Turing, Gödel, Church, and Beyond* (MIT Press, 2013; edited by Oron Shagrir).

延伸阅读

BQP 的定义和基本性质参阅：Ethan Bernstein and Umesh Vazirani, "Quantum Complexity Theory," *SIAM Journal on Computing* 26(5):1411–1473, 1997.

量子计算的权威简介：Michael A. Nielsen and Isaac L. Chuang, *Quantum Computation and Quantum Information*, Cambridge University Press, 2011 (anniversary edition).

第 11 章　彭罗斯

[1] J. Lucas, "Minds, Machines, and Gödel," *Philosophy* XXXVI: (1961), 112–127.

[2] A. M. Turing, "Computing machinery and intelligence," *Mind* 59 (1950), 433–460.

[3] 再一次，若想了解更多，见 Scott Aaronson, "Why Philosophers Should Care About Computational Complexity," in *Computability: Turing, Gödel, Church, and Beyond* (MIT Press, 2013; edited by Oron Shagrir).

[4] Max Tegmark, "The imortance of quantum decoherence in brain processes," *Physical Review E*, 61:4194–4206, 1999.

第 12 章　退相干和隐变量

[1] John Bell, *Speakable and Unspeakable in Quantum Mechanics: Collected Papers on Quantum Philosophy* (second edition), Cambridge University Press, 2004.

[2] Dorit Aharonov, Michael Ben-Or, "Fault-Tolerant Quantum Computation With Constant Error Rate."

[3] C. E. Shannon. "A Mathematical Theory of Communication," *Bell System Technical Journal* 27:3 (1948), 379–423.

[4] *Physical Review A* 71:032325, 2005.

[5] Scott Aaronson, "Quantum Lower Bound for the Collision Problem."

[6] Held, Carsten, "The Kochen-Specker Theorem," *The Stanford Encyclopedia of Philosophy* (Spring 2018 Edition), Edward N. Zalta (ed.).

[7] Richard D. Gill, Michael S. Keane. "A geometric proof of the Kochen-Specker no-go theorem," *Journal of physics a-mathematical and general* 29 (1996), L289−L291.

[8] Scott Aaronson, Quantum Computing and Hidden Variables.

[9] Erwin Schrödinger, "über die Umkehrung der Naturgesetze," *Sitzungsber. Preuss. Akad. Wissen. Phys. Math. Kl.*, 1:144–153, 1931.

[10] M. Nagasawa, *Schrödinger Equations and Diffusion Theory* (Basel: Birkhäuser, 1993).

第 13 章　证明

[1] Oded Goldreich, Silvio Micali, and Avi Wigderson, "Proofs that Yield Nothing but Their Validity, or All Languages in NP have Zero-Knowledge Proof Systems," *Journal of the ACM* 38(3):691–729, 1991.

[2] 关于 PCP 定理的文献有很多，有十几个人对于发现和简化证明做出了重要贡献。科普级别的回顾性文章可参见：Dana Moshkovitz, "The Tale of the PCP Theorem," *ACM Crossroads* 18(3): 23–26, 2012.

[3] Scott Aaronson, "Quantum Computing and Hidden Variables," Institute for Advanced Study, Princeton.

[4] G. Brassard, P. Höyer, and A. Tapp, "Quantum cryptanalysis of hash and claw-free functions," *SIGACT News* 28:2 (1997), 14–19.

[5] S. Aaronson, "Quantum Lower Bound for the Collision Problem," *Proceedings of ACM Symposium on Theory of Computing*, (2002), 635–642.

[6] Y. Shi, "Quantum Lower Bounds for the Collision and the Element Distinctness Problems," *Proceedings of IEEE Symposium on Foundations of Computer Science*, (2002), 513–519.

第 14 章　量子态有多大？

[1] J. Kempe, A. Kitaev, and O. Regev, "The Complexity of the local Hamiltonian problem," *SIAM Journal on Computing* 35:5 (2006), 1070−1097.

[2] J. Watrous, "Succinct quantum proofs for properties of finite groups," In *Proceedings of IEEE Symposium on Foundations of Computer Science* (2000), pp. 537–546.

[3] S. Aaronson and G. Kuperberg, "Quantum Versus Classical Proofs and Advice," *Theory of Computing* 3:7 (2007), 129–157.

[4] Andrew Lutomirski, "Component mixers and a hardness result for counterfeiting quantum money," July 1, 2011.

[5] A. Ambainis, A. Nayak, A. Ta-Shma, and U. V. Vazirani, "Dense quantum coding and quantum finite automata," *Journal of the ACM*, 49:4 (2002), 496–511. 本论文包含纳亚克之后的

改进。

[6] 维亚伊（Vyalyi）有一个很好的证明，见 M. N. Vyalyi, "QMA = PP implies that PP contains PH," Institute for Quantum Information California Institute of Technology, April 3, 2003.

[7] S. "Aaronson, Limitations of Quantum Advice and One-Way Communication," *Theory of Computing* 1 (2005), 1–28.

[8] S. Aaronson and A. Drucker, "A full characterization of quantum advice." In *Proceedings of Annual ACM Symposium on Theory of Computing* (2010), pp. 131–140.

第 15 章　量子计算十一诘

[1] Leonid A. Levin, "Polynomial Time and Extravagant Models," *The Tale of One-way Functions*, last revised 17 Aug 2003.

[2] Oded Goldreich, "On Quantum Computing," revised July 2005.

[3] 戴维斯随后发表了这一论点，详见 P.C.W. Davies, "The Implications of a Cosmological Information Bound for Complexity, Quantum Information and the Nature of Physical Law," 6 Mar 2007.

[4] Ethan Bernstein and Umesh Vazirani, "Quantum complexity," 08 Sep 1997.

[5] M. I. Dyakonov, "Is Fault-Tolerant Quantum Computation Really Possible?" 14 Oct 2006. M. I. Dyakonov, "State of the art and prospects for quantum computing," 14 Dec 2012.

第 16 章　学习

[1] L. Valiant, "A Theory of the Learnable," *Communications of the ACM* 27:11 (1984), 1134–1142. 一个很好的介绍：*An Introduction to Computational Learning Theory* by Michael Kearns and Umesh Vazirani, MIT Press, 1994.

[2] A. Blumer, A. Ehrenfeucht, D. Haussler, and M. K. Warmuth, "Learnability and the Vapnik-Chernonenkis dimension," *Journal of the ACM* 36:4 (1989), 929–965.

[3] S. Aaronson, "The learnability of quantum states," *Proceedings of the Royal Society*, A463 (2088), 2007.

[4] J. Hastad, R. Impagliazzo, L. A. Levin, and M. Luby, "A Pseudorandom Generator from any One-way Function," *SIAM Journal on Computing* 28:4 (1999), 1364–1396.

[5] O. Goldreich, S. Goldwasser and S. Micali, "How to construct random funcions," *Journal of the ACM*, 33:4(1986), 792–807.

第 17 章　交互式证明、电路下界及其他

[1] 更多相关内容参见：Steven Pinker, *How the Mind Works*, W. W. Norton & Company, reissue edition, 2009.

[2] D. Deutsch, *The Fabric of Reality: The Science of Parallel Universes – and Its Implications*, London: Penguin, 1998.

[3] R. Impagliazzo and A. Wigderson, "P = BPP if E requires exponential circuits: Derandomizing the XOR lemma." In *Proceedings of ACM Symposium on Theory of Computing* (1997), pp. 220–229.

[4] L. Fortnow and M. Sipser, "Are there interactive protocols for CO-NP languages?" *Information Processing Letters*, 28:5 (1988), 249–251.

[5] C. Lund, L. Fortnow, H. J. Karloff, and N. Nisan, "Algebraic methods for interactive proof systems," *Journal of the ACM*, 39:4 (1992), 859–868.

[6] L. G. Valiant, "The complexity of enumeration and reliability problems," *SIAM Journal on Computing*, 8:3 (1979), 410–421.

[7] 一个比较好的证明可参考：Lance Fortnow, "A Simple Proof of Toda's Theorem," Received January 21, 2009; published: July 3, 2009. Uwe Schoning, *Gems of Theoretical Computer Science*, Springer, 1998.

[8] A. Shamir, "IP = PSPACE," *Journal of the ACM*, 39:4 (1992), 869–877.

[9] N. V. Vinodchandran, "A note on the circuit complexity of PP," *Theoretical Computer Science*, 347:1/2 (2005), 415–418.

[10] S. Aaronson, "Oracles are subtle but not malicious." In *Proceedings of IEEE Conference on Computational Complexity* (2006), pp. 340–354.

[11] R. Santhanam, "Circuit lower bounds for Merlin-Arthur classes," *SIAM Journal on Computing*, 39:3 (2009), 1038–1061.

[12] S. Aaronson and A. Wigderson, "Algebrization: a new barrier in complexity theory," *ACM Transactions on Computing Theory*, 1:1 (2009), 2:1–54.

[13] M. L. Furst, J. B. Saxe, and M. Sipser, "Parity, circuits, and the polynomial-time hierarchy," *Mathematical Systems Theory*, 17:1 (1984), 13–27.

[14] M. Ajtai. "Sigma_1^1 – formulae on finite structures," *Annals of Pure and Applied Logic*, 24 (1983), 1–48.

[15] A. A. Razborov, "On the method of approximations." In *Proceedings of ACM Symposium on Theory of Computing* (New York: ACM, 1989), pp. 167–176.

[16] R. Smolensky, "Algebraic methods in the theory of lower bounds for Boolean circuit complexity." In *Proceedings of ACM Symposium on Theory of Computing* (New York: ACM, 1987), pp. 77–82.

[17] A. A. Razborov and S. Rudich, "Natural proofs," *Journal of Computer and System Sciences*, 55:1 (1997), 24–35.

[18] M. Naor and O. Reingold, "Number-theoretic constructions of efficient pseudo-random functions," *Journal of the ACM*, 51:2 (2004), 231–262.

[19] R. Williams, "Non-uniform ACC circuit lower bounds." In *Proceedings of IEEE Conference on Computational Complexity* (Silver Springs, MD: IEEE Computer Society Press, 2011), pp. 115–125.

[20] 更多的内容可见 K. Mulmuley, "The GCT program toward the P vs. NP problem," *Communications of the ACM*, 55:6 (2012), 98–107, 或者 Joshua Grochow 精妙的博士论文 ("Symmetry and equivalence relations in classical and geometric complexity theory." Doctoral dissertation, University of Chicago (2012).)。

[21] A. Kitaev and J. Watrous, "Parallelization, amplification, and exponential time simulation of quantum interactive proof systems." In *Proceedings of Annual ACM Symposium on Theory of Computing*, New York: ACM, 2000.

[22] R. Jain, Z. Ji, S. Upadhyay, and J. Watrous, "QIP = PSPACE," *Journal of the ACM*, 58:6 (2011), 30.

[23] A. Kitaev and J. Watrous, "Parallelization, amplification, and exponential time simulation of quantum interactive proof systems." In *Proceedings of Annual ACM Symposium on Theory of Computing* (New York: ACM, 2000), pp. 608–617.

第 18 章　人择原理趣谈

[1] Nick Bostrom, *Anthropic Bias: Observation Selection Effects in Science and Philosophy*, Routledge, 2010.

[2] John Leslie, *The End of the World: The Science and Ethics of Human Extinction*, Routledge, 1998.

[3] J. R. Gott III, "Implications of the Copernican principle for our future prospects," *Nature*, 363:6427 (1993), 315–319.

[4] John Baez, "This Week's Finds in Mathematical Physics (Week 246)," February 25, 2007.

[5] BPP$_{path}$ 定义见 Y. Han, L. A. Hemaspaandra, and T. Thierauf, "Threshold computation and cryptographic security," *SIAM Journal on Computing*, 26:1 (1997), 59–78.

[6] L. M. Adleman, J. DeMarrais, and M.-D. A. Huang, "Quantum computability," *SIAM Journal on Computing*, 26:5 (1997), 1524–1540.

[7] S. Aaronson, "Quantum computing, postselection, and probabilistic polynomial-time," *Proceedings of the Royal Society* A, 461:2063 (2005), 3473–3482.

[8] R. Beigel, N. Reingold, and D. A. Spielman, "PP is closed under intersection," *Journal of Computer and System Sciences*, 50:2 (1995), 191–202.

[9] M. Bremner, R. Jozsa, and D. Shepherd, "Classical simulation of commuting quantum computations implies collapse of the polynomial hierarchy," *Proceedings of the Royal Society* A, 467:2126 (2010), 459–472.

[10] S. Aaronson and A. Arkhipov, "The computational complexity of linear optics." In *Proceedings of Annual ACM Symposium on Theory of Computing* (2011), pp. 333–342.

第 19 章　自由意志

[1] R. Nozick, "Newcomb's problem and two principles of choice." In *Essays in Honor of Carl G. Hempel*, ed. N. Rescher, Synthese Library, Dordrecht, the Netherlands. (1969), pp. 114–115.

[2] 2006 年，当我完成这些课程之后，我得知拉德福・尼尔（Radford Neal）独立提出了类似观点。详情请见：R. M. Neal, "Puzzles of anthropic reasoning resolved using full non-indexical conditioning."

[3] B. W. Libet, "Do we have free will?" *Journal of Consciousness Studies*, 6 (1999), 47–57.

[4] C. S. Soon, M. Brass, H.-J. Heinze, and J.-D. Haynes, "Unconscious determinants of free decisions in the human brain," *Nature Neuroscience*, 11 (2008), 543–545.

[5] S. Pironio, A. Acın, S. Massar, A. Boyer de la Giroday, D. N. Matsukevich, P. Maunz, S. Olmschenk, D. Hayes, L. Luo, T. A. Manning, and C. Monroe, "Random numbers certified by Bell's theorem," *Nature*, 464 (2010), 1021–1024.

[6] U. Vazirani and T. Vidick, "Certifiable quantum dice – or, true random number generation secure against quantum adversaries." In *Proceedings of Annual ACM Symposium on Theory of Computing* (2012), pp. 61–76.

[7] 参见相关文章：Adam Elga, "Defeating Dr. Evil with self-locating belief."

第 20 章　时间旅行

[1] 关于这个话题的一个容易理解的介绍见 K. Thorne, *Black Holes and Time Warps: Einstein's Outrageous Legacy*, W. W. Norton & Company, 1995 (reprint edition)。

[2] David Deutsch, "Quantum mechanics near closed timelike lines," *Physical Review D* 44 (1991), 3197–3217.

[3] Scott Aaronson, "NP-complete Problems and Physical Reality."

[4] S. Aaronson and J. Watrous, "Closed timelike curves make quantum and classical computing equivalent." In *Proceedings of the Royal Society A*, 465 (2009), 631–647.

[5] P. Beame, S. A. Cook, and H. J. Hoover, "Log depth circuits for division and related problems," *SIAM Journal on Computing*, 15:4 (1986), 994–1003.

[6] C. H. Bennett, D. Leung, G. Smith, and J. A. Smolin, "Can closed timelike curves or nonlinear quantum mechanics improve quantum state discrimination or help solve hard problems?" *Physical Review Letters* 103 (2009), 170502.

[7] S. Lloyd, L. Maccone, R. Garcia-Patron, V. Giovannetti, and Y. Shikano, "The quantum mechanics of time travel through post-selected teleportation," *Physical Review D*, 84 (2011), 025007.

[8] Seth Lloyd, Lorenzo Maccone, Raul Garcia-Patron, Vittorio Giovannetti, Yutaka Shikano, Stefano Piran, "Closed timelike curves via post-selection: theory and experimental demonstration," *Phys. Rev.Lett.*106:040403, 2011.

第 21 章　宇宙学和复杂度

[1] 更多内容见：N. J. Cornish and J. R. Weeks, "Measuring the shape of the universe," *Notices of the American Mathematical Society*, 1998.

[2] R. Bousso, "The holographic principle," *Reviews of Modern Physics*, 74 (2002), 825–874.

[3] R. Bousso, "Positive vacuum energy and the N-bound," *Journal of High Energy Physics*, 0011:038 (2000).

[4] Aaronson and A. Ambainis, "Quantum search of spatial regions," *Theory of Computing*, 1 (2005), 47–79.

第 22 章　问我什么都行

[1] S. D. Mathur, "The fuzzball proposal for black holes: an elementary review," *Fortschritte der Physik*, 53 (2005), 793–827.

[2] A. Almheiri, D. Marolf, J. Polchinski, and J. Sully, *Black Holes: Complementarity or Firewalls?*

[3] G. Brassard, H. Buhrman, N. Linden, A. A. Methot, A. Tapp, and F. Unger, "A limit on nonlocality in any world in which communication complexity is not trivial," *Physical Review Letters* 96 (2006), 250401.

[4] W. Dam, "Implausible consequences of superstrong nonlocality." (2005).

致谢

克里斯·格拉内德（Chris Granade）是我在 2008 年开设的暑期课程上的学生，他认真负责地将课程的零散笔记和课堂录音整理成了条理清楚的初稿，供我发表在博客上。这是我走上漫长出书道路的第一步。后来，我在麻省理工学院的一名杰出的博士生阿尔希波夫仔细审读了这些初稿，像篦子一样梳理出了有问题、不清楚或不再相关的段落。我非常感谢这两位学生，本书也是他们的作品，没有他们的帮助，本书不可能问世。

本书的出版也离不开剑桥大学出版社的编辑西蒙·卡珀兰，是他向我提议出版本书的。西蒙深谙什么是我需要的：他每隔几个月就查一下岗，看看我有没有取得新进展。但他从来不以指责的态度，而总是通过激起我的愧疚感来推动项目的进行。我做到了，最后得以有始有终。西蒙也让我放心，尽管这本书有点儿……不同于剑桥大学出版社通常的风格，他还是竭尽全力保留了本书的"独特魅力"。我还要感谢剑桥大学出版社和 Aptara 公司的萨拉·汉密尔顿、埃玛·沃克和迪沙·马尔霍特拉，是他们让本书有了现在的模样。

我要感谢参与了 2006 年秋季学期"量子计算，从德谟克利特说起"课程的所有师生。他们的问题和观点造就了课程独特的风格（读者仍可以从本书中一窥当时的场景，尤其是在最后几章中）。此外，学生们还帮助我完成了课堂录音和讲义整理。如果把范围放宽，我在加拿大滑铁卢大学量子计算研究所的两年博士后生活，是我一生最快乐的时光之一。我也要感谢那里的每一个人，尤其是量子计算研究所的所长雷蒙德·拉弗拉姆（Ray Laflamme），他不仅批准我开设这样一门有点儿疯狂的课程，还积极给予支持，甚至亲自来课堂上听课，并给了许多意见。

我要感谢麻省理工学院的计算机科学与人工智能实验室，以及电子工程与计算机科学系，还有美国国家科学基金会、美国国防部高级研究项目局、斯隆基金会和 TIBCO 公司，感谢它们在过去几年中对我的资助。

我要感谢所有阅读我的博客 Shtetl-Optimized 的读者，他们对我放在博客上的初稿提出了很多建议，并找出了数不清的错误。我尤其要感谢那些鼓励我将"量子计算，从德谟克利特说起"栏目变成图书的人。其中有些人甚至承诺，图书出版后一定购买。

我还要感谢那些从高中以来给过我指导的人：克里斯·林奇、巴特·塞尔曼、洛夫·格罗弗、乌梅什·瓦奇拉尼，以及阿维·威格德森。约翰·普雷斯基尔并不是一个"正式"的导师，但我一直视他为导师。他们给予了我太多帮助，我的感谢之情无以言表。我同样感谢量子信息和理论计算机科学（及其他）领域的每一个人，这些年来与他们的讨论和争论在我的书中留下了印记。我无法在这里列出全部的人名，以下只是一部分：多里特·阿哈罗诺夫、安德里斯·安贝尼斯、迈克尔·本－奥尔、拉斐尔·布索、哈里·比尔曼、肖恩·卡罗尔、格雷戈里·蔡廷、理查德·克利夫、戴维·多伊奇、安迪·德鲁克、爱德华·法里、克里斯·福克斯、丹尼尔·戈特斯曼、亚历克斯·霍尔德曼、罗宾·汉森、理查德·卡普、伊尔哈姆·卡谢菲、朱莉娅·肯普、格雷格·库博伯格、塞思·劳埃德、米歇尔·莫斯卡、迈克尔·尼尔森、赫里斯托斯·帕帕季米特里乌、莱恩·舒尔曼、伦纳德·萨斯坎德、奥代德·雷格夫、芭芭拉·特哈尔、迈克尔·瓦萨、约翰·沃特勒斯，以及罗纳德·德沃尔夫。对于无法避免的遗漏，我深表歉意。而对于那些不想让名字出现在本书中的人，我要说，不用谢！

最后，我要感谢我的妈妈和爸爸、我的兄弟戴维，当然了，还有我的妻子达娜，她终于相信我不再拖延写书了。